Die
Resilienz
Revolution

„Resilienz ist notwendiger denn je, und das gilt auch für dieses Buch. *Die Resilienz Revolution* räumt mit gängigen Mythen auf und stellt Resilienz als eine dynamische Fähigkeit dar, die wir alle aufbauen und von der wir alle profitieren können."

– Jan Artem Henriksson
Geschäftsführer Inner Development Goals Foundation

„Dieses Buch ist nicht nur empfehlenswert, es ist ein unverzichtbares Werkzeug für Führungskräfte des 21. Jahrhunderts, die sich in der Komplexität der heutigen Umwelt zurechtfinden wollen."

– Dr. Michael Hagemann
Global VP, Change & Transformation Engagement & Enablement, DHL

„Dieses Buch liefert durch die Linse der Resilienzkultur den Beweis für die positiven Auswirkungen, die die Entwicklung von Resilienzfähigkeiten auf die nachhaltige Leistungsfähigkeit von Unternehmen hat. In einer Zeit, in der es wichtiger denn je ist, einen Wettbewerbsvorteil zu haben, bietet dieses Buch einen solchen."

– Stuart Hughes
57. Präsident der Institution of Occupational Safety and Health sowie Leiter der Abteilung Gesundheit und Sicherheit Mercedes Grand Prix Ltd.

„Dieses Buch ist eine Pflichtlektüre für Führungskräfte und Mitarbeitende gleichermaßen. Es ist ein aufschlussreicher Leitfaden, um in der heutigen schnelllebigen Welt Widrigkeiten in Stärke umzuwandeln."

– Khaled El Gohary
Leadership and Capacity Building, Büro des Premierministers, Vereinigte Arabische Emirate

„Liefert Antworten und Inspiration, um mit der Resilienz der Mitarbeitenden zu beginnen."

– Eivind Slaaen
Leiter Personal- und Kulturentwicklung, Hilti

„Dieses Buch bietet Erkenntnisse aus jahrzehntelanger Arbeit mit Unternehmen und konkrete Aktionspläne, damit Organisationen wissen, wo sie anfangen sollen."

– Tina Weilmuenster
Leiterin der Abteilung Lernen und Talententwicklung, Europäische Weltraumorganisation

„Von der Entlarvung alter Mythen bis zur Einführung einer neuen Perspektive auf kollektive Resilienz ist dieses Buch ein unverzichtbarer Leitfaden, um unsere Fähigkeit zu verbessern, die Herausforderungen des Lebens zu meistern und eine Organisation zu schaffen, in der Menschen sich entfalten können."

– Stefan Tuegend
Global Mindfulness Lead, Novartis

„Dieses Buch enthält alles, was man über Resilienz wissen muss und warum Organisationen gut daran tun, Resilienztrainings auf allen Ebenen anzubieten – auch für die oberste Führungsebene."

– Gertrud Ingestad
Ehemalige Generaldirektorin, Personal und Sicherheit, Europäische Kommission

„Wir arbeiten heute weniger, sicherer, besser bezahlt und mit mehr Mitspracherecht als je zuvor in der Geschichte der Menschheit. Und doch macht die Arbeit die Menschen zunehmend krank. Es gibt 1 000 Dinge, die Menschen und Organisationen tun können, um resilient zu bleiben. Die Autoren erklären sie mit außergewöhnlicher Klarheit."

– Frank Dopheide
Gründer von Human Unlimited

„Ein großartiges Buch, das inspiriert und zum Nachdenken anregt! Es enthält viele hilfreiche und leicht umsetzbare Tipps, die der Leser für sich und seine Organisation nutzen kann."

– Christine Senkel
Vizepräsidentin, Corporate Human Resources, Faber Castell

„Wenn ein Team hoch anerkannter Experten ihr gesamtes Wissen und ihre eigene Forschung in einem Buch zusammenfasst, ist das schon lesenswert. Wenn diese Experten dann auch noch langjährige Erfahrung mit diesen Themen haben, dann ist es eine Pflichtlektüre."

– Petra Martin
Leiterin Center of Competence Leadership, Bosch

"Eine Pflichtlektüre für jede Organisation, jedes Unternehmen, jedes Team und jeden Einzelnen."

– Daniela Wiesler
Leitung Medientraining, DW Akademie

„Dieses Buch bietet überzeugende Forschungsergebnisse, anschauliche Beispiele und praktische Strategien, die Resilienz in einen Wettbewerbsvorteil verwandeln und beweist, dass Resilienz nicht nur ein Wellness-Konzept, sondern eine entscheidende Geschäftsstrategie ist. Eine unverzichtbare Lektüre für jede moderne Führungskraft!"

– Christian Greiser
C-Suite Coach, Strategieberater und Autor

„Die von den Autoren vorgestellten Methoden, Fakten und Ideen sind rigoros, praxiserprobt und in der Lage, einen tiefgreifenden Wandel zu unterstützen. Lesen Sie dieses Buch. Setzen Sie auch nur einige der wichtigsten Ideen um. Und sehen Sie, wie die Dinge besser werden."

– Michael Chaskalson
Gründer von Mindfulness Works

„Dieses Buch bietet eine überzeugende neue Perspektive auf Resilienz – eine Perspektive, die tief in unserer menschlichen, beziehungsorientierten Natur und unserer Fähigkeit zur Regeneration verwurzelt ist.“

– Thomas LeGrand
Leitender technischer Berater, Conscious Food Systems Alliance, UN

„Dieses brillante Buch analysiert nicht nur die verschiedenen Elemente der Resilienz, sondern stattet uns auch mit den wesentlichen Resilienzfähigkeiten aus, um erfolgreich zu sein. Es kommt genau zum richtigen Zeitpunkt und ist eine Pflichtlektüre für alle.“

– Dr. PV Ramana Murthy
Autor, Berater, Rechtsanwalt und Pädagoge

„Das Buch bietet eine überzeugende neue Perspektive auf das Thema Resilienz, die den Bedürfnissen unserer Zeit entspricht. Es ist realistisch, aufschlussreich, witzig und innovativ. Eine wahre Freude zu lesen.“

– Michael Bunting
Keynote Speaker und Autor

DIE RESILIENZ REVOLUTION

Ein transformativer Ansatz für die Resilienz von Führungskräften, Teams und Organisationen

Resilienzstrategien für eine nachhaltige Leistungsfähigkeit

von

Chris Tamdjidi

Liane Stephan

Dr. Silke Rupprecht

Aus dem Englischen übersetzt von

Dennis Johnson

Verlag Franz Vahlen München

vahlen.de

ISBN Print 978 3 8006 7360 5
ISBN E-Book (ePDF) 978 3 8006 7361 2
ISBN E-Book (ePUB) 978 3 8006 7362 9

Wilhelmstraße 9, 80801 München
Druck und Bindung: Beltz Grafische Betriebe GmbH
Am Fliegerhorst 8, 99947 Bad Langensalza

Satz: Fotosatz Buck
Zweikirchener Str. 7, 84036 Kumhausen
Produktion: Sieveking Agentur, München
Umschlag: Alex Alexandrou, Zypern
Bildnachweis: Max Ducourneau

vahlen.de/nachhaltig

Gedruckt auf säurefreiem, alterungsbeständigem Papier
(hergestellt aus chlorfrei gebleichtem Zellstoff)

Ein herzliches Dankeschön an alle Kunden,
von denen ich so viel gelernt habe.
Ohne Ihre Aufgeschlossenheit und Offenheit
wäre die in diesem Buch vermittelte Weisheit
nicht möglich gewesen.
– Liane Stephan

An Saskia, Hannah und Rosa: Möget ihr wachsen
und gedeihen, jede auf ihre eigene wunderbare Weise.

An alle, die ihren Sinn für Resilienz verloren haben:
Mögen Sie zu Ihrer eigenen tiefen, grundlegenden Gesundheit
zurückfinden und Vertrauen in ihre angeborenen Resilienzfähigkeiten haben.
– Chris Tamdjidi

An Fritzi und Milo, dass ihr in einer komplexen
Welt freundlich, offen und fürsorglich bleibt.
– Silke Rupprecht

An meine Frau Sophie. Danke für deine unendliche Geduld und
Unterstützung, wenn ich mich in Schreibprojekte vertieft habe.
Ohne dich hätte ich es nie geschafft.
– Mike Mackay Richards

Inhaltsverzeichnis

Vorwort von Daniel J. Siegel

Stellen Sie sich ein umfassendes, wissenschaftlich fundiertes Kompendium der Schlüsselkompetenzen vor, die eine Organisation entwickeln kann, um eine Kultur zu schaffen, die Resilienz wertschätzt und gleichzeitig Engagement, Kreativität und Zusammenarbeit auf allen Ebenen fördert. Die ermutigende Reise durch dieses Buch bietet Ihnen kompakte Pakete mit umsetzbarem Wissen und Schritten an, die auf praktische Weise zeigen, wie Führungskräfte die Interaktionen *zwischen* den Mitgliedern ihrer Organisation in eine Atmosphäre der Inspiration und Zusammenarbeit umwandeln können – mehr noch, die Stress abbaut, das Gefühl des Engagements und der Zugehörigkeit stärkt und ein sicheres Umfeld bietet. Es sind diese wesentlichen Aspekte der Organisationskultur – die Art und Weise, wie wir in Gruppen interagieren –, die unsere Gehirne optimal arbeiten und unsere kollektive Intelligenz gedeihen lassen.

> Sie fragen sich vielleicht, warum die „Kultur" einer Organisation so wichtig ist? Warum ist die Konzentration auf Resilienz, wie sie in diesem Buch vorgeschlagen wird, nützlicher als die übliche Aufmerksamkeit, die Führungskräfte, wenn überhaupt, dem Wohlbefinden widmen? Was macht die wichtige und einzigartige Idee der „Wir-Resilienz" so hilfreich?

Die Antworten auf diese grundlegenden Fragen finden sich auf den Seiten dieses durchdachten, sorgfältig geschriebenen und äußerst nützlichen Buches. Aus der Perspektive der interpersonellen Neurobiologie können wir das systematische Programm, das in *Die Resilienz Revolution* vorgestellt wird, als einen Fahrplan verstehen. Einen Fahrplan, der Führungskräfte zu inspirieren vermag und jedes Mitglied einer Gruppe in die Lage versetzt, einen bedeutenden Beitrag zur Gemeinschaft oder der Organisation zu leisten. Die Forschung zeigt, dass, wenn einer Führungskraft diese Werkzeuge an die Hand gegeben werden, die Kultur viel eher zu einem Ort wird, an dem sich die Menschen zugehörig fühlen, besser zusammenarbeiten, kreativer sind und ein Gefühl der Sicherheit spüren. Wenn wir uns zugehörig fühlen, blühen wir alle auf. Der Gewinn eines solchen Ansatzes ist eine Win-win-win-Situation: In jeder Dimension der Organisation wird der Samen der Stärke gesät, und das System selbst wird in die Lage versetzt, sich optimal zu organisieren. Durch die Anerkennung von Unterschieden und die Förderung von Verbindungen, die den Wir-Resilienz-Praktiken innewohnen, wird die entscheidende Integration komplexer Systeme katalysiert sowie die Flexibilität, Anpassungsfähigkeit, Kohärenz – d. h. Resilienz über die Zeit – und Energie freigesetzt, die diese emergente Qualität gedeihen lässt.

Der menschliche Geist ist sowohl vollständig verkörpert als auch beziehungsorientiert. Das bedeutet, dass das Verständnis der Funktionsweise des Nervensystems – suboptimal in Zeiten von Disstress, Bedrohung und Unverbundenheit und optimal in Zeiten von machbarer Herausforderung, Engagement und Verbundenheit – jedem Mitglied eines Teams hilft, Verantwortung für die Bewältigung der Arbeitsbelastung und das Erreichen der Ziele zu übernehmen. Für jemanden, der in dieser Organisation

Führungsverantwortung trägt, kann die Führung der ihm unterstellten Mitarbeitenden die Aufgabenverteilung und die Ergebniskontrolle innerhalb des Zeitrahmens und der Arbeitsbelastung erheblich erleichtern, so dass die Kultur dieser Gruppe gut funktioniert.

Für diejenigen, die in der Lage sind, die Arbeit von Abteilungen und ihren Bereichen innerhalb einer größeren Organisation zu überblicken, wird die Kenntnis dieser inneren neurologischen Erkenntnisse darüber, wie geistige Prozesse wie Aufmerksamkeit, Motivation und Gedächtnis funktionieren, eine große Unterstützung sein. Sie werden leichter Arbeitsaufgaben verteilen und größere Ziele erreichen, während sie gleichzeitig den Puls dessen, was gut funktioniert, im Auge behalten können und den Kurs ändern, wenn dies erforderlich ist. Dieses Buch bietet einen Leitfaden, um diese neurologischen Grundlagen zu verstehen und im Arbeitsalltag anzuwenden. Innerhalb des Toleranzfensters erzielen wir optimale Ergebnisse. Wenn Stress jedoch unsere Bewältigungskapazität übersteigt, bewegen wir uns auf die eine oder andere Seite des Spektrums und geraten in einen Zustand von Chaos oder Starre – und keines von beiden ist hilfreich, um als Einzelperson oder in einem kooperativen Team gut zu arbeiten. In diesem Buch erfahren Sie nicht nur etwas über dieses Toleranzfenster, sondern auch darüber, wie Sie weitere Erkenntnisse der Neurowissenschaften nutzen können, um eine Kultur zu schaffen, die soziale Beziehungen und einen klaren Fokus optimiert und gleichzeitig Stresszustände minimiert.

Auf der Beziehungsebene lernen Sie zu verstehen, dass wir Menschen nicht nur ein inneres neuronales System haben, das uns hilft, uns zu konzentrieren und gut zu funktionieren, sondern dass dieses körperliche System auch sozial ist. Da unser Geistesleben – die Art und Weise, wie wir unsere Aufmerksamkeit steuern, uns an wichtige Informationen erinnern, offen und kreativ für neue Möglichkeiten bleiben oder uns innovative Wege vorstellen können, um eine Herausforderung zu meistern – *sowohl* verkörpert *als auch* beziehungsorientiert ist, lautet die Empfehlung, sich auf die *Organisationskultur* zu fokussieren. Als soziale Wesen mit einem Geist, der innerhalb unserer sozialen Beziehungen funktioniert, ist unser Gehirn für Gefühle von Sicherheit und Zugehörigkeit veranlagt. Wenn wir uns verbunden fühlen, sind wir kooperativ und kreativ. Wenn wir uns sicher fühlen, engagieren wir uns für die Gruppe, zu der wir gehören. Wir geben unser Bestes und sind stolz auf das kollektive Ergebnis unserer gemeinsamen Anstrengungen. Das ist es, was eine resiliente Kultur ausmacht.

Es ist mir eine große Freude, Sie in diesen schwierigen Zeiten auf unserem Planeten zu dieser wichtigen und inspirierenden Reise einzuladen. Beherzigen Sie die weisen Worte über Wir-Resilienz, und Sie werden über das Wissen und die Fähigkeiten verfügen, eine resiliente Kultur zu schaffen, die für alle, die das Glück haben, zu Ihrer Organisation zu gehören, eine ermutigende Erfahrung sein wird.

Daniel J. Siegel, M.D.

Geschäftsführender Direktor, Mindsight Institute; Mitbegründer und Ko-Direktor des Mindful Awareness Research Center und ehemaliger Mitbegründer und Forschungsleiter des Center for Culture, Brain and Development an der Universität von Kalifornien, Los Angeles

GIBT RESILIENZ EINE ANTWORT AUF DIE HEUTIGEN HERAUS-FORDERUNGEN?

GIBT RESILIENZ EINE ANTWORT AUF DIE HEUTIGEN HERAUSFORDERUNGEN?

Anfang 2023 trafen sich Teilnehmende aus dem privaten und dem öffentlichen Sektor zum Jahrestreffen des Weltwirtschaftsforums in Davos. Sie besprachen eine von beispiellosen Krisen erschütterte Welt und eine zunehmend herausfordernde Zukunft. Im Mittelpunkt standen die steigenden geopolitischen Spannungen, der Klimawandel, die soziale Instabilität und die möglicherweise tiefgreifenden Umbrüche durch die Technologien der künstlichen Intelligenz (KI). Es herrschte Konsens darüber, dass diese Herausforderungen unausweichlich sind. Sie können weder ignoriert werden, noch werden sie einfach verschwinden. Und ein Teil der Antwort auf diese Herausforderungen ist Resilienz. Mehr Resilienz für unsere Gemeinschaften, unsere Unternehmensstrukturen und unsere digitalen Systeme. Das Weltwirtschaftsforum stellte fest: „Angesichts einer Welt von kontinuierlichen und übergreifenden Umbrüchen betrachten die Entscheidungsträger Resilienz als eine unabdingbare Voraussetzung für die Sicherung einer nachhaltigen, inklusiven Zukunft“.[1]

Es lohnt sich, einen Moment über diese Tatsache nachzudenken. Wir stehen in den kommenden Jahrzehnten vor einer noch nie dagewesenen Ära der Transformation. KI-Systeme werden sich mit exponentieller Geschwindigkeit entwickeln. Sie werden viele Bereiche der Arbeit und der Welt verändern. Wir müssen unsere Unternehmen dekarbonisieren und globale Lieferketten und Industrien umstrukturieren, um ehrgeizige Netto-Null-Emissionsziele zu erreichen. Gleichzeitig wird die Welt durch geopolitische Unsicherheiten und die sich verändernde Dynamik der Großmächte immer unberechenbarer. Der Wandel kommt, und wir können ihn nicht aufhalten.

Während wir uns diesen Herausforderungen stellen, sollten wir uns auch eingestehen, dass unser Arbeitsleben vielleicht noch nie so stressig war, wie zu dieser Zeit. Ständige E-Mails oder andere digitale Kanäle sorgen dafür, stark fragmentiert zu arbeiten und selten abschalten zu können. Wir arbeiten häufig in hybriden Teams, sodass die Grenzen zwischen zuhause und Büro verschwimmen. Unsere Smartphones buhlen um unsere Aufmerksamkeit. Es ist klar, dass Führungskräfte und Mitarbeitende in Unternehmen vor vielen Herausforderungen stehen.

Wir können dieser Ungewissheit mit Angst oder mit Mut begegnen. Wenn wir Vertrauen in unsere Fähigkeit haben, zu lernen und uns zu verändern, können wir einige dieser bevorstehenden Veränderungen mit einer positiven Haltung entgegensehen. Wir sehen zum Beispiel neue Möglichkeiten in der grünen Wirtschaft und im Bereich der KI. Wenn wir jedoch angesichts dieser bevorstehenden Veränderungen gestresst oder gelähmt reagieren, dann werden die Umbrüche schmerzhafter und destabilisierender sein, als sie es vielleicht sein müssten.

Wie wir leben und was wir tun, wird Einfluss darauf haben, welche Rolle wir bei der Umsetzung einiger dieser Veränderungen spielen und wie stark wir davon betroffen sein werden. Unser persönlicher Handlungsspielraum mag in einigen Fällen begrenzt sein. *Was wir jedoch beeinflussen können, ist, wie wir mit diesen Herausforderungen umgehen, wie wir auf sie antworten und wie wir sie bewältigen.* Und das wird in erster Linie davon abhängen, wie resilient wir als Menschen sind. Aber es reicht nicht mehr aus, persönlich resilient zu sein.

Wir brauchen eine gemeinsame, geteilte Resilienz. **Die Herausforderungen der heutigen Zeit erfordern wahrhaft resiliente Kulturen oder ‚Wir-Resilienz‘, wie wir es nennen.**

Das bedeutet, dass wir die Resilienz unserer menschlichen Systeme stärken sollten: in unseren Teams, Abteilungen, Gemeinschaften und in Unternehmen. Es geht um die Entwicklung einer gemeinsamen Fähigkeit, mit Stress und Veränderungen intelligent umzugehen und daraus zu lernen. Das Ziel ist, soziale Systeme zu verändern, was bedeutet, uns selbst als auch unsere Organisationen als Gesamtsysteme resilienter zu machen. Ob die Zukunft uns Angst macht oder uns begeistert, könnte davon abhängen, wie viel Wir-Resilienz in den Systemen integriert ist.

Menschen sind darauf programmiert, anpassungsfähig zu sein

Trotz all dieser Ängste vor zunehmendem Stress und vor der Zukunft ist es wichtig, sich zu vergegenwärtigen, dass der Mensch sehr anpassungsfähig ist. Ein Beweis dafür ist die Art und Weise, wie die COVID-19-Pandemie und die Verbreitung des Internets in den Jahrzehnten davor die Arbeitsgewohnheiten revolutioniert haben. **Unser größter evolutionärer Vorteil als Menschen ist vielleicht, dass wir kooperativ und anpassungsfähig sind.** Wir sind nicht erfolgreich, weil wir im direkten Konkurrenzkampf mit anderen Menschen oder anderen Lebewesen erfolgreich sind, sondern weil wir zusammenarbeiten und uns anpassen.[2] Das ist es, was uns ausmacht. Wir sind die ultimativen Lernwesen der Natur, evolutionär veranlagt zu lernen und zu wachsen.[3]

Diese Eigenschaften sind in der Struktur unseres Körpers und unseres Gehirns verankert.[4] Bei den meisten Tieren ist die Vernetzung des Gehirns bei der Geburt zu 80–90 % abgeschlossen. Ein Pferd kann bereits wenige Stunden nach der Geburt laufen – das Programm zum Laufen muss also bereits bei der Geburt vorhanden sein. Die Evolution hat es so eingerichtet, dass wir Menschen geboren werden, wenn unser Gehirn noch nicht vollständig ausgebildet ist, unter anderem, damit die Babys bei der Geburt besser durch den Geburtskanal passen. Wir kommen also mit einem unvollständigen Gehirn zur Welt, dessen Vernetzung und damit Programmierung weniger stark ausgebildet ist als bei anderen Tieren. Nur etwa 30 % unserer Gehirnstrukturen und synaptischen Verbindungen sind bei der Geburt bereits vorhanden.[5] Unser Gehirn wird im Laufe unseres Lebens durch die Interaktion mit unseren Mitmenschen geformt. Es ist neuroplastisch und kann sich im Laufe der Zeit verändern.

Das bringt uns enorme Vorteile. Jemand, der in der Sahara geboren wird, könnte theoretisch 25 Jahre später Forscher im Amazonas-Regenwald oder in der Antarktis sein. Eine Giraffe, die heute in der Sahelzone geboren wird, hat dagegen kaum solche Chancen. Sie hat einfach nicht die nötige Anpassungsfähigkeit (und auch nicht die Beine, die für das glatte Eis der Antarktis geeignet sind). Ein Kind, das heute geboren wird, könnte in der Zukunft in einem völlig anderen Umfeld als dem seiner Kultur und seines Klimas beruflich erfolgreich sein. Bei all den Veränderungen, die sich am Horizont abzeichnen, wird es das wahrscheinlich auch müssen.

Es ist leicht zu beobachten, wie selbstverständlich Kinder und Jugendliche sich anpassen und lernen. Ob sie laufen lernen oder eine neue App auf ihrem Smartphone

installieren – sie passen sich ständig an. Sie können auch schnell ihren Zustand, wie die Stimmung und das Energieniveau verändern. Lernen und Anpassung liegen in ihrer Natur, wie das Atmen. Tatsächlich ist es eher eine Anomalie, wenn Kinder nicht lernen oder neue Fähigkeiten nicht relativ schnell beherrschen. All dies macht sie von Natur aus resilient. Wenn Kinder aufhören zu lernen, sind oft Stress, Trauma oder Erschöpfung dafür verantwortlich.[6] Das kann Kindern in der Schule passieren oder wenn ihr familiäres Umfeld sie nicht unterstützt. Auch im Erwachsenenalter können übermäßiger Stress und in manchen Fällen Trauma dazu führen, dass wir weniger lern- und anpassungsfähig sind. Wir sollten in der Lage sein, unseren Stresspegel und unsere Emotionen zu regulieren, um zu lernen und zu wachsen, wie wir in Kapitel zwei sehen werden.

Stress ist ein globales Phänomen geworden – in einem nie dagewesenen Ausmaß

Stress ist etwas Natürliches. Er ist eine gesunde Reaktion auf Situationen, die uns mehr Ressourcen abverlangen. Wenn wir mit etwas Stressigem konfrontiert werden, mobilisiert unseren Geist und unser Körper Ressourcen für die Atmung, unsere Muskeln und andere Systeme, die für Kampf-, Flucht- oder Erstarrungsreaktionen notwendig sind.[7] Andere Systeme, die für Lernen, Verdauung und soziale Beziehungen notwendig sind, werden herunterreguliert, oder sogar abgeschaltet. Diese Reaktion macht Sinn, wenn wir z. B. eine Schlange sehen. Wir müssen uns nicht auf ein komplexes, gefühlsbetontes Gespräch mit ihr einlassen. Und wir müssen ihre Motivation auch nicht verstehen. Schließlich ist es eine Schlange. Wir tun gut daran, wegzulaufen, und zwar schnell. Stress ist also nützlich, um die Leistung zu steigern, sich (bis zu einem gewissen Grad) zu konzentrieren und in bestimmten Situationen stark zu sein.

Es ist chronischer Stress, Dauerstress ohne Erholung, der zu Problemen führt. Er hat negative Auswirkungen auf unsere Gesundheit und für unsere kognitiven und kooperativen Fähigkeiten.[8] Es sollte uns daher beunruhigen, dass chronischer Stress in den letzten Jahren weltweit zugenommen hat, insbesondere bei Arbeitskräften. Wir haben in den letzten zehn Jahren mit Tausenden von Arbeitnehmenden gesprochen und mit Hunderten von Unternehmen zusammengearbeitet. Aus unserer direkten Erfahrung können wir sagen, dass Arbeitnehmende noch nie so gestresst waren wie heute. Wir schätzen sogar, dass 30–40 % der Beschäftigten, mit denen wir gearbeitet haben, erhöhte Stresswerte aufweisen – Werte, die sie in die Nähe eines Burn-outs bringen. Unsere Beobachtungen wurden auch durch eine weltweite Gallup-Umfrage bestätigt, die ergab, dass das durchschnittliche Stressniveau der Arbeitnehmenden weltweit in den letzten 15 Jahren um fast 50 % gestiegen ist.[9]

Das Stressniveau der Arbeitnehmer nimmt weltweit zu.

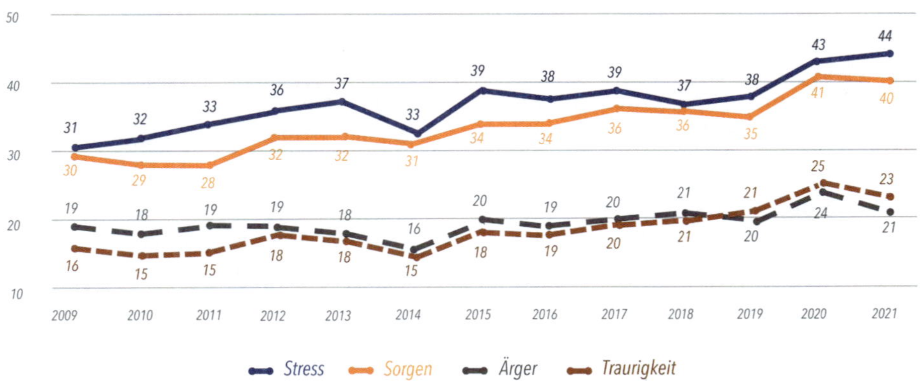

Gallup State of the Global Workforce 2022: Haben Sie gestern während eines Großteils des Tages die folgenden Gefühle erlebt?

Diese Daten spiegeln sich auch in mehreren anderen Umfragen wider. Dazu gehört der *World Happiness Report 2022*, der einen kontinuierlichen Anstieg negativer Gefühle und Ängste am Arbeitsplatz zeigt.[10] Interessanterweise fällt diese Entwicklung mit der Verbreitung von Smartphones, sozialen Medien und der ‚abrufbereiten' E-Mail-Kultur zusammen. Wir bezweifeln, dass dies ein Zufall ist.

Negative Gefühle und Ängste nehmen weltweit zu.

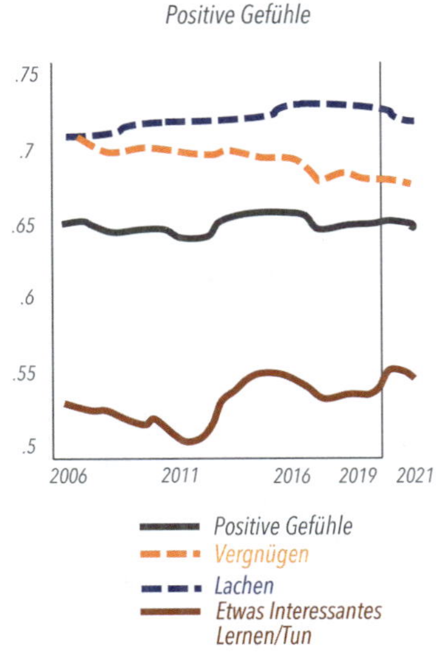

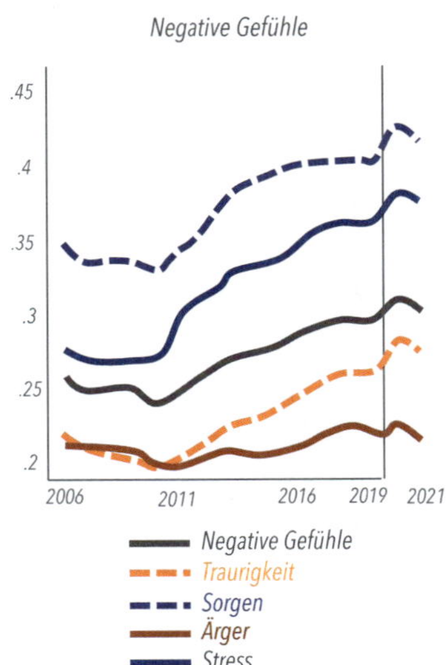

World Happiness Report 2022: Globale Trends von 2006 bis 2021

Was bedeutet es, resilient zu sein?

Wir sind natürliche Wesen, die sich verändern. Wir erleben Tag und Nacht. Wir durchleben Winter, Frühling, Sommer und Herbst. Wir arbeiten und erholen uns, gründen Familien und treffen uns mit Freunden. Die Veränderlichkeit unseres Lebens ist ganz natürlich. Man könnte sogar sagen, dass der Wandel die einzige Konstante im Leben ist.

Veränderungen wirken sich auf unser Verhalten, unsere Psyche und unsere Physiologie aus. Manche Veränderungen können willkommen sein, andere können Stress und Angst auslösen. Wenn wir von Resilienz sprechen, geht es nicht darum, durchzuhalten. Bei Resilienz geht es darum, wie wir uns an solche Veränderungen anpassen. **Und um dies zu erreichen, glauben wir, dass Resilienz die Fähigkeit voraussetzt, unseren inneren Zustand zu verändern.** Mit anderen Worten: Wahre Resilienz ist eine Reihe von Fähigkeiten, die uns in die Lage versetzt, von einem Zustand hoher Erregung (Stress) in einen Zustand niedriger Erregung (Erholung) zu wechseln und umgekehrt.

Beispielsweise müssen wir manchmal in der Lage sein, in einen Zustand erhöhter Energie zu wechseln, um eine komplexe Arbeitsaufgabe zu bewältigen. Oder wir müssen in der Lage sein, in einen regenerativen Zustand zu wechseln, wenn die unmittelbare Belastung geringer ist. Durch diese Fähigkeit der Regulation können wir den Herausforderungen auf eine gesunde Art und Weise begegnen und auch mehr Raum für soziale Kontakte und Erholung schaffen. Angesichts der Tatsache, dass unsere mentalen und energetischen Ressourcen begrenzt sind, erfordert Resilienz, dass wir in der Lage sind, unseren Zustand und unseren Energieverbrauch zu verändern, je nachdem, was uns unsere Umwelt vorgibt. Leider sind zu viele Menschen und Unternehmen ständig auf Leistung ausgerichtet, ohne sich eine Pause zu gönnen. Sie glauben, sich nicht ausruhen oder entspannen zu können, und bleiben zu lange in einem Stresszustand.

Zusammenarbeit: der blinde Fleck von vielen Führungskräften

In unserer Arbeit mit Hunderten von Führungskräften haben wir festgestellt, dass viele glauben, dass ihr Unternehmen nur deshalb überlebt oder erfolgreich ist, weil es im ständigen Wettbewerb um Kunden und Umsatz mit Konkurrenten konkurriert, und somit der ständige Fokus auf Konkurrenz wichtig ist. Chris arbeitete vor einigen Jahren mit einem Automobilzulieferer in Süddeutschland zusammen. Er traf einen Manager namens Matthias, der ein Team von über 200 Mitarbeitenden in der Produktentwicklung leitete. Sie saßen bei einem Kaffee in einem großzügigen Raum im dritten Stock. Durch die großen Fenster blickte man auf die weitläufige Fabrik und die Wälder dahinter.

Wie bei allen Automobilzulieferern waren der Wettbewerb und der Kostendruck groß. Nachdem sie sich zusammengesetzt hatten, erzählte der Manager Chris, dass sein Team unter großem Druck stehe. Er machte sich Sorgen um einige Teammitglieder, war aber auch frustriert, weil viele krank waren oder den Ernst der Lage nicht zu verstehen schienen. Matthias war der Meinung, dass sie strenger sein, aber auch klarere Grenzen setzen sollten. Chris bemerkte, dass diese Herausforderungen Auswirkungen auf Matthias hatten: Er war angespannt und ungeduldig, dass Chris sein Problem lösen würde. Ungeduldig, dass Chris als Experte einen Weg finden würde, sein erweitertes Team resilienter zu machen.

„Wir stehen derzeit vor so vielen Herausforderungen“, sagte Matthias. „Die Zukunft unseres Unternehmens ist ernsthaft bedroht. Die Automobilkonzerne wollen mehr Anteile an der Fahrzeugproduktion, um ihre Mitarbeitenden und ihre Gewinne zu schützen, und es gibt mehr neue Wettbewerber, als ich zählen kann. Das ist sehr anstrengend. Der Wettbewerb war noch nie so hart. Wir müssen in puncto Geschwindigkeit und Innovation mithalten. Angesichts der Dringlichkeit der Situation habe ich meinen Mitarbeitenden deutlich gemacht, dass jeder von ihnen mehr Verantwortung für seine eigene Leistung übernehmen muss. Im Geschäftsleben dreht sich alles um Wettbewerb, und wir befinden uns in einer sehr schwierigen Situation.“

Chris nickte und sagte, er verstehe. Nach einer kurzen Pause sagte er: „Glauben Sie wirklich, dass es im Geschäftsleben *nur* um Wettbewerb geht? Wäre es abwegig zu behaupten, dass Zusammenarbeit für Sie im Moment wichtiger sein könnte, weil Sie Ihr Team zusammenhalten müssen, um diese neue Herausforderung zu meistern?“

„Nun, ich weiß, dass Zusammenarbeit wichtig ist“, sagte er unsicher und fügte schnell hinzu: „Aber es nützt nichts, zusammenzuarbeiten und sich gut zu fühlen, wenn die Konkurrenz uns vom Markt verdrängt. Wir müssen uns also auf eine echte Herausforderung einstellen. Früher war unser Unternehmen besser geschützt. Aber viele der neuen Marktteilnehmer spielen nicht nach den alten Regeln. Wir müssen uns durch diese Herausforderung durchboxen, dann können wir uns wieder auf die Zusammenarbeit konzentrieren.“

Es gab eine kurze Pause. Chris und Matthias tranken einen Schluck Kaffee. Beide schauen kurz aus dem Fenster. Sie schauten auf das geschäftige Treiben auf dem Werksgelände und auf die grünen Wälder in der Ferne.

Chris begann wieder. „Ich werde Ihnen hier widersprechen, wenn das in Ordnung ist“, sagte er lächelnd. „Meine Erfahrung ist, dass die Verbesserung der Zusammenarbeit viel wichtiger ist als die Fixierung auf den Wettbewerb. Und dass in der Tat das meiste, was Unternehmen tun, auf Zusammenarbeit und Teamwork basiert und nicht auf Wettbewerb.“

Der Manager wirkte nicht überzeugt. Chris hatte die Erfahrung gemacht, dass diese Reaktion in Gesprächen mit anderen Managern völlig normal war. Also fuhr er fort. Chris fragte ihn, wie viel Prozent des Erfolgs seines Unternehmens seiner Meinung nach auf die Zusammenarbeit und wie viel Prozent auf den Wettbewerb zurückzuführen seien. Matthias antwortete: „Ich würde sagen, dass unser Erfolg zu 60 % auf Wettbewerb und zu 40 % auf Zusammenarbeit beruht, oder so ähnlich.“ Chris war es gewohnt, von vielen Führungskräften und Managern zu hören, dass das Verhältnis 50:50 sei, oder in einigen Fällen, dass der Erfolg ihres Unternehmens „zu 30 % auf

Wettbewerb und zu 70 % auf Zusammenarbeit" beruhe. Die Meinung dieses Managers unterschied sich also gar nicht so sehr von der allgemeinen Meinung.

Chris fuhr mit dem nächsten Teil der Reflektion fort und bat Matthias, sein Telefon herauszuholen. Er schien etwas verwirrt. Vielleicht hatte er Angst, dass Chris ihn dazu bringen wollte, ein Selfie oder so etwas zu machen, aber dann willigte er vorsichtig ein.

„Okay", sagte Chris, „würden Sie bitte Ihren Arbeitskalender öffnen? Zählen Sie jetzt die Stunden der Arbeitstermine in dieser Woche, bei denen Sie wirklich mit jemandem konkurrieren, und schreiben Sie sie in eine Spalte Ihres Notizblocks. Dann notieren Sie alle Termine in Ihrem Kalender, bei denen Sie zusammenarbeiten, und schreiben Sie diese in eine andere Spalte."

Matthias verbrachte die nächsten Minuten damit, seinen Kalender zu durchforsten. Ab und zu hielt er inne, um in seinen Notizblock zu schreiben. Nach einer kurzen Weile sagte er: „Okay … Ah, ich sehe, worauf das hinausläuft", und lächelte.

Matthias drehte den Notizblock um, damit Chris ihn sehen konnte. Die Spalte ‚Zusammenarbeit' war voll. Es waren vielleicht 45 Einträge. Die Spalte ‚Konkurrenz'? Nur ein Eintrag. „Vielleicht habe ich mich bei den Prozentsätzen etwas verschätzt", sagte er lachend.

„Keine Sorge, das passiert jedem", sagte Chris. „Wir haben diese Kalenderübung schon hunderte Male gemacht. Und ich würde sagen, wir haben selten einen Manager getroffen, der mehr als ein Ereignis in seinem Wochenkalender gefunden hat, bei dem es wirklich um Wettbewerb geht. Tatsächlich haben wir durch diese Übung herausgefunden, dass mehr als 95 % der Aktivitäten von Führungskräften auf Zusammenarbeit basieren, sogar mit ihren Kunden, Lieferanten, Stakeholdern und anderen Akteuren der Branche. Und das waren alles Leute, die dachten, sie würden ihr ganzes Berufsleben im Wettbewerb stehen!

Matthias wirkte ein wenig erleichtert, als er erkannte, dass er nicht allein damit war.

Das bedeutet nicht, dass Wettbewerb nicht Teil unserer Arbeitsrealität ist. Das ist er. Aber der Großteil unserer tagtäglichen Arbeit besteht aus Zusammenarbeit, und diese wird von der Fixierung auf Wettbewerb untergraben. Chris fuhr fort. „Noch eine Frage. Glauben Sie, dass wir besser zusammenarbeiten, wenn wir gestresst sind, oder wenn wir entspannter sind?"

„Ja, Zusammenarbeit ist entscheidend, aber … Wir können es uns nicht leisten, uns zu entspannen", sagte Matthias. Trotz des Gesprächs, das wir gerade geführt hatten, fiel es ihm immer noch schwer zu akzeptieren, wie wichtig Zusammenarbeit ist und dass auch Entspannung dazu gehört.

„Wenn Sie sich nicht auf eine effektive und *nachhaltige* Zusammenarbeit konzentrieren, werden Sie Ihr Unternehmen unter Wert verkaufen", sagte Chris. „Zusammenarbeit erfordert Präsenz, Fürsorge, emotionale Resilienz und Entspannung. Wenn Sie Ihren Mitarbeitenden zu viel Stress zumuten, werden Sie sie in den Burn-out treiben, und das ist für niemanden von Vorteil."

Chris und Matthias beendeten ihr Gespräch und verabschiedeten sich voneinander. Sie vereinbarten, das Gespräch beim nächsten Training in einigen Wochen fortzusetzen. Auf dem Rückweg zum Hotel machte Chris einen Spaziergang durch einen Park und hatte einige Minuten Zeit nachzudenken. In solchen Gesprächen mit Managern konnte er sehen, welche Auswirkungen eine unangemessene Fixierung auf den Wettbewerb auf die Manager persönlich und auf ihre Teams hatte. Stress und Burn-out bei den Mitarbeitenden waren in solchen Situationen wohl vorprogrammiert.

Eine ausschließliche Fokussierung auf den Wettbewerb geht mit der falschen Vorstellung einher, dass Resilienz gleichbedeutend mit Ausdauer oder Durchhaltevermögen ist. Wir glauben jedoch, dass diese Auffassung in zweierlei Hinsicht fehlerhaft ist. Erstens spiegelt es nicht die Realität wider, warum Unternehmen erfolgreich sind. Zweitens schafft es Anreize für Mitarbeitende, zu lange gestresst zu sein, was letztendlich zu mehr Problemen für das Unternehmen führt.

Warum also verkennen so viele Führungskräfte die Realität von Stress und Wettbewerb? In der Regel liegt es daran, dass diese Führungskräfte selbst die meiste Zeit zu gestresst sind. Stress hält sie in einer starren Denkweise gefangen[11] und kann dazu führen, dass sie übermäßig wettbewerbsorientiert sind,[12] selbst wenn dies nicht notwendig wäre. Da gestresste Führungskräfte an der Spitze der meisten Unternehmen stehen, ist es nicht verwunderlich, dass die Sprache in den Unternehmen oftmals zu sehr auf Wettbewerb ausgerichtet ist. Wie wir in diesem Buch zu zeigen versuchen, ist dies eine veraltete Denkweise. Und es ist eine Denkweise, die durch eine Bewegung hin zu resilienten Kulturen ersetzt werden sollte, wie das folgende Beispiel zeigt.

Die Auswirkungen von zu viel Stress: eine Teamübung

Wenn wir mit Unternehmen zusammenarbeiten, demonstrieren wir, dass es eine schlechte Praxis ist, wenn Mitarbeitende zu lange gestresst sind, und dass dies unweigerlich zu suboptimalen Geschäftsergebnissen führt, und zwar auf viele überraschende Arten. Zu diesem Zweck nehmen wir eine Gruppe von 10 bis 30 Personen und teilen sie in drei Gruppen auf. Wir geben jeder Gruppe die gleiche Aufgabe, aber unterschiedliche Bedingungen, um sie zu bewältigen.

> ***Gruppe eins**: Wir beschreiben die Aufgabe oder Herausforderung, die sie zu bewältigen haben, und erklären ihnen, dass dies ein Test ihrer Fähigkeit ist, Stress auszuhalten, und trotzdem zu leisten. Wir sagen ihnen, dass sie durchhalten müssen und keine Pause machen dürfen. Wenn sie wirklich nicht mehr können, sollen sie aufgeben. Den Rest überlassen wir ihnen. Üblicherweise unterstreichen wir diese Botschaft, indem wir die Anweisungen mit strengem Blick und hochgezogenen Augenbrauen überbringen und damit den Archetyp des strengen Vorgesetzten aus unserem kollektiven Unbewussten heraufbeschwören.*
>
> ***Gruppe zwei**: Wir beschreiben die Aufgabe oder Herausforderung, die sie zu bewältigen haben, und die Zeit, die sie dafür brauchen werden. Wir ermutigen sie, sich zu entspannen, wann immer sie wollen, und sobald sie sich entspannt haben, können sie einfach mit der Aufgabe fortfahren.*

> ***Gruppe drei:*** *Wir beschreiben die Aufgabe und die Dauer. Wir ermutigen sie, sich zu entspannen, wann immer sie wollen. Wir ermutigen sie auch, sich bewusst zu machen, wie sich die Belastung durch die Aufgabe auf sie auswirkt und sich untereinander darüber auszutauschen, wie sie ihre empfundene Belastung bei der Durchführung der Aufgabe minimieren können.*

Was ist das übliche Ergebnis dieser Herausforderung? Wir haben diese Übung schon hunderte Male durchgeführt. Natürlich dauert sie, wie alle echten Herausforderungen, länger als erwartet, und die von den Teilnehmenden empfundene Belastung ist real. Interessanterweise ist das Ergebnis fast immer das gleiche, wie im Folgenden beschrieben.

> ***Gruppe eins:*** *Die ‚Stressgruppe': Die Teilnehmenden stehen in einer Reihe, wirken angespannt und sprechen nicht, während sie die Aufgabe ausführen, die wir ihnen gestellt haben. Sie machen weiter und empfinden zunehmend Stress und sogar Schmerzen. Mit der Zeit geben einige mit einem frustrierten oder resignierten Gesichtsausdruck auf. Andere fangen an, sich über die Übung zu beschweren oder zeigen mit dem Finger auf andere Gruppen, die ihrer Meinung nach schummeln. Es ist immer diese Gruppe, die sich fragt, wer wir sind, dass wir ihnen eine solche Herausforderung gestellt haben, und es ist auch die einzige Gruppe, die sich über andere beschwert. Diejenigen, die aufgeben, fühlen sich unterlegen. Im Durchschnitt erreicht diese Gruppe eine Erfüllungsquote von 70 % bei der Herausforderung – vor allem, weil einige aufgegeben haben. Diejenigen, die aufgegeben haben, sind unglücklich darüber, die Gruppe enttäuscht zu haben.*
>
> ***Gruppe zwei:*** *Die ‚Regenerationsgruppe': Die Teilnehmenden stehen in der Regel in einem Kreis, sind miteinander in Kontakt, unterhalten sich und arbeiten an der Herausforderung. Sie kommunizieren und machen Pausen, wenn sie müde sind. Sie machen endlos weiter und geben nicht auf. Sie müssen nicht motiviert werden, für sie ist es selbstverständlich, Verantwortung zu übernehmen. Sie beschweren sich nicht und kritisieren nicht die anderen Gruppen. Wenn man sie nach ihren Erfahrungen fragt, sagen sie in der Regel, dass es ihnen Freude bereitet hat und dass sie noch viel länger hätten weitermachen können. Im Durchschnitt erreicht Gruppe zwei eine Erfüllungsquote von über 90 %.*
>
> ***Gruppe drei:*** *Die ‚Lerngruppe': Sie stehen ebenfalls im Kreis, unterhalten sich, erfüllen die Aufgabe und machen Pausen. Sie arbeiten weiter an der Aufgabe und geben nicht auf. Sie beschweren und kritisieren die anderen Gruppen nicht. Sie experimentieren mit vielen verschiedenen Möglichkeiten, die Aufgabe zu lösen und lernen in der Regel, den empfundenen Grad der Belastung zu minimieren. Wenn man sie nach ihren Erfahrungen fragt, sagen sie normalerweise, dass es ihnen Freude bereitet hat. Dass sie noch länger hätten weitermachen können und dass sie es genossen haben, von den anderen zu lernen. Im Durchschnitt erreicht Gruppe drei bei der Herausforderung eine Erfüllungsquote von über 90 %.*

Nach der Übung bringen wir alle drei Gruppen zusammen und präsentieren die wichtigsten Erkenntnisse.

- ***Gruppe eins**: ‚Die Stressgruppe' zeigt Symptome von schlechter Kommunikation, negativer Einstellung, Burn-out und Irritation. Ihre Leistung ist in der Regel am schlechtesten. Sie kommunizieren schlecht und lernen nichts. **Der Versuch, 100 % Leistung aufrechtzuerhalten, ohne sich auf Erholung zu konzentrieren, hat viele unbeabsichtigte negative Folgen, sowohl für die Aufgabenerfüllung auf hohem Niveau als auch für die Kommunikation, die Gesundheit, das Lernen und die Verbundenheit.***
- ***Gruppe zwei**: ‚Die Regenerationsgruppe' hat die gleiche Herausforderung, aber auch die Bedingung der Entspannung und Selbstregulation. **Sie sind wesentlich leistungsfähiger als Gruppe eins und haben mehr Freude an ihrer Arbeit.** Sie können endlos weitermachen. Sie kommunizieren auf natürliche Weise und bleiben miteinander verbunden.*
- ***Gruppe drei**: ‚Die Lerngruppe' erfüllt ebenfalls die gleiche Herausforderung, jedoch unter der Bedingung von Entspannung und Selbstbeobachtung. **Sie sind ebenso leistungsfähig wie Gruppe zwei. Aber sie werden auch zu einem lernenden Team, das seine Herangehensweise an die Herausforderung optimiert, während es sie bewältigt.** Sie kommunizieren, bleiben in Verbindung und lernen. Die anderen Gruppen bieten keine Lernerfahrung, während diese Gruppe einfach durch die Aufgabe der Selbstbeobachtung lernt.*

Nach diesen Ergebnissen schweigen die Mitglieder der ersten Gruppe häufig und sind am stärksten von diesen Lerninhalten betroffen. Es ist ihnen peinlich, dass sie in diesen Modus des Konkurrenz- und Stressverhaltens geraten sind. Die Gruppen zwei und drei sind zufriedener, aber auch nachdenklich. Sie sind überrascht, wie viel besser die Ergebnisse der Gruppen waren, die Entspannung an erste Stelle gesetzt haben.

In der Regel bitten wir dann die Führungskräfte, diese Lernergebnisse zu reflektieren. Viele sind überrascht, wie leicht sie in der Vergangenheit in die Muster der Gruppe eins verfallen sind und wie sehr diese Muster die Teamleistung, die Kommunikation, die Zusammenarbeit und das Lernen behindern. Liane erinnert sich, wie eine Führungskraft einer europäischen Institution dies mit einem Kollegen diskutierte und sagte: „Ich kann nicht glauben, dass wir das schon so lange machen. Um ehrlich zu sein, haben wir viele Jahre lang wie Gruppe eins gearbeitet, und das scheint jetzt suboptimal zu sein." Unabhängig davon sagte ein Direktor für Forschung und Entwicklung einmal: „Ich wusste, dass Erholung wichtig für das Wohlbefinden der Mitarbeitenden ist. Aber ich habe Leistung und Erholung immer als zwei getrennte Dinge gesehen, für die die Mitarbeitenden selbst verantwortlich sind. Jetzt bin ich mir da nicht mehr so sicher."

Normalerweise versichern wir diesen Führungskräften, dass sie damit nicht allein sind. Die meisten modernen Unternehmen werden leider wie Gruppe eins geführt. In einer idealen Welt sollten sie jedoch wie Gruppe drei funktionieren. Es liegt auf der Hand, dass nachhaltige Leistung, Zusammenarbeit und Lernen in der modernen Arbeitswelt notwendig und wichtiger sind als kurzfristige Leistung. Andauernder Stress ist für den Erfolg eines Teams oder eines Unternehmens in der Regel nicht förderlich. Darauf müssen wir unsere Kunden häufig hinweisen, auch diejenigen, die in den letzten Jahren begonnen haben, das Thema Wohlbefinden ernster zu nehmen.

Wohlbefinden allein ist nicht ausreichend

Man könnte meinen, dass wir das massive Wachstum von Abteilungen, Initiativen und Empfehlungen für Wohlbefinden in den letzten Jahren feiern könnten. In der Tat schätzt ein Bericht, dass der weltweite Markt für Corporate Wellness im Jahr 2022 einen Wert von 61,8 Milliarden US-Dollar hatte, während er vor einigen Jahrzehnten noch unbedeutend war.[13] Wir stimmen zwar zu, dass eine stärkere Fokussierung auf das Wohlbefinden ein wichtiger Schritt in die richtige Richtung ist, um eine resiliente Unternehmenskultur aufzubauen, aber es ist auch klar, dass die Bemühungen um das Wohlbefinden in der modernen Arbeitswelt nicht funktioniert haben. Die Daten zeigen ganz einfach, dass der Stress trotz der enormen Ausweitung von Initiativen für stärkeres Wohlbefinden zugenommen hat.[14] Vielleicht wäre der moderne Stress am Arbeitsplatz ohne diese Verbreitung von Wohlbefindensinitiativen noch schlimmer? Das ist schwer zu sagen. Was wir jedoch sagen können, ist, dass eine Konzentration auf das Wohlbefinden allein nicht ausreicht, um die Herausforderungen zu bewältigen, vor denen die Unternehmen stehen. Im Folgenden erläutern wir, warum ein Fokus auf Wohlbefinden allein nicht ausreicht.

- **Wohlbefinden ist häufig ein Nebengedanke**: Das Mindset hat sich noch nicht ausreichend geändert und viele Führungskräfte und Organisationen konzentrieren sich immer noch zu sehr auf hohe Leistungsfähigkeit. Sie sprechen über Leistung, bemessen sie und belohnen sie. Im Gegensatz dazu ist das Wohlbefinden in der Regel nur ein Nebengedanke. Trotz des exponentiellen Wachstums in den letzten Jahren machen die Budgets für das Wohlbefinden in der Regel immer noch weniger als 1 % der Lohnkosten und etwa 0,3 % der Gesamtkosten eines Unternehmens aus.[15] Dies bedeutet, dass nur begrenzte Anstrengungen unternommen werden, um Leistung und Fürsorge miteinander in Einklang zu bringen oder dem Wohlbefinden auch nur annähernd die gleiche Bedeutung beizumessen wie der Leistung.
- **Initiativen für stärkeres Wohlbefinden überzeugen die Führungskräfte nicht von der Verbindung zwischen Leistung und Fürsorge:** Obwohl es unterschiedliche Definitionen von Wohlbefinden gibt, wird es im Allgemeinen als ein Zustand beschrieben, der die Erholung fördert und mit positiven Emotionen verbunden ist. Diejenigen, die Wohlbefindensinitiativen unterstützen, tun dies häufig, weil sie über den Stress besorgt sind und Wohlbefinden als ein Gegenmittel ansehen. Andere wiederum betrachten Wohlbefinden manchmal als etwas, das der Leistung entgegensteht. Gegenwärtig bieten Initiativen für stärkeres Wohlbefinden keine überzeugende Erklärung dafür, wie sie sowohl Leistung als auch Fürsorge unterstützen. Sie bieten kein umfassendes Konzept, das die Untrennbarkeit von Leistung und Wohlbefinden betont.
- **Wohlbefinden ist ein Zustand, keine Fähigkeit**: Wohlbefinden ist nur einer von vielen wichtigen physiologischen Zuständen, zu denen Stress, Wachstum, Regeneration und Loslassen gehören. Angesichts der zunehmenden Herausforderungen in der Arbeitswelt ist die Fähigkeit, innere Zustände *auszugleichen und zu verändern* – und nicht nur im Wohlbefinden zu verweilen – erforderlich, um Stress wirksam zu bekämpfen. Interventionen zum Wohlbefinden konzentrieren sich

in der Regel darauf, einen Zustand des Wohlbefindens zu erreichen. Sie berücksichtigen jedoch nicht, wie die Fähigkeiten trainiert werden können, um diesen Zustand wiederherzustellen. Viele Wohlbefindensinterventionen erzeugen einen angenehmen, kurzlebigen Zustand. Es gibt fröhlich-bizarre Interventionen, wie z. B. die Vorführung von Hundewelpen im Büro, damit die Mitarbeitenden ihren „Aha"-Moment haben. Aber das ist nur ein vorübergehender Zustand. Er vermittelt den Mitarbeitenden nicht die Fähigkeit, ihren inneren Zustand auch in Zukunft zu verändern. Und in einigen Fällen hinterlassen diese Maßnahmen vielleicht ungewohnte Flecken auf dem Teppich.

- **Es mag nicht immer realistisch sein, sich auf das Wohlbefinden zu konzentrieren**: Tatsache ist, dass der globale Stress in den kommenden Jahren aufgrund der Herausforderungen, vor denen wir stehen, weiter zunehmen wird. Kein noch so hohes Maß an Wohlbefinden kann verhindern, dass es zu Stresssituationen kommt. Deshalb ist die Fähigkeit, den eigenen Zustand zu verändern, und die Förderung von Resilienz wichtiger denn je.

Wir bezweifeln nicht, dass Abteilungen, die sich um das Wohlbefinden der Mitarbeitenden kümmern bedeutsam sind, weil sie präventive Ansätze zur Stressreduzierung und zu Verbesserung des Wohlergehens fördern. Aber reicht das? Wenn moderne Unternehmen in den kommenden Jahren mit dem zunehmenden Stress fertig werden wollen, sollten sie gezielte organisationale Maßnahmen ergreifen. Und ein wesentlicher Teil dieser Maßnahmen sollte auf die Stärkung der individuellen und organisationaler Resilienz ausgerichtet sein.

Der Übergang vom ‚Ich' zum ‚Wir'

Da die Maßnahmen zur Förderung des Wohlbefindens zu kurz greifen, die Unternehmen zu sehr auf den Wettbewerb fokussiert sind und der Stress ein noch nie dagewesenes Ausmaß erreicht hat, glauben wir, dass ein neuer Ansatz erforderlich ist. Es liegt uns am Herzen, die Fähigkeit, die wir als Menschen haben und die wir angesichts der bevorstehenden schnellen Veränderungen in dieser Welt brauchen, nämlich resilient zu sein, zu verstehen und im organisationalen Kontext zu integrieren. Deshalb waren wir inspiriert, dieses Buch zu schreiben.

Ein weiser Mensch hat einmal gesagt, dass der Übergang von Krankheit zu Wohlbefinden ein Übergang vom ‚Ich' zum ‚Wir' ist („I"llness to „We"llness). In ähnlicher Weise fordern wir einen Wandel in der Herangehensweise an Resilienz. Wenn von Resilienz die Rede ist, geht es meist um Menschen, die irgendwie durchhalten. Was jedoch oft übersehen wird, ist, dass ein großer Teil unserer Resilienz aus unseren sozialen Beziehungen auf der Wir-Ebene entsteht. Aus Kooperation und nicht aus Konkurrenz.

Damit sich menschliche Resilienz entfalten kann, müssen wir Teams, Organisationen und soziale Ebenen mit einbeziehen. Das meinen wir, wenn wir vom Aufbau resilienter Kulturen und von Wir-Resilienz sprechen. Resilienz auf der Ebene der gesamten

Organisation, des gesamten Systems. Im weiteren Verlauf dieses Buches werden wir beschreiben, was wir gelernt haben und was Sie tun können, um selbst wirklich resiliente Kulturen aufzubauen.

Dieses Buch zeigt einen Weg auf, wie die Resilienz von Teams und Organisationen verbessert werden kann. Es wird mit einigen Mythen über Resilienz aufräumen. Es wird erklären, wie wichtig es ist, den Zustand von Körper und Geist zu verstehen, und wie der Wechsel zwischen diesen physiologischen Zuständen der Schlüssel zur Resilienz ist. Wir werden erklären, welche einzelnen Fähigkeiten es uns ermöglichen, verschiedene Systeme in Körper und Geist zu regulieren, und wie wichtig es ist, eine Kultur der langfristigen Entwicklung dieser Fähigkeiten zu etablieren. Wir werden die wichtigsten Gewohnheiten und Fähigkeiten skizzieren, die Teams resilient machen. Und wir werden aufzeigen, wie Organisationen diese fest in ihre Arbeitsabläufe und in die Struktur ihres Berufs- und Privatlebens integrieren können. Das Buch schließt mit einem Blick darauf, wie die Summe unserer Resilienzgewohnheiten unsere Team-, Arbeits- und Gemeinschaftskulturen resilienter machen kann. Dies führt zu glücklicheren Menschen und besseren Organisationen. Wir hoffen, dass Sie, der Leser, uns bei der Lektüre dieses Buches auf dieser Reise begleiten. Von Resilienz zu Wir-Resilienz. Auf geht's.

KERNAUSSAGEN DIESES KAPITELS

- Unternehmen stehen in den kommenden Jahren vor nie dagewesenen Herausforderungen, sind aber häufig nicht gut aufgestellt, um diese zu bewältigen.
- Manager überbewerten kurzfristige Leistungsziele auf Kosten gestresster Mitarbeitende, ohne zu erkennen, wie sehr Stress eine nachhaltige Leistungsfähigkeit behindert.
- Führungskräfte überschätzen die Bedeutung von Wettbewerb und unterschätzen die Bedeutung von Zusammenarbeit, was zu Burn-out und Stress am Arbeitsplatz beiträgt.
- Der Anstieg der Stressbelastung in Unternehmen deutet darauf hin, dass die jüngsten Maßnahmen zur Förderung des Wohlbefindens nicht gegriffen haben und dass sich die Sprache des Wohlbefindens von einem Zustand hin zu einer Reihe von Fähigkeiten entwickeln sollte.
- Damit Unternehmen eine nachhaltige Leistung erzielen können, ist auch ein Umdenken von Resilienz auf der ‚Ich'-Ebene hin zu einer organisationsweiten ‚Wir'-Ebene erforderlich. Dieser Fokuswechsel erhöht die Chancen, eine resiliente Arbeitskultur aufzubauen.

KAPITEL 1:
VERBREITETE MYTHEN ÜBER RESILIENZ

In einem durchschnittlichen Jahr hat Chris bei Awaris mit Menschen aus über 70 Unternehmen zu tun. Jedes Unternehmen ist anders und steht vor einzigartigen Herausforderungen, aber wenn es um Stress geht, sind die Themen fast immer die gleichen. Wenn er Teams persönlich trifft, findet er sich oft in einem Raum voller gestresster Menschen wieder. Das sieht er an der Anspannung in ihren Körpern. An der Art, wie sie stehen. Er merkt, dass sich die Leute schnell unwohl fühlen, selbst wenn er einen Moment schweigt, um darüber nachzudenken, was jemand gerade gesagt hat. Anstatt ein paar quälende Sekunden ohne Stimulation zu verbringen, werden die Telefone aus den Taschen geholt, die Benachrichtigungen gecheckt oder die Leute werden einfach unruhig.

Auch bei Online-Meetings ist dieser Stress für Chris deutlich sichtbar. Er sieht es an den Augenbewegungen der Teilnehmenden. Sie huschen von einer Seite zur anderen oder von oben nach unten, während sie versuchen zu verstehen, was er sagt, und gleichzeitig E-Mails beantworten (Spoiler-Alarm: Wahrscheinlich erledigen sie beide Aufgaben suboptimal).

Unabhängig davon, ob es sich um ein persönliches Treffen oder ein Online-Meeting handelt, tauchen in der Regel einige weitere wichtige Themen auf. Wenn Manager sprechen, sagen sie, dass sie „sie“ (d.h. alle anderen im Unternehmen) resilienter machen wollen. Normalerweise wollen die Manager sicherstellen, dass jeder versteht, dass ihr Betrieb unter einem noch nie dagewesenen Druck steht und dass die Mitarbeitende belastbarer (und idealerweise schneller) werden müssen. Aus den Aussagen der Manager geht hervor, dass ihnen der anhaltende Erfolg ihres Unternehmens sehr am Herzen liegt und sie sich zu 100 % darauf konzentrieren. Während sie von ihren Mitarbeitenden eine unerbittliche Konzentration auf Leistung verlangen, geben Manager häufig zu, dass sie sich frustriert und hilflos fühlen, wenn sie mit dem zunehmenden Burn-out und Stress in ihren Teams konfrontiert werden. Sie sagen, dass sie nicht mehr wissen, was sie tun sollen.

Wenn Chris den Ausführungen der Personal-, Gesundheits- und Sicherheits- oder Wohlbefindensverantwortlichen zuhört, sagen sie, dass sie Mitgefühl für den Stress und die Schwierigkeiten einiger ihrer Mitarbeitenden haben. Sie würden „ihnen“ (in diesem Fall den Managern) gern klarmachen, dass ihr unerbittliches Streben nach Leistung einen hohen Preis hat.

Natürlich gibt es auch Manager und Personalverantwortliche, die selbst unter Stress stehen. Sie sagen, dass sie darum kämpfen, ihre Leistung und ihre Fassade aufrechtzuerhalten, ja sogar darum, alles zusammenzuhalten. Es gibt diejenigen, die sich ihren Stress ‚eingestehen‘ und zugeben, dass sie sich manchmal schwach und unterlegen fühlen. Sie sagen, dass sie gern belastbarer und resilienter wären, aber sie wollen auch Raum haben, um ihren Stress *zu spüren*.

Manchmal versucht Chris in solchen Situationen, ein Gefühl für die Stimmung im Raum oder online zu bekommen. Dazu schlägt er zunächst vor, dass sich alle „einfach mal entspannen“. Das hat einen interessanten Effekt. Die Manager rollen vielleicht mit den Augen. Ihr Gesichtsausdruck zeigt, dass sie Chris für ein wenig dumm oder dämlich halten (eine Kritik, von der er hofft, dass sie auf diese Übung beschränkt bleibt). Sie sagen, manchmal höflich, manchmal ungeduldig, dass er die Realität ihres

Unternehmens unmöglich verstehen könne und dass sie nicht erkennen könnten, inwiefern Entspannung relevant sei. Die Personalverantwortlichen neigen dazu, sich ein wenig zu versteifen. Als wären sie sich nicht sicher, ob Chris wirklich *verstanden* hat, wie sehr sich die Leute abmühen. Seine Aufforderung, sich „einfach mal zu entspannen", erweckt den Eindruck, dass er die Probleme zu locker sieht und die Situation zu sehr vereinfacht. Schließlich haben Menschen, die mit Stress zu kämpfen haben, häufig einen panischen Gesichtsausdruck. Sie haben Angst, dass sie, wenn sie sich entspannen, irgendwie zusammenbrechen.

Einige dieser Reaktionen beruhen auf den eigenen, legitimen Erfahrungen der Menschen. Aber diese Interaktionen weisen auf eine Reihe von weitaus größeren Missverständnissen hin, wenn es um Stress und Resilienz geht. Entspannung ist eine notwendige Fähigkeit, die umso wichtiger wird, je mehr Stressoren wir ausgesetzt sind. Aber wenn Chris darüber spricht, scheinen die meisten Menschen zu denken, Entspannung bedeute einfach „eine kurze Pause vom Stress" oder „auf Leistung zu verzichten", anstatt zu lernen, wie wir unseren Stress regulieren können. Und Führungskräfte glauben, dass Chris ihre unerbittliche Fokussierung auf Leistung untergräbt. Ein Teil dieser Missverständnisse spiegelt eine tiefe Verwirrung darüber wider, was Resilienz überhaupt ist.

Die Ursprünge der Resilienz in der Arbeitswelt

Das Forschungsfeld der Resilienz entwickelt sich seit fast dreihundert Jahren. Der Ursprung des Begriffs „Resilienz„ im modernen Sprachgebrauch liegt in der Materialwissenschaft. Nach dieser Definition ist Resilienz „die Kraft oder Fähigkeit eines Materials, seine ursprüngliche Form, Position usw. wieder einzunehmen, nachdem es gebogen, gedrückt oder gedehnt wurde".[16] Der Begriff wurde auch in der Physik verwendet, wo Francis Bacon ihn für eine Vielzahl physikalischer Prozesse verwendete.[17] Später wurde der Begriff auch in der angewandten Mechanik verwendet. In den letzten Jahrzehnten wurde der Begriff der Resilienz zunehmend auch in der Physiologie, Biologie und Ökologie verwendet.

In der Psychologie reichen die Wurzeln der Resilienz 50 Jahre zurück. Psychologen untersuchten Kinder, die aus schwierigen Verhältnissen stammten und ein hohes Risiko für Psychopathologie aufwiesen. Zunächst war die Forschung defizitorientiert und untersuchte, was die Kinder traumatisierte. Es wurde festgestellt, dass einige dieser Kinder keine psychopathologischen Störungen entwickelten und erstaunlich gesund und ohne psychische Störungen aufwuchsen.[18] Diese Kinder wurden häufig als ‚resilient' bezeichnet.

Die Forscher versuchten zu verstehen, wie einige Kinder ihre Traumata relativ unbeschadet überstanden, und ersetzten ihren defizitorientierten Forschungsansatz durch einen stärkenorientierten Ansatz. Sie untersuchten die positiven Variablen, die zu guten Ergebnissen und Resilienz bei gefährdeten Kindern beitrugen. Bis vor etwa 10

Jahren konzentrierte sich diese Forschung auf die feststehenden Persönlichkeitsmerkmale der Kinder. Oder auf Faktoren in ihrer *Biografie*, die sie in der *Vergangenheit* resilient gemacht haben. Erst in jüngster Zeit wurde untersucht, wie diese Kinder lernen können, *heute* resilienter zu sein, was mehr unserem Interesse an Resilienz entspricht.

Es ist klar, dass der Begriff „Resilienz“ in unterschiedlichen Kontexten eine Vielzahl von Bedeutungen hat. Vielleicht sollte man den Leuten daher verzeihen, wenn sie missverstehen, was Resilienz am Arbeitsplatz *eigentlich bedeuten sollte.*

Resilienz am Arbeitsplatz: der überlastete Mitarbeitende wird gefeiert

In der Arbeitswelt ist der Begriff der Resilienz vielleicht zu Unrecht aus anderen Bereichen übernommen worden. Arbeitnehmende, die eine hohe Arbeitsbelastung und Stress ertragen, werden häufig als ‚resilient‘ gelobt und bewundert. Denken Sie an den erschöpften Mitarbeitenden mit den Augenringen, der beim fünften Kaffee am Morgen damit prahlt, wie lange er gestern Abend wegen einer Besprechung im Büro geblieben ist (bei der er später kaum wach bleiben konnte). Arbeitgebende, die von ihren Arbeitnehmern Resilienz nach einer veralteten Definition erwarten, haben in den letzten Jahrzehnten zu einem massiven Anstieg des Stressniveaus beigetragen. Dieser Trend wird noch dadurch verstärkt, dass von den Arbeitnehmenden erwartet wird, zu jeder Tageszeit und manchmal auch am Wochenende per E-Mail erreichbar zu sein.

Anhaltender Stress am Arbeitsplatz kann zahlreiche negative Folgen haben. Langfristiger Stress kann die Gesundheit, die kognitiven Funktionen und die Emotionsregulation beeinträchtigen.[19] Menschen, die in einem stressigen Umfeld arbeiten, haben ein höheres Risiko für Angstzustände, Depressionen, sekundären traumatischen Stress und Burn-out. Unternehmen mit gestressten Mitarbeitenden werden Schwierigkeiten haben, ihre Mitarbeitende zu halten, und die Arbeitsmoral und letztendlich die Leistung werden sinken.

Dennoch ist die Auseinandersetzung mit Resilienz am Arbeitsplatz ein Randthema geblieben. Häufig wird Resilienz nicht wirklich ernst genommen oder lediglich als ein Wundpflaster oder ein punktuelles Phänomen betrachtet. Oder, was noch enttäuschender ist, Resilienz beschränkt sich auf den bloßen Aufbau resilienterer IT- oder Geschäftssysteme. Es ist daher nicht verwunderlich, dass die Geschäftswelt hinter anderen Sektoren hinterherhinkt, die beginnen, eine bessere Vorstellung davon zu entwickeln, warum manche Menschen resilient sind. Dazu gehören Entwicklungen in der Traumatherapie, die Behandlung von Menschen mit Aufmerksamkeitsdefizitstörung (ADS)[20] und Fortschritte in der Neurophysiologie. Sie alle werfen ein Licht auf die neurophysiologischen Systeme, die an der Regulierung unserer inneren Zustände beteiligt sind.

Da dieses Verständnis gereift ist, waren Psychologen und Forscher in der Lage, Interventionen zu entwickeln, die den Menschen helfen, Regulationsfähigkeiten zu erlernen, über die die meisten von uns verfügen, deren wir uns aber häufig nicht bewusst sind. Es gibt also neue Erkenntnisse darüber, wie Menschen ihre eigenen inneren Zustände auf physiologischer Ebene regulieren können und wie diese Fähigkeit trainiert werden kann.

Verwirrung und Missverständnisse über Resilienz in der Arbeitswelt sind dennoch nach wie vor weit verbreitet. Die fünf häufigsten Missverständnisse, die uns begegnen, sind:

- Resilienz hat etwas mit Durchhaltevermögen zu tun.
- Resilienz ist ein Persönlichkeitsmerkmal; manche haben es, andere nicht.
- Resilienz kommt von unserer Erziehung und ist festgelegt.
- Resilienz liegt in der Verantwortung anderer.
- Resilienz ist zu komplex, um kausal verstanden zu werden.

Wir werden nun jeden dieser Resilienz-Mythen der Reihe nach betrachten.

Ein Gespräch, das wir schon oft geführt haben …

Unternehmen: „Wir machen uns Sorgen um die Resilienz und das Wohlbefinden unserer Mitarbeitenden und möchten beim nächsten Betriebsausflug etwas unternehmen. Wir haben gehört, dass X eine gute Sache ist, um Menschen zu helfen, und haben uns gefragt, ob Sie eine virtuelle Sitzung zu diesem Thema leiten könnten."

Chris: „Ja, sehr gern, an wie viel Zeit haben Sie gedacht?"

Unternehmen: „Wir haben von der Geschäftsleitung 30 Minuten für die Sitzung bekommen."

Chris: „Ah. Das ist interessant. Haben Sie das schon mal versucht?"

Unternehmen: „Ja, wir hatten letztes Jahr eine gute Sitzung von Y. Den Leuten hat es wirklich gefallen."

Chris: „Ah, interessant. Hat es geholfen? Ist ihr Stresslevel gesunken?"

Unternehmen: „Na ja, damals war es ganz nett, aber letztes Jahr scheint der Stress schlimmer geworden zu sein."

Chris: „Würden Sie so etwas noch einmal machen?"

Unternehmen: „Ja!"

Mythos eins – Resilienz hat etwas mit Durchhaltevermögen zu tun

Es ist nicht überraschend, dass so viele Menschen glauben, dass Resilienz am Arbeitsplatz etwas mit Durchhaltevermögen zu tun hat, wenn man bedenkt, wie häufig dieser Begriff in verschiedenen Bereichen verwendet wird. Auch andere Faktoren haben zu dieser Auffassung am Arbeitsplatz beigetragen. Insbesondere die Idee der „heldenhaften Führungskraft", Mitarbeitende, die es vermeiden, über ihren Stress zu sprechen, und die Projektion von Belastbarkeit von Seiten der Führungskräfte.

Wenn wir gestresst sind, neigen wir dazu, potenziell resilienzfördernde Verhaltensweisen aufzugeben und das, was wir durchmachen, einfach zu ertragen, was zu dem Mythos beiträgt, dass Resilienz einfach Durchhaltevermögen bedeutet. Aus der Verhaltensforschung ist seit Langem bekannt, dass chronischer Stress uns beharrlich macht. Robert Sapolsky beschreibt dies in seinem Buch *Behave*: „Es sind die Auswirkungen von Stress auf die Frontalfunktionen, die uns beharrlich machen – in einem immer gleichen Trott, festgefahren in unseren Bahnen, auf Automatik geschaltet, in Gewohnheiten gefangen. Wir alle kennen das – was tun wir typischerweise in stressigen Zeiten, wenn etwas nicht funktioniert? Dasselbe noch einmal, viel öfter, schneller und intensiver."[21] Einstein hat auch einmal gesagt: „Wahnsinn ist, immer wieder das Gleiche zu tun und andere Ergebnisse zu erwarten". Interessant.

Diese Beschreibung deckt sich mit den Erfahrungen, die wir in unserer Arbeit mit Hunderten von Teams gemacht haben. Die meisten waren gestresst. Wenn der Stress zunimmt, neigen Teams zu Verhaltensweisen, die sie noch mehr stressen. Sie verzichten auf erholsame Verhaltensweisen, die einen großen Unterschied machen könnten, und wiederholen genau die Gewohnheiten, die sie überhaupt erst in Stress gebracht haben. Leider wirkt sich dies negativ auf die Teamleistung aus, da die ‚am meisten gestressten' oder ‚am härtesten arbeitenden' Teammitglieder für ihre Anstrengungen gelobt werden. Man muss nicht Einstein sein, um zu erkennen, dass dies eindeutig der falsche Weg ist, über Resilienz nachzudenken. Resilienz hat nichts mit Durchhaltevermögen zu tun. Es geht um die Fähigkeit, den inneren Zustand als Reaktion auf Stressfaktoren zu verändern. Ein weiterer wichtiger Teil der Resilienz ist die Fähigkeit, auch die äußere Umgebung, in der wir uns befinden, zu verändern. Die Veränderung des Zustandes, dem wir ausgesetzt sind, ist ebenso wichtig, um resilient zu sein. Das kann bedeuten, einfach „Nein" zu einer Aufgabe zu sagen oder die Wohnung zu verlassen und einen Spaziergang zu machen.

Mythos zwei – Resilienz ist eine Persönlichkeitsmerkmal; manche haben es, andere nicht

In vielen Unternehmen, mit denen wir zusammengearbeitet haben, hören wir immer wieder das Gleiche, wenn wir mit Mitarbeitenden über die Führungskräfte des Unternehmens sprechen. „Frau X ist von Natur aus belastbar." Oder: „Herr Y ist bekannt für sein Durchhaltevermögen. Er kommt mit nur fünf Stunden Schlaf aus." Diese vermeintliche Belastbarkeit gilt als Markenzeichen für Stärke und als unveränderliche Eigenschaft. Und für viele Unternehmen ein wünschenswertes Persönlichkeitsmerkmal. Häufig hat man das Gefühl, dass Beschäftigte denken könnten: „Frau X und Herr Y haben diese Eigenschaften, der Rest von uns nicht. Und deshalb sind diese beiden in Machtpositionen und wir nicht".

Aber wenn wir tiefer graben, stellen wir häufig fest, dass das nicht die ganze Geschichte ist. Liane hatte kürzlich ein aufschlussreiches Gespräch mit einer hochrangigen institutionellen Führungskraft in einer virtuellen Mitarbeiterversammlung, die im Beisein der Teammitglieder der Führungskraft stattfand. Vor den Anwesenden beschrieb er sich selbst als „jemand, der zufällig belastbar ist". Er gab zu, dass er „wahrscheinlich kein gutes Beispiel von jemandem ist, der aktiv resilientes Verhalten an den Tag legt". Liane befragte ihn zu diesem Thema. Nach einer langen Pause – und ihrem hartnäckigen Nachfragen – erzählte er, dass er drei Dinge tat, die ihm halfen. Erstens nahm er sich während des Tages Zeit, um tief durchzuatmen. Zweitens achtete er darauf, jeden Tag zum Abendessen zuhause bei seiner Familie zu sein (auch wenn er danach wieder arbeiten musste). Und drittens ging er ein paar Mal pro Woche ins Fitnessstudio.

Mit einem Lächeln wies Liane ihn darauf hin, dass er „drei wesentliche resiliente Verhaltensweisen an den Tag legt: bewusste Atmung, soziale Beziehungen und Bewegung und Sport. Vielleicht sind Sie deshalb so resilient, wie Sie sind." Er schaute überrascht. Und gab dann zu: „Ich wusste gar nicht, dass das resiliente Verhaltensweisen sind. Solange ich mich erinnern kann, habe ich sie einfach automatisch angewandt". Überrascht schienen auch die vielen Teilnehmenden zu sein. Liane hatte bereits mit einigen Mitarbeitenden des Unternehmens gesprochen und wusste, dass sie ihn immer für einen der von Natur aus belastbaren Menschen gehalten hatten. Zu hören, dass er regelmäßig Atemübungen macht, um Stress abzubauen, kam daher bei allen gut an, sowohl bei Liane als auch bei einigen der Teilnehmenden, die ihr später davon erzählten.

Zwar gibt es tatsächlich erbliche Merkmale, die sich auf die Resilienz auswirken, doch spielen diese bei der Erklärung der Resilienz einer Person nur eine untergeordnete Rolle. Einige Studien haben gezeigt, dass 40 % der Varianz des Wohlbefindens einer Person auf ihren Lebensstil und ihre Entscheidungen und 30 % auf ihre Gene zurückzuführen sind.[22] In unserer Arbeit mit mehr als 500 Führungskräften haben wir festgestellt, dass ihre Resilienz in der Regel auf Dinge zurückzuführen ist, die sie regelmäßig und häufig unbewusst tun, und die ihren neurophysiologischen Zustand verändern. Mit anderen Worten: Sie wenden Resilienzfähigkeiten an.

Mythos drei – Resilienz kommt von unserer Erziehung und ist festgelegt

In diesem dritten Mythos steckt zumindest ein Fünkchen Wahrheit. Die Resilienz eines Menschen wird durch seine Veranlagung und seine Umwelt beeinflusst, wobei sich die Veranlagung auf die genetische Anlage eines Menschen von Geburt an bezieht und die Umwelt auf die Erziehung und das Umfeld, einschließlich des Arbeitsplatzes.

Natürlich gibt es eine genetische Komponente der Resilienz (Veranlagung). Einige Studien haben bestimmte Gene identifiziert, die mit Resilienz in Verbindung gebracht werden, wie z. B. das Gen für den Brain-Derived Neurotrophic Factor (BDNF). Dieses Gen ist an der Neuroplastizität und der Entwicklung neuer Nervenzellen im Gehirn beteiligt.[23] Wie bei fast allen Aspekten der menschlichen Psychologie spielt die Genetik jedoch nur *eine Teilrolle* bei der Bestimmung der Resilienz eines Menschen.

Umweltfaktoren spielen ebenfalls eine Rolle (Umwelt). Ein unterstützendes und förderndes Umfeld in der Kindheit kann die Entwicklung von Resilienz begünstigen, während ein belastendes oder traumatisches Umfeld diese Entwicklung behindern kann. Bei vielen Menschen kann auch ein hohes Maß an Stress am Arbeitsplatz die Entwicklung von Resilienz behindern. Im Gegensatz dazu haben wir viele Beispiele dafür gesehen, wie eine unterstützende Arbeitsplatzkultur, positive Beziehungen zu Kollegen und Möglichkeiten zur Weiterentwicklung die Resilienz von Menschen fördern können.

Während *sowohl* die Veranlagung *als auch* die Umwelt eine Rolle bei der Bestimmung der Resilienz einer Person spielen, **glauben wir, dass Resilienz kein unveränderliches Persönlichkeitsmerkmal ist. Resilienz kann aber im Laufe der Zeit durch gezielte Anstrengungen und Übung entwickelt und gestärkt werden.** Der Einzelne kann Resilienz entwickeln, indem er Resilienzfähigkeiten erlernt und ein unterstützendes Umfeld aufbaut. Ihre Gene und ihre Erziehung müssen ihre Resilienzergebnisse nicht dauerhaft bestimmen.

An dieser Stelle lohnt es sich, von unserem eigenen Resilienzprozess zu erzählen. Liane hatte eine schwierige Kindheit mit mehreren traumatischen Erfahrungen. Ihre Erziehung (Umwelt) hat also nicht zu ihrer Resilienz beigetragen. Stattdessen musste sie sich ihre Resilienz selbst aneignen, wobei ihr vielleicht die Tatsache half, dass ihre Gene (Veranlagung) sie scheinbar mit einigen Facetten der Resilienz ausgestattet haben. In ihrer Jugend war sie eine von Natur aus begabte und sehr konkurrenzfähige Sportlerin. Sie gehört zu den Menschen, denen jede Form der Meditation leichtfällt. Und sie ist emotional außergewöhnlich intelligent und hat mehr Energie als die meisten Menschen, die 20 Jahre jünger sind als sie. Aber manchmal treibt sie sich auch zu sehr an und stürzt ab.

Chris ist in einer sehr privilegierten Umgebung aufgewachsen. Er kann an der Wand stehend schlafen, regeneriert sich leicht und fühlt sich häufig entspannt, was zum Teil auf seine unterstützende Erziehung (Umwelt) zurückzuführen ist. Er ist in der Lage, resilient zu bleiben, indem er sich fortlaufend entspannt und erholt. Chris ist jedoch nicht von Natur aus belastbar (Veranlagung) und hat auch keine natürliche Begabung für Sport oder Meditation. Er ist vielleicht von Natur aus weniger resilient als Liane, aber seine Erziehung hat ihm keine schlechten Karten in die Hand gegeben. Seitdem musste er hart an seinem Körperbewusstsein und seiner Emotionsregulation arbeiten, um seine Resilienzfähigkeiten zu trainieren, damit er leicht wieder auf die Beine kommt.

Wir beide könnten uns heute als äußerst resiliente Menschen bezeichnen, trotz unserer sehr unterschiedlichen Veranlagung und Erziehung. Dies unterstreicht zwei Dinge: Erstens, wie wichtig es für uns alle ist, unser eigenes Resilienzprofil zu kennen, denn das Resilienzprofil eines jeden Menschen ist sehr individuell. Zweitens, dass wir mit unserer Erziehung und unseren natürlichen Veranlagungen arbeiten können; Resilienz ist nicht festgelegt.

Mythos vier – Resilienz liegt in der Verantwortung anderer

Eine weitere Fehlannahme ist häufig, dass die Verantwortung für Resilienz bei jemand anderem liegt. Dies haben wir in unserer Arbeit mit Unternehmen allzu häufig gesehen und gehört. Die Hauptthemen dieser Gespräche sind im Folgenden aufgeführt.

- **Das Management**: „Unsere Mitarbeitende müssen resilienter werden, vor allem die jüngeren. Ich verstehe die jungen Leute von heute nicht. Sie scheinen einfach nicht belastbar zu sein. Wenn ich an meine Generation zurückdenke und daran, wie schwer wir es hatten, ist es kein Wunder, dass wir so viel mehr aushalten als sie".
- **Junge Mitarbeitende**: „Die Arbeitsbelastung ist zu hoch. Es geht immer weiter, eine Sache nach der anderen, ohne dass man sich ausruhen kann. Ich habe mich damit abgefunden, während der Arbeit gestresst und unglücklich zu sein. Solange sich die Führungskräfte dieser Organisation nicht ändern, wird sich nichts ändern. Es ist eine einzige endlose Plage."
- **Personalabteilung**: „Die Mitarbeitenden haben es schwer. Ich habe viele Gespräche mit Leuten, die wirklich gestresst sind. Manche sprechen davon, das Unternehmen zu verlassen. Sie brauchen Hilfe. Ich bekomme keine Aufmerksamkeit vom Management, sie sind nicht interessiert. Ich habe das Gefühl, dass wir nichts tun können."

All diese Aussagen beruhen zwar in der Regel auf einer gewissen Lebenserfahrung, bieten aber nur ein unvollständiges Bild. **Wir sehen Resilienz als eine Aufgabe, die jeden Einzelnen und jede Abteilung betrifft**. Daher sehen unsere Antworten auf die oben genannten Punkte in Gesprächen, Mitarbeiterversammlungen und vielen anderen Situationen in der Regel wie folgt aus:

- **An das Management**: „Resilienz ist eine entscheidende Fähigkeit, die alle Menschen, Teams und Organisationen brauchen. Ob Sie glauben, dass jüngere Arbeitnehmende weniger ‚belastbar' sind, ist irrelevant. Tatsache ist, dass übermäßiger Stress am Arbeitsplatz die Resilienz und die Teamleistung stark beeinträchtigt. Das Management sollte die richtigen Bedingungen schaffen, damit sich Resilienz in ihren Teams entwickeln kann – und das bedeutet zunächst einmal, dass die Manager selbst bewusst resilient werden müssen."
- **An die Mitarbeitenden**: „Stress ist ein allgegenwärtiger Teil des Lebens. Sie haben keine andere Wahl, als Ihre Resilienzfähigkeiten zu kultivieren. Und das gilt nicht nur am Arbeitsplatz. Auch in Ihrem Privatleben werden Sie garantiert mit Stress und ständigen Veränderungen konfrontiert. Diese werden nie verschwinden. Im Gegenteil: Angesichts der sich abzeichnenden Veränderungen in der Welt wird dieser Druck wahrscheinlich noch zunehmen."
- **An die Personalabteilung**: „Wir verstehen, dass sich Ihre Mitarbeitenden gestresst fühlen. Und dass sich das Management häufig gegen Veränderungen sträubt. Aber Organisationen müssen resilient sein. Die Mitarbeitenden müssen in der Lage sein, ihren inneren Zustand von Stress zu Wachstum, Regeneration und Loslassen zu verändern (wie wir im nächsten Kapitel näher erläutern werden). Dies wird in den kommenden Jahrzehnten ein entscheidendes Merkmal der Unternehmenskultur sein. Es wird einen entscheidenden Unterschied für die nachhaltige Leistung, das

Engagement und die Bindung der Mitarbeitenden machen. So wie die Personalabteilungen ein tiefes Verständnis dafür entwickelt haben, wie man organisationale Fähigkeiten aufbaut, wird Resilienz eine Stärke werden müssen. Es lohnt sich also, das Management darauf aufmerksam zu machen."

Mythos fünf – Resilienz ist zu komplex, um kausal verstanden zu werden

Eine weitere Fehleinschätzung ist, dass Resilienz zu komplex ist, um vollständig verstanden zu werden. Teilweise ist dies durchaus sinnvoll. Schließlich sind wir Menschen und schon als Individuen unvorstellbar komplex. Um die Sache noch unübersichtlicher zu machen, sind wir in hochkomplexe soziale und organisationale Systeme eingebettet. Und es gibt eine potenziell große Anzahl von Fähigkeiten und Methoden, die uns helfen könnten, resilienter zu werden. Aufgrund dieser Komplexität ist es verständlich, dass es viele Modelle von Resilienz gibt, die nicht unbedingt kurz und prägnant sind. Sehen wir uns ein solches Modell an. Die American Psychological Association empfiehlt ‚10 Wege zum Aufbau von Resilienz':

1. Gute Beziehungen zu engen Familienmitgliedern, Freunden und anderen Menschen pflegen.
2. Krisen oder belastende Ereignisse nicht als unerträgliche Probleme betrachten.
3. Unabänderbare Umstände akzeptieren.
4. Realistische Ziele entwickeln und darauf hinarbeiten.
5. In ungünstigen Situationen entschlossen handeln.
6. Nach einem schweren Verlust Wege zur Selbstfindung suchen.
7. Selbstvertrauen entwickeln.
8. Eine langfristige Perspektive beizubehalten und belastende Ereignisse in einen größeren Zusammenhang stellen.
9. Eine hoffnungsvolle Perspektive bewahren, Gutes erwarten und sich vorstellen, was man sich wünscht.
10. Für den eigenen Geist und Körper sorgen, indem man regelmäßig Sport treibt und auf seine Bedürfnisse und Gefühle achtet.

Ein Kinderspiel, oder? Vielleicht nicht. Seien wir ehrlich. Den meisten von uns dürfte es schwerfallen, auch nur einen der oben genannten Vorschläge umzusetzen, geschweige denn alle zehn auf einmal. Kein Wunder, dass viele das Gefühl haben, Resilienz sei einfach zu komplex, um praktikabel zu sein. Das soll nicht heißen, dass das Modell nicht auch seine Vorteile hat. Die Ziele, die es setzt, sind bewundernswert. Positiv ist auch, dass es menschliche Resilienz als ganzheitliches Thema behandelt, das Körper, Geist, Beziehungen und Perspektiven umfasst. Allerdings kann dieses Modell (wie viele andere auch) die Menschen mit mehr Fragen als Antworten zurücklassen. Wie bei anderen Modellen auch, gibt es wenig Hinweise darauf, wie man trainieren kann, um diese Ziele zu erreichen. Und wie viel Zeit man dafür braucht.

Es gibt buchstäblich Dutzende solcher Resilienzmodelle – und alle haben einige oder alle der folgenden Schwächen:

- Sie berücksichtigen nicht alle relevanten Fähigkeiten und Körper-Geist-Systeme.
- Sie unterscheiden nicht klar zwischen den Ebenen des Verhaltens, der Psychologie und der Neurophysiologie.
- Sie erklären die kausalen Mechanismen nicht angemessen.
- Einige sind nicht statistisch geprüft.
- Sie sind nicht praktikabel.

Obwohl Resilienz in der Tat komplex ist, glauben wir, dass es möglich ist, sie auf natürliche Weise zu verstehen, insbesondere wenn wir die Resilienzfähigkeiten betrachten. Das Resilienzmodell von Awaris konzentriert sich auf die natürliche Beziehung zwischen der Veränderung unserer inneren Zustände und der Resilienz. Es zeigt, welche körperlichen und geistigen Fähigkeiten berücksichtigt werden sollten. Das Modell ist statistisch geprüft und praktikabel. Und es ist viel spezifischer als das eher vage 10-Schritte-Programm, das die meisten Menschen in seiner jetzigen Form kaum befolgen können.

Jenseits der Resilienz-Mythen

Mit einem grundlegenden Verständnis der fünf weit verbreiteten Resilienz-Mythen und der Art und Weise, wie sie sich an modernen Arbeitsplätzen manifestieren, können wir uns nun damit befassen, wie sie ersetzt werden können. Wir glauben, dass wir einen Ansatz für den Aufbau resilienter Unternehmenskulturen und Wir-Resilienz entwickelt haben, der effektiv, praktikabel und kausal ist. Er identifiziert die Veränderungen, auf die sich Einzelpersonen und Teams konzentrieren sollten. Um Ihren Zustand verändern zu können, sollten Sie zunächst Ihre physiologische Konstitution oder, wenn Sie so wollen, Ihre innere Landschaft verstehen. Dies wird das Thema des nächsten Kapitels sein.

KERNAUSSAGEN DIESES KAPITELS

- Die Materialwissenschaft und die frühe Resilienzforschung haben das Verständnis von Resilienz am Arbeitsplatz geprägt.
- Resilienz hat nichts mit Durchhaltevermögen zu tun. Es geht darum, dass wir in der Lage sind, unseren inneren Zustand und unsere Umgebung als Reaktion auf Herausforderungen zu verändern.
- Resiliente Menschen sind häufig resilient, weil sie resiliente Verhaltensweisen an den Tag legen, auch wenn sie sich dessen nicht bewusst sind.
- Resilienz kann in jedem Alter trainiert werden. Die Kräfte von Veranlagung und Umwelt müssen nicht dauerhaft Ihr Resilienzprofil bestimmen.
- Resilienz liegt nicht in der Verantwortung anderer. Resilienz liegt in der Verantwortung aller Beteiligten einer Organisation.
- Resilienz hat viele Facetten. Wir sollten sie sowohl auf der kausalen als auch auf der trainierbaren Ebene verstehen.

KAPITEL 2:
IN UNSERER INNEREN LANDSCHAFT NAVIGIEREN

Als Menschen haben wir gelernt, auf verschiedene Situationen zu reagieren. In Situationen, in denen wir kämpfen oder fliehen mussten, mussten wir plötzlich eine Menge Energie mobilisieren, um unser Überleben zu sichern. Andere Situationen erfordern dagegen weniger Energie, z. B. wenn wir schlafen oder Zeit in einer vertrauten sozialen Gruppe verbringen. Ob wir diese Energie mobilisieren, um etwas Negatives zu vermeiden oder um eine erwartete Belohnung zu erlangen, spielt auch eine Rolle dabei, wie unser Körper auf Stress reagiert. Das bedeutet, dass unsere Reaktionen vom Ausmaß der Erregung und von der Valenz dieser Erregung abhängen – zwei Konzepte, auf die wir später in diesem Kapitel noch näher eingehen werden.

Wir sind so programmiert, dass wir auf die meisten Situationen im Allgemeinen automatisch reagieren. Das hilft uns, schneller und mit weniger Energieaufwand auf Situationen zu antworten. Stellen Sie sich zum Beispiel vor, Sie müssten jeden Muskel in Ihrem Bein bewusst bewegen, um vor einem wütenden Hund oder einer Schlange wegzulaufen (Sie würden nicht weit kommen). Oder wenn Sie Ihrem Speichel befehlen müssten, sich in Bewegung zu setzen, bevor Sie ein Stück Schokoladenkuchen essen. Wenn wir das tun müssten, würden sich einige von uns vielleicht dazu entscheiden, die ganze Zeit über zu sabbern: jeden Moment bereit für ein Stück Schokoladenkuchen, trotz der sozialen Kosten, anstatt es möglicherweise zu verpassen.

An diesen automatischen Reaktionen sind zwei wichtige Systeme im menschlichen Körper beteiligt: unser Nervensystem (Sympathikus/Parasympathikus) und unser Belohnungssystem (mesolimbisches System).[24] Um Resilienz wirklich zu verstehen, sollten wir wissen, wie diese Systeme funktionieren und was wir tun können, um sie zu beeinflussen.

Unser Nervensystem und Erregung

Das Ausmaß der Aktivierung oder Erregung in unserem Körper wird durch unser Stresssystem gesteuert (die Art von Erregung, die notwendig ist, um bedrohlichen Tieren zu entkommen). Dies geschieht hauptsächlich über unser Nervensystem und seine Verbindungen zum Gehirn und zum Körper. Das autonome Nervensystem (ANS), ein Zweig unseres zentralen Nervensystems, spielt eine wichtige Rolle bei der Übersetzung eines externen Stressauslösers in eine Reaktion. Das ANS erregt das Gewebe direkt über die Nerven. Dies wird durch Signale aus dem Gehirn ausgelöst, entweder durch direkte Reize oder durch unsere interne Verarbeitung. Das ANS besteht aus dem ‚parasympathischen Nervensystem' und dem ‚sympathischen Nervensystem'. Diese beiden Zweige haben gegensätzliche Auswirkungen auf unseren physiologischen Zustand. Zu lernen, zwischen ihnen zu navigieren, ist ein entscheidender Schritt beim Aufbau von Resilienz.

Die Aktivität des sympathischen Nervensystems steuert die sogenannte „Kampf-oder-Flucht-Reaktion".[25] Die Kampf-oder-Flucht-Reaktion auf Stress beinhaltet eine Erhöhung der Herzfrequenz und der Atmung sowie die Freisetzung von Energie in unserem Blutkreislauf. Cortisol und Adrenalin werden ins Blut ausgeschüttet und bereiten uns auf den Kampf vor. Dies wird allgemein als Allostase bezeichnet, eine anpassungsfähige Reaktion auf äußere Herausforderungen, die es uns ermöglicht, durch Veränderungen hindurch Stabilität zu bewahren (Allostase). Während bestimmte Körpersysteme aktiviert werden, werden andere deaktiviert, um bei Stress Energie zu sparen. Dazu gehören die Verdauung, die Regeneration und Aspekte der Funktion des Immunsystems.

Das parasympathische Nervensystem oder die „Ruhe-und-Verdauungs-Reaktion" reguliert Erholung und Ruhe. Es bewirkt eine Verlangsamung der Herzfrequenz und eine Vertiefung der Atmung. Es sorgt für eine erhöhte Aktivität des Verdauungs- und Immunsystems sowie für allgemeine Heilungsprozesse. Die parasympathische Nervenreaktion hilft uns, die Homöostase aufrechtzuerhalten, den Zustand des Gleichgewichts zwischen allen Körpersystemen, der für das Überleben und die korrekte Funktion des Körpers auf lange Sicht notwendig ist. Insbesondere durch die Verlangsamung der Herzfrequenz, die Senkung des Blutdrucks und die Aktivierung der Verdauungsprozesse trägt das parasympathische Nervensystem zur Aufrechterhaltung und Wiederherstellung der Energie bei. Durch die Steuerung dieser Funktionen sorgt der Parasympathikus dafür, dass das innere Milieu des Körpers stabil bleibt und in ruhigen, stressfreien Situationen effizient funktioniert.

Das parasympathische Nervensystem sorgt für die Rückkehr zur Homöostase.[26] Es konserviert also Energie und stellt sie wieder her, nachdem eine Bedrohung abgewehrt wurde (bellender Hund), oder nachdem Energie für eine Belohnung verbraucht wurde (Umwandlung des Schokoladenkuchens in Energie). Zur Wiederherstellung des Gleichgewichts gehört auch, dass wir uns wieder mit unserer sozialen Gruppe verbinden. Unsere Beziehungen zu Familie, Freunden und Bekannten sind also ebenso wichtig für unser Überleben. So kann die Bedeutung der Homöostase auf unsere sozialen Systeme ausgedehnt werden. Man kann sagen, dass unser Überleben davon abhängt, wie gut wir mit unserer Energie, unserem Körper und unseren sozialen Beziehungen umgehen. Es ist entscheidend, dass sich Resilienz auf dieser tiefen physiologischen Ebene manifestiert, durch unsere Fähigkeit, unsere inneren Zustände zu regulieren, um uns an Stress anzupassen (Allostase) und die Homöostase unserer Systeme wiederherzustellen.

Stress, Eustress und Distress

Unser Stressprogramm ist zwar auf Kampf- oder Fluchtsituationen ausgerichtet und etwas archaisch, aber für unser tägliches Leben nach wie vor relevant. Stress kann unsere Leistungsfähigkeit auf vielfältige Weise steigern und ist daher nicht immer schlecht. **Wir sprechen von ‚Eustress', wenn der Stress in der richtigen Dosierung auftritt.[27] Zu viel Stress oder Stress über einen längeren Zeitraum wird dagegen als ‚Distress' bezeichnet.** Distress *ist* schlecht. Er hindert uns daran, homöostatische Aktivitäten durchzuführen und unser körperliches, geistiges und soziales Gleichgewicht wiederzufinden. Wenn wir zu viel Zeit in Distress verbringen, kann das zahlreiche negative Auswirkungen auf unsere Gesundheit, unsere kognitiven Fähigkeiten und unsere Beziehungen haben. Die folgende Abbildung zeigt, wie das Gleichgewicht von Stress in der Praxis funktioniert.

Chronisch hoher Stress hat negative Auswirkungen auf Körper und Geist.

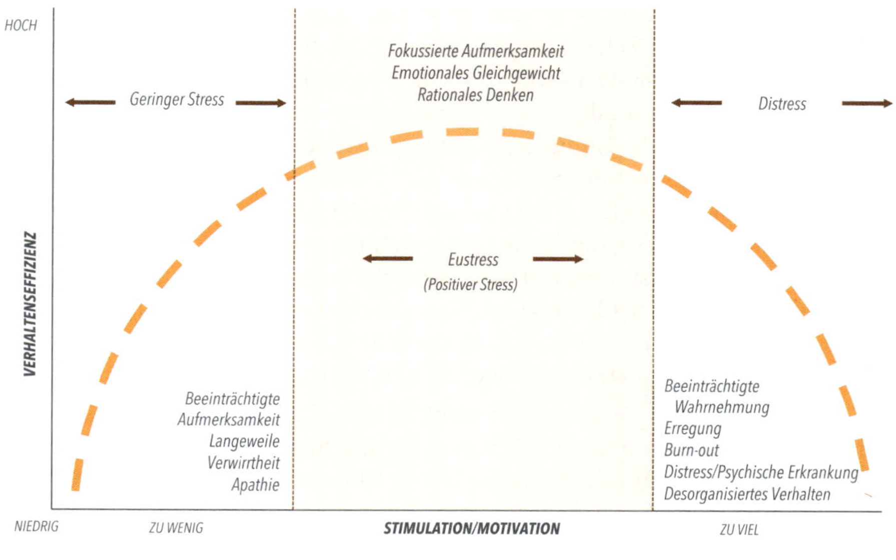

Quelle: Yerkes-Dodson

Menschliche Emotionen, das mesolimbische System und Valenz

Es ist nicht nur das Stresssystem, das unsere Resilienz beeinflusst. Wir erleben auch eine Reihe von Emotionen – automatische Reaktionen – die uns grundsätzlich veranlassen, uns auf etwas zuzubewegen oder uns von etwas abzuwenden. Diese Emotionen können als positiv oder negativ klassifiziert werden. Der Begriff, der dies beschreibt, ist die Valenz von Emotionen.[28]

Emotionen sind ebenfalls in unseren physiologischen Energiesystemen verankert. Sie motivieren uns und koordinieren die vielen Systeme in unserem Körper, um entweder ein Ziel zu erreichen (das nächste Stück Schokoladenkuchen) oder etwas zu vermeiden (das fünfte Stück Schokoladenkuchen). Damit sind sie auch eng mit dem Energiehaushalt des Körpers verbunden. Einige Neurowissenschaftler gehen sogar so weit zu sagen, dass Emotionen nichts anderes sind als ein Ausdruck unseres körpereigenen Energiehaushaltes und der Situationen, mit denen wir konfrontiert sind. Wenn wir mit einer Situation konfrontiert werden, wertet unser Gehirn Millionen von Daten aus, die von innerhalb und außerhalb unseres Körpers kommen. Innerhalb des Körpers verarbeitet das Gehirn unter anderem Stoffwechselrate, Herzfrequenz, Temperatur, Muskelspannung und den Zustand des Verdauungssystems. Außerhalb des Körpers ermittelt das Gehirn das Ausmaß der Herausforderung und die dafür benötigte Energiemenge.[29]

Aus der Kombination dieser beiden umfangreichen Informationsquellen und unserer bisherigen Lebenserfahrung trifft das Gehirn Vorhersagen und bereitet unseren Körper und Geist darauf vor, sowohl auf den Energiebedarf der Situation (der teilweise durch die Erregung unseres Nervensystems angezeigt wird) als auch auf die erwartete Belohnung der Situation (die emotionale Valenz der Situation) zu antworten. Wir können uns glücklich, aufgeregt, angespannt, schläfrig, deprimiert oder wütend fühlen. Diese Emotionen sind Reaktionen auf die Situation, mit der wir konfrontiert sind, und auf den aktuellen Energiehaushalt unseres Körpers.

Sie können dieses Vorhersagesystem mit dem folgenden einfachen Experiment an sich selbst testen:

- Gehen Sie an einem Tag, an dem Sie sich positiv und voller Energie fühlen, Ihren E-Mail-Posteingang durch und spüren Sie Ihre körperliche Reaktion. Suchen Sie nach einer E-Mail, die Sie wahrscheinlich herausfordert, aber lesen Sie nicht den ganzen Inhalt. Erlauben Sie Ihrem Gehirn, unbewusst vorherzusagen, was passieren wird. Achten Sie darauf, wie Ihr Körper reagiert. Wie verändern sich Ihre Atmung, Ihre Herzfrequenz und Ihr allgemeines Körpergefühl?
- Gehen Sie an einem Tag, an dem Sie müde oder gestresst sind, E-Mail-Posteingang durch. Spüren Sie Ihre körperliche Reaktion, wenn Sie eine ähnlich herausfordernde E-Mail sehen. Lesen Sie auch hier nicht den eigentlichen Inhalt, sondern nehmen Sie nur die Vorhersage und die Reaktion Ihres Körpers darauf wahr. Wie fühlen Sie sich? Was passiert in Ihrem Körper? Welche Gedanken gehen Ihnen durch den Kopf?

Wir sehen also, dass emotionale Reaktionen nicht festgelegt sind – sie hängen davon ab, in welchem Zustand wir uns befinden. Im ersten Fall haben Sie vielleicht bemerkt, dass die E-Mail keine starke Reaktion hervorgerufen hat. Der Verstand hat vorhergesagt, dass es Ihnen leichtfallen würde, auf die E-Mail zu antworten und sie erfolgreich zu bewältigen. Wahrscheinlich hat sich Ihr Körpergefühl oder der Erregungszustand, der aktiviert wurde, um die Situation zu bewältigen, nicht wesentlich verändert. Im zweiten Beispiel hätte die Reaktion jedoch anders ausfallen können. Ihr Verstand, der gespürt hat, dass Sie weniger Energie haben, könnte das Gefühl gehabt haben, dass die verfügbare Energie nicht ausreicht, um die Situation zu bewältigen, und sich Sorgen gemacht haben. „Habe ich etwas falsch gemacht? Habe ich einen Fehler gemacht? Ich bin so beschäftigt, dass ich keine Zeit habe, mich darum zu kümmern". Dann könnte der Körper mit erhöhter Herzfrequenz, flacherer Atmung und Angstgefühlen reagiert haben. Oder er hat versucht, mehr Energie zu mobilisieren und die Erregung zu steigern.

Mit anderen Worten: Unsere Emotionen haben einen tiefgreifenden Einfluss auf unseren Geist und unseren Körper. Welche Emotionen wir erleben, hängt von der Valenz (erwarteter Energiegewinn oder -verlust) und dem Erregungsgrad (Stressaktivierung oder Energiekosten) einer Situation ab. An der Beurteilung der Valenz von Emotionen ist unser mesolimbischer Signalweg beteiligt. Der mesolimbische Signalweg, Teil des Belohnungssystems, ist ein dopaminerger Signalweg im Gehirn.

Wissenschaftler beschäftigen sich seit vielen Jahren mit Emotionen und haben eine Möglichkeit gefunden, sie zu klassifizieren, das sogenannte Circumplex-Modell der Emotionen.[30] Es ordnet die Emotionen nach dem Grad ihrer Valenz und Erregung.

Circumplex-Modell: die Landkarte innerer Zustände.

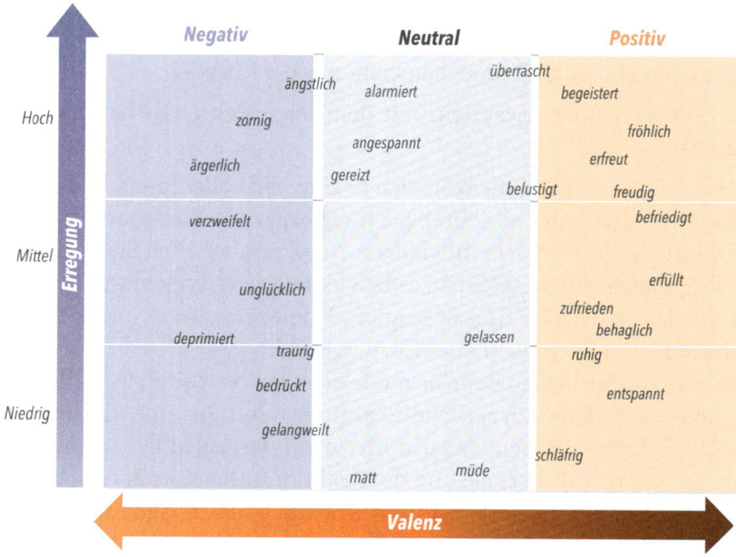

Negativ
Neutral
Positiv
Hoch
Mittel
Niedrig
Erregung
ängstlich
zornig
ärgerlich
alarmiert
angespannt
gereizt
überrascht
begeistert
fröhlich
erfreut
belustigt
freudig
verzweifelt
befriedigt
unglücklich
erfüllt
zufrieden
behaglich
deprimiert
traurig
gelassen
ruhig
bedrückt
entspannt
gelangweilt
schläfrig
matt
müde
Valenz

Wir können diese emotionale Landkarte mit dem bereits erwähnten Modell von Eustress und Distress kombinieren. Daraus ergibt sich die folgende Abbildung, welche die Emotionen darstellt, die wir typischerweise in drei verschiedenen Zuständen erleben: geringer Stress (Ruhe), Eustress und Distress.

Stress auf der Landkarte innerer Zustände.

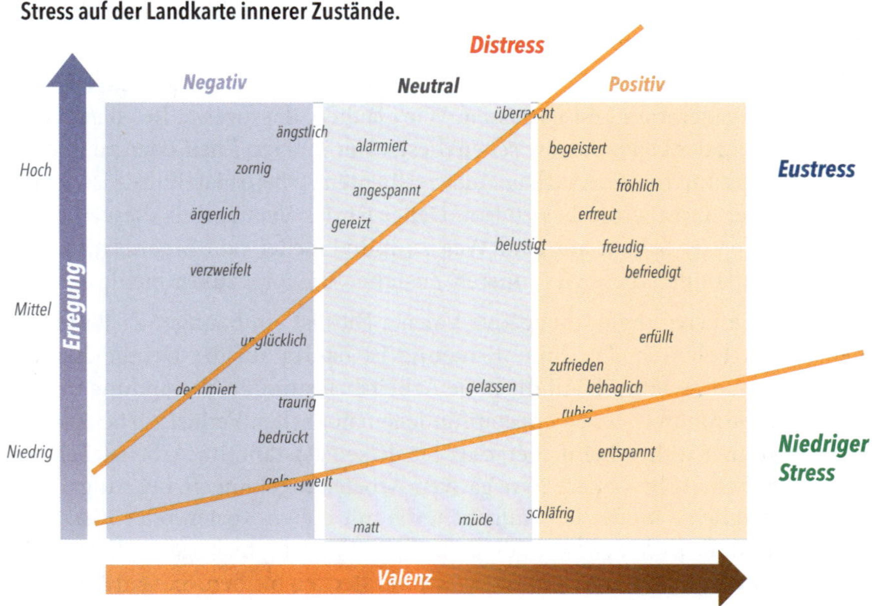

Aus dieser Landkarte unserer inneren Zustände lassen sich einige wichtige Erkenntnisse ableiten:

- Erstens verläuft die Trennlinie zwischen Eustress und Distress schräg nach rechts oben. Das liegt daran, dass, wenn wir eine Belohnung erwarten, ein höheres Maß an Erregung nicht zwangsläufig zu Distress führt. Denken Sie an die Vorfreude auf ein Squash-Match oder auf einen Urlaub. Das bedeutet, dass der Bereich des Eustress größer wird, wenn Ihr Zustand positiver wird.
- Zweitens sind Zustände mit negativer Valenz eher im Bereich des Distress zu finden. Dieser Teil der Landkarte steht sowohl für eine hohe Erregung (Energieaktivierung) als auch für eine geringe erwartete Belohnung. Dies ist kein Zustand, in dem man zu viel Zeit verbringen möchte. Es handelt sich also um einen negativen Stresszustand.
- Drittens sind negative Zustände mit niedriger Energie, wie Traurigkeit oder Langeweile, nicht notwendigerweise gleichbedeutend mit Distress. Sie sind ebenfalls bedeutsam. Ein vorübergehender Rückzug von Aktivitäten oder Verpflichtungen ist manchmal notwendig, um nachzudenken und sich zu besinnen. In diesem Zustand können wir lernen und uns erholen. Das wird oft unterschätzt, besonders wenn es um Resilienz geht. Wir werden dies im Folgenden näher betrachten.

Alle Emotionen auf dieser Landkarte dienen einem Zweck. Sie sind Ausdruck des Zustands, in dem wir uns befinden, und helfen uns, die jeweilige Situation zu bewältigen. Entweder um schnell auf eine Situation zu antworten oder um uns zurückzuziehen. Oder um durch homöostatische Prozesse unser körperliches, soziales und emotionales Wohlbefinden wiederherzustellen. Selbst Wut oder Angst, die gemeinhin als unangenehme Emotionen gelten, können uns die Energie liefern, eine Situation zu verändern und zur Homöostase zurückzukehren.

Wir können diese Landkarte in vier wichtige innere Zustände zusammenfassen: Stress, Wachstum, Regeneration und Loslassen. Wir glauben, dass wahre Resilienz voraussetzt, dass wir in der Lage sind, zwischen diesen vier inneren Zuständen zu wechseln. Eine Voraussetzung für den Aufbau einer resilienten Arbeitsplatzkultur ist, dass der Einzelne besser darin wird, dies zu tun. Daher ist das Verständnis dieser Zustände ein wichtiger erster Schritt auf dem Weg zu individueller und organisationsweiter Resilienz. Wir können diese vier inneren Zustände wie folgt zusammenfassen:

- **Stress:** Hohe Erregung und negative Valenz. Dies ist ein häufiger Zustand in der heutigen Arbeitswelt. Die hohe Erregung ist häufig auf die Dringlichkeit, die Komplexität oder einfach auf die hohe Arbeitsbelastung in Verbindung mit einer gewissen Bedrohung oder einem empfundenen möglichen Verlust zurückzuführen. Es wird immer wahrscheinlicher, dass Sie diesen Zustand im Arbeitsleben regelmäßig erleben, insbesondere in negativen Arbeitsumgebungen, bei Aufgaben mit hoher Dringlichkeit oder bei Aufgaben, die mit hohen Kosten oder Risiken verbunden sind. Er ist kurzfristig nützlich, aber langfristig nicht gesund. Es ist nicht hilfreich, wenn Menschen in diesem Zustand stecken bleiben. Sie würden Energie verbrauchen, ohne dafür ausreichend belohnt zu werden. Wenn Menschen zu lange im Stressbereich feststecken, beginnen sich chronische Stresssymptome bemerkbar zu machen. Stress ist ein Zustand hoher Intensität und Leistung über einen kurzen Zeitraum mit hohem Energieverbrauch.
- **Wachstum:** Hohe Erregung und positive Valenz. Eine zu erwartende Belohnung aktiviert uns. In diesem Zustand sind wir eher bereit zu lernen, zu wachsen und gute Leistungen zu erbringen. Wir verbrauchen Energie für einen zukünftigen Nutzen, sodass es immer noch ein kurzfristiges homöostatisches Ungleichgewicht gibt. Dies ist ein Zustand des Lernens mit erhöhter Intensität, aber auch mit einer erwarteten Belohnung. Man könnte es auch als das bezeichnen, was gemeinhin als „Aufblühen“ bezeichnet wird. Dies ist von Natur aus ein idealer Zustand. Da es sich aber immer noch um einen hochenergetischen Zustand handelt, übersteigen die Energiekosten nach einiger Zeit die Belohnungen, selbst wenn bei positiver Valenz. In diesem Fall würden wir in einen gestressten Zustand übergehen.
- **Regeneration:** Geringe Erregung und positive Valenz. Wir fühlen uns sicher, können in Ruhe mit anderen in Beziehung treten und können so regenerieren und Energie sammeln oder soziale Bindungen stärken. Dies ist ein wichtiger Bereich der Regeneration, in dem wir Energie tanken, heilen und Beziehungen stärken. Es entspricht am ehesten einem Bereich des Wohlbefindens.
- **Loslassen:** Niedrige Erregung und negative Valenz. Es gibt eine empfundene Bedrohung oder einen Verlust und es ist Zeit, loszulassen, zu verlernen und sich zurückzuziehen. In diesen Zustand zu wechseln, kann ein wichtiger Bestandteil von Resilienz sein. In unserer heutigen Welt vergessen wir, wie wichtig es ist, ein „Loslassen“ zuzulassen und nicht zu handeln. Zur Homöostase gehört auch, dass wir Unerwünschtes aus unserem System entfernen, und genau dabei hilft uns dieser Zustand.

Zwischen den vier Zuständen wechseln zu können, ist essenziell für Resilienz.

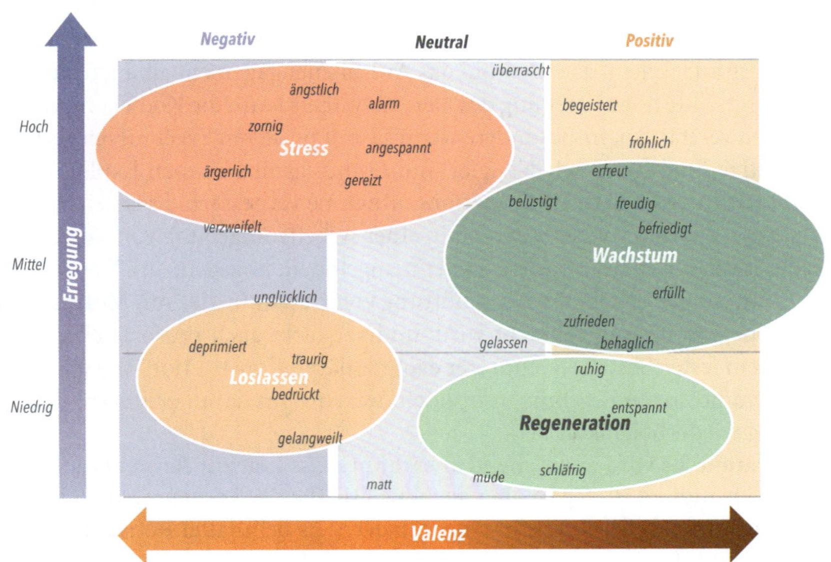

Unternehmensrealitäten und die vier Bereiche der Resilienz

Betrachten wir diese Zustände unter dem Gesichtspunkt der Unternehmensleistung und insbesondere mit Blick auf Neuroplastizität und Lernen. In der modernen Arbeitswelt ist die Fähigkeit zu lernen und sich anzupassen ein entscheidender Erfolgsfaktor – man sagt, dass viele Unternehmen über die Lerngeschwindigkeit konkurrieren. Auch der einzelne Mitarbeitende sollte lern- und anpassungsfähig sein. Unsere Fähigkeit zu lernen und uns weiterzuentwickeln, ist die Grundlage dafür, dass wir gut funktionieren und erfolgreich sein können.

- **Stress:** Es wird immer Aufgaben mit hoher Dringlichkeit, Komplexität oder Belastung geben, die wir mit hoher Energie und Konzentration erledigen müssen. Das sind Momente der Hochleistung. Daher ist es in Ordnung, wenn wir für kurze Zeit gestresst sind, um bei diesen Aufgaben gute Leistungen zu erbringen. Die hohe Erregung in diesem Zustand kann auch das Lernen fördern. Aber gerade wegen dieser hohen Erregung ist es wahrscheinlicher, dass Menschen Vermeidungsverhalten oder egozentrisches Überlebensverhalten lernen. Das Gehirn ist so programmiert, dass es sich zu Überlebenszwecken an Bedrohungen erinnert und auf dieser Grundlage zukünftige Reaktionen automatisiert. Wir haben in unserer Übung in Kapitel 1 gesehen, wie leicht Menschen in unbewusste, eingeschränkte Perspektiven und Stresszustände verfallen. Darüber hinaus können langanhaltende *negative* Erregungszustände die Gesundheit des Gehirns beeinträchtigen und das Lernen behindern. In der heutigen Wirtschaft, in der Lernen und Anpassungsfähigkeit so wichtig sind, sollten wir daher nicht zu viel Zeit in diesem Zustand verbringen.

- **Wachstum:** Dieser Zustand wird in der modernen Wissensökonomie zunehmend als wichtig angesehen, da er sowohl das Aufgabenengagement als auch das Lernen begünstigt. Eine hohe Erregung des Nervensystems kann die Kodierung von Erinnerungen verstärken, insbesondere wenn sie mit positiven Ergebnissen verbunden ist. Positive Emotionen wie Neugier und Enthusiasmus können Exploration und Interesse anregen und die Informationsaufnahme verbessern. Es ist leicht nachzuvollziehen, dass ein solcher Zustand in einer Arbeitsumgebung von Vorteil ist (im Gegensatz zu übermäßigem Stress oder mangelndem Engagement). Die Erwartung von Belohnungen erhöht die Ausschüttung von Dopamin, das mit Motivation und Lernen in Verbindung gebracht wird, und verstärkt auch prosoziales Verhalten. Dies ist ein fester Bestandteil unserer evolutionären Konstitution. Wenn wir etwas mit einem positiven Ergebnis tun, sollten wir uns gut daran erinnern, damit wir es häufig wiederholen können.
- **Regeneration:** Es wird zunehmend anerkannt, dass Zeit zur Regeneration wichtig für die Gesundheit ist. Sie ist aber auch wichtig für das Lernen. Lernen in diesem Zustand kann subtiler sein und länger dauern. Es beinhaltet Reflexion, Konsolidierung und Integration von zuvor erworbenen Informationen. Dazu können auch Ruhezustände gehören, wie sie bei Achtsamkeitsübungen oder beim Deep Reading vorkommen. Beides kann das Lernen durch konzentrierte Aufmerksamkeit und weniger Ablenkung verbessern. Und natürlich findet im Schlaf, wenn wir völlig ausgeruht sind, ein vertiefter Lernprozess statt, bei dem Informationen aus dem Kurzzeitgedächtnis in das Langzeitgedächtnis übertragen werden. Um Burn-out im Berufsleben zu vermeiden – ein wichtiges Ergebnis unserer Resilienz –, gibt es vielleicht keinen wichtigeren Zustand als die Regeneration.
- **Loslassen:** Dieser Zustand ist nicht optimal für Leistung oder neues Lernen. Ein energiearmer, negativer Zustand wie Depression oder Apathie kann die Motivation und Aufmerksamkeit verringern. Dadurch wird es schwieriger, neue Informationen aufzunehmen oder zu behalten. Loslassen kann jedoch von Vorteil sein, wenn es als eine Zeit des aktiven Verlernens gesehen wird, des Loslassens von Verhaltensweisen und Aktivitäten, die uns nicht mehr dienen. Dies ist ein blinder Fleck für viele Menschen und für viele Unternehmen, die sich oft nur ungern von Produkten, Prozessen, KPIs oder Verhaltensweisen trennen. Loslassen ist jedoch notwendig, um zu lernen, und ein gesunder Teil des Resilienzzyklus.

Wenn man sieht, wie sich diese neurophysiologischen Zustände sowohl auf die Leistung als auch auf das Lernen auswirken, wird deutlich, wie wichtig es ist, nicht zu lange in einem Zustand stecken zu bleiben, sondern in der Lage zu sein, durch alle Zustände zu navigieren. Obwohl es für die Leistungsfähigkeit manchmal notwendig sein kann, sich im Stressbereich zu bewegen, ist es suboptimal sich ständig dort aufzuhalten – für die Leistung, das Lernen und die Gesundheit. Selbst eine wachstumsorientierte Haltung, die viele positive Aspekte hat, kann nicht auf Dauer aufrechterhalten werden. Die wachstumsorientierte Haltung, die aus dem inneren Zustand des Wachstums entsteht, ist einer der vier natürlichen Lebensbereiche, aber sie ist auch mit höheren Energiekosten verbunden. Sie muss durch ausreichende Regeneration und Zeiten des Loslassens ausgeglichen werden. Ebenso reicht es nicht aus, sich nur in den Bereichen der Regeneration oder des Loslassens aufzuhalten, wenn wir Leistung erbringen und lernen wollen – diese Bereiche sollten durch Zeiten erhöhter Aktivierung ausgeglichen werden. Alle vier Bereiche sind Reaktionen auf unsere äußeren Herausforderungen, und je besser wir durch diese Bereiche navigieren können, desto besser können wir auf Herausforderungen antworten und resilient sein.

Die natürlichen Muster des Lebens und der Arbeit

Diese vier Zustände sind Teil des Arbeitslebens. Es ist normal, sie zu durchlaufen. Sie regenerieren sich in einer guten Pause oder im Schlaf (wenn man genug davon hat). Nach einem Projekt, das nicht gut gelaufen ist, lassen Sie los – vielleicht kämpfen Sie eine Weile damit, aber schließlich akzeptieren Sie das Ergebnis und lassen los. Manchmal müssen Sie gestresst sein – das heißt hoch aktiviert und wachsam, um sicherzustellen, dass eine komplexe oder dringende Aufgabe rechtzeitig erledigt wird. Der Stress treibt Sie an, die Deadline einzuhalten. Und es gibt Zeiten, in denen Sie völlig in eine lohnende Aufgabe oder ein Projekt vertieft sind und das Gefühl haben, zu lernen und zu wachsen. Die Natur durchläuft ähnliche Phasen: Frühling, Sommer, Herbst und Winter. So wie der Wechsel der Jahreszeiten natürlich ist, so ist auch unser eigener Zyklus von Zuständen natürlich und ein Ausdruck von Resilienz. **Problematisch wird es, wenn wir in einem Zustand stecken bleiben oder auf ungesunden Wegen durch die Zustände gehen.**

Die natürlichen Zyklen von Stress, Wachstum, Regeneration und Loslassen.

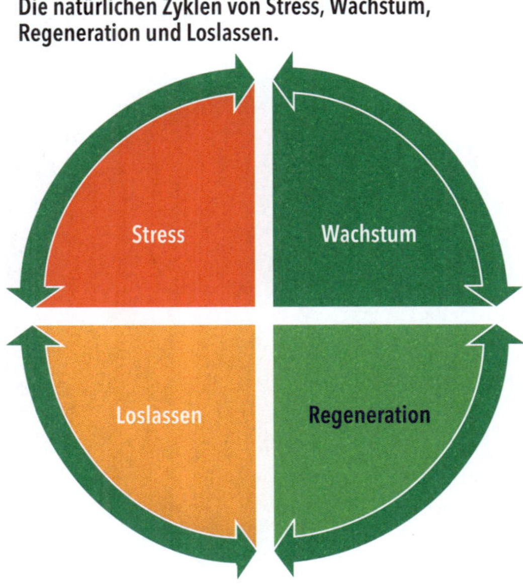

Zu viele Arbeitnehmende stecken im Stressbereich fest

Leider sind die meisten Menschen nicht in der Lage, ohne weiteres zwischen diesen Zuständen zu wechseln. Das macht Resilienz für sie unmöglich. In den letzten 10 Jahren haben wir eng mit unserem Partner Firstbeat zusammengearbeitet, um Stress bei unseren Kunden zu messen. Wir haben diese physiologischen Daten für mehr als 20 Unternehmen und über 2.000 Teilnehmende verwendet. Anhand dieser Daten haben wir den Teilnehmenden geholfen, eine Reihe von ungesunden Gewohnheiten oder Mustern zu identifizieren. Und wir haben herausgefunden, was sie tun sollten, um ihre Resilienzfähigkeit zu stärken. Unsere bemerkenswerteste Erkenntnis ist, dass zu viele Arbeitnehmende in einem Zustand von Stress oder Distress feststecken oder einen hohen Prozentsatz ihrer Zeit in diesem Zustand verbringen. Mit den Messungen von Firstbeat haben wir regelmäßig Menschen gesehen, die 70–80 % eines typischen Tages in diesem Zustand verbringen. Das hat eine Reihe von Folgen, und – Spoiler-Alarm – die wenigsten davon sind positiv.

Stress belastet die Gesundheit und die körperlichen Ressourcen. Ein hoher Stresszustand bedeutet, dass wir Ressourcen verbrauchen und uns nicht erholen. Dies führt zu einem Verfall der körperlichen Ressourcen. Firstbeat arbeitet mit vielen der weltweit führenden Fußballmannschaften (Arsenal, Manchester City, Liverpool, Bayern München, Werder Bremen) und Olympiateams in verschiedenen Disziplinen zusammen. Durch die Arbeit mit mehr als 100.000 Menschen pro Jahr haben sie eine unglaubliche Menge an Daten gesammelt. Und diese Daten belegen eindeutig den Abbau körperlicher Ressourcen, der mit einer längeren Stressaktivierung einhergeht (siehe Abbildung unten). Liane hat mit Menschen gearbeitet, die monatelang dieses Erregungsmuster bei der Arbeit hatten. Es war, als würde sie sie vor ihren Augen altern sehen, da der anhaltende Stress die notwendigen täglichen Heilungs- und Zellregenerationsprozesse behinderte.

Bei langanhaltendem Stress nehmen unsere körperlichen Ressourcen ab.

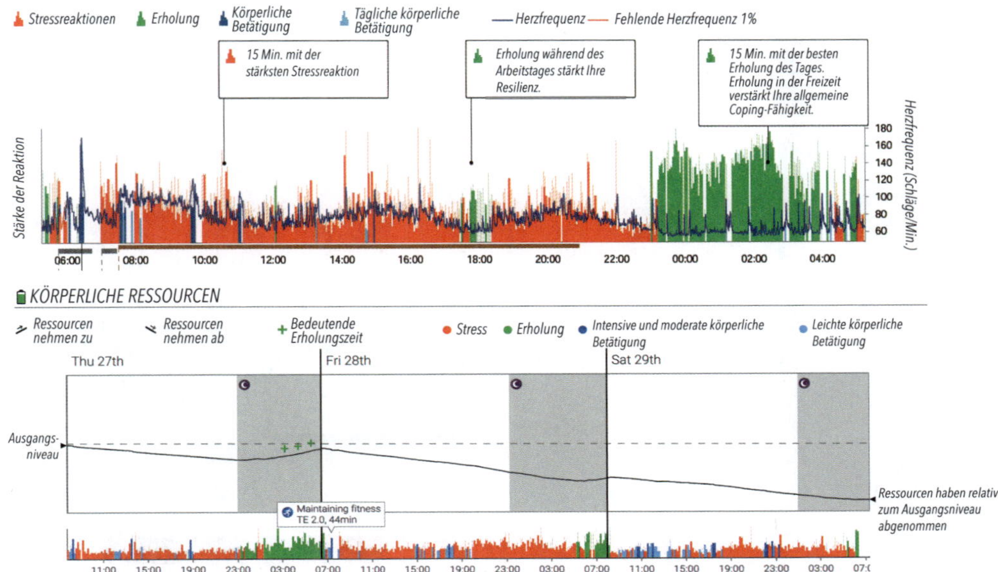

Ein andauernder Zustand von Distress hat negative psychische und soziale Folgen. Unser psychischer Zustand und unsere sozialen Beziehungen können darunter leiden. Über diesen letzten Punkt wird häufig zu wenig gesprochen – aber wenn man stark gestresste Menschen oder auch vielbeschäftigte, sehr erfolgreiche Menschen fragt, dann verlieren sie als erstes ihre Freunde oder die Zeit, die sie mit ihren Freunden verbringen. Stress hat also einen hohen körperlichen, geistigen und sozialen Preis.

Wenn wir im Distress stecken bleiben, verengt sich unser „Eustressfenster", auch „Toleranzfenster„ genannt. Das Toleranzfenster ist der Bereich, in dem wir gut funktionieren und unseren Zustand regulieren können. In der Abbildung unten sehen wir, dass das Eustress- oder Toleranzfenster schmaler wird, wenn der Stressbereich größer ist. In einer solchen Situation ist es wahrscheinlicher, dass wir in Distress stecken bleiben oder mit hoher Erregung auf Situationen reagieren, die normalerweise keine Stressreaktion erfordern würden.

Das Toleranzfenster wird durch übermässigen Stress geschmälert.

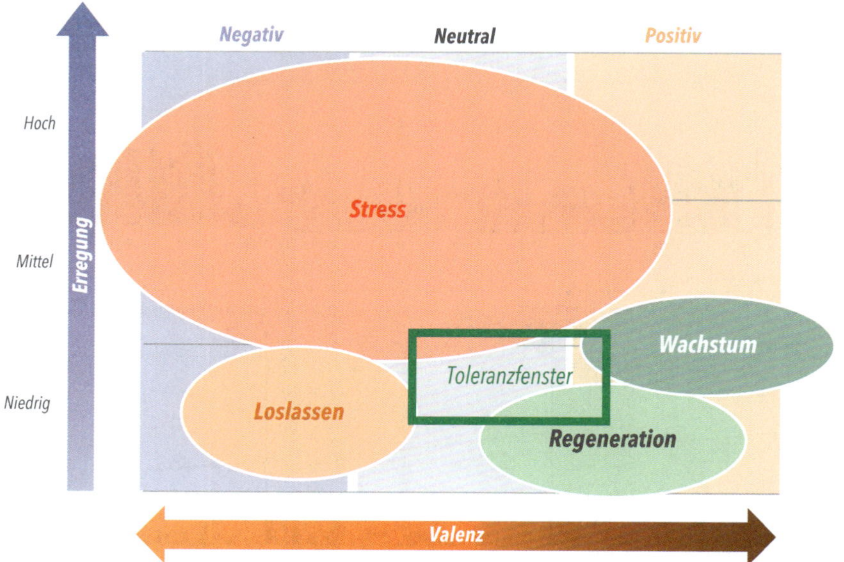

Überstimulation und Erschöpfung

Eine kürzliche Reise nach China machte einige der Herausforderungen deutlich, mit denen Menschen konfrontiert sind, die ständig unter Druck stehen. In Suzhou leitete Chris an einer Business School einen Workshop über die Balance zwischen Leistung und Fürsorge in Unternehmen. In einer Pause unterhielt er sich mit einem intelligenten und analytischen Mann. Der junge Mann erzählte Chris, dass er viel zu tun habe. Um damit fertig zu werden, sagte er, „Spiele ich jeden Tag mindestens zwei Stunden Videospiele, wenn ich nach Hause komme. Das ist eine Quelle starker positiver Emotionen für mich, ein Dopaminrausch, den ich anscheinend nur durch Videospiele bekomme“.

„Damit sind Sie nicht allein“, sagte Chris. „Es handelt sich dabei um ein größeres Problem. Für Sie sind es die Videospiele. Für andere ist es der Alkohol oder das Fernsehen. Aber das Grundmotiv ist oft dasselbe. Die Menschen sind bei der Arbeit zu gestresst und müssen dann Wege finden, ihren Zustand zu verändern – entweder durch andere Erregung oder indem sie mit ihren Gedanken woanders sind.“

„Oh, ich verstehe“, sagte der Angestellte. „Ich kenne Freunde, die Alkohol trinken, also nehme ich an, dass Videospiele nicht so schlimm sind.“

„Vielleicht nicht. Aber wenn man Videospiele spielt, verpasst man die Chance, sich auf das ganze Spektrum des Lernens einzulassen, und man lernt nicht, sich zu entspannen, soziale Kontakte zu knüpfen oder nachzudenken. Das würde Ihnen langfristig helfen, sich besser zu regenerieren und Ihre Resilienz zu stärken", fügte Chris hinzu.

Der junge Mann schaute nachdenklich und sagte, er verstehe. Er sagte: „Ich suche nach neuen Wegen, um unter die Leute zu kommen und andere Formen der Regeneration zu finden. Aber ich weiß, dass mir meine Videospiele im Moment gut tun. Und wenn ich von einem Tag auf den anderen damit aufhören würde, könnte das meinen Stresspegel noch weiter in die Höhe treiben, ohne dass ich etwas hätte, das sie ersetzen könnte."

Sie schüttelten sich die Hände und Chris wünschte ihm alles Gute, denn er wusste, dass seine Probleme nicht einzigartig waren. Wie dieser junge Mann schwanken viele Menschen in der modernen Arbeitswelt zwischen hohen Erregungszuständen (Arbeitsstress gefolgt von Aufregung) und einem „Zombie-Dasein". Dies kann durch das Spielen von Videospielen geschehen, aber auch durch Selbstmedikation mit Alkohol oder durch sinnloses Trash-Fernsehen. Menschen, die sich so verhalten, erleben häufig kein gesundes Gleichgewicht zwischen den Bereichen. Sie verbringen keine Zeit im Wachstumsbereich. Das Erregungsniveau in der Aufregungszone ist zu hoch, um richtig zu lernen, zu verdauen oder sich bewusst zu regenerieren. Deshalb besteht die Gefahr, dass sie nicht lernen und nicht wachsen. **Sie benutzen diese Krücken als Bewältigungsmechanismen, um einen gewissen Anschein von Gleichgewicht in ihrem Leben aufrechtzuerhalten.**

Später an diesem Tag dachte Chris nach. Geschichten wie diese hatte er schon oft gehört. Sie erinnerten ihn daran, dass so viele von uns im Grunde überstimuliert sind. Wir sind gewissermaßen süchtig nach Stimulation. Und natürlich wusste Chris, dass er keine Ausnahme war. Wenn er müde ist und zu lange überstimuliert war, bemerkte er zwei Dinge. Erstens greift er häufig zum Telefon und sucht nach Ablenkung. Zweitens, wenn er *wirklich* innehält, merkt er, wie müde er ist. Er nutzt die Stimulation durch das Telefon, um sich wach zu halten.

Ein paar Tage später in Shanghai beobachtete Chris die folgende Szene. Er ging allein zum Abendessen in ein lokales Restaurant, wo es köstlich duftende Nudelspezialitäten gab. Soweit er sehen konnte, war er der einzige Ausländer im Restaurant. Nachdem er sich verständlich gemacht hatte, dass er etwas essen wollte (was angesichts seiner mangelnden Chinesischkenntnisse nicht einfach war), nahm er Platz. Dann fand er heraus, wie er mit dem QR-Code die Speisekarte öffnen und das gewünschte Gericht bestellen konnte. Er begann sich zu entspannen und sah sich um. Vor ihm standen drei weitere Tische, die alle voll besetzt waren. An einem Tisch saßen zwei Eltern mit einem 10-jährigen Kind. An einem anderen Tisch saßen vier Erwachsene, alle um die 30 Jahre alt. Und an einem anderen Tisch saßen drei Personen, zwei im mittleren Alter und ein junger Erwachsener. Und an jedem Tisch saßen alle an ihren Mobiltelefonen. Sie konsumierten Stimulation, während sie (geistesabwesend) ihr Essen verzehrten. Chris erinnert sich, wie er dachte, dass sie unmöglich auf den Geschmack der köstlichen Speisen achten konnten, die sie aßen.

Am nächsten Tag nahm Chris einen Inlandsflug nach Taiyuan. Als er durch den Mittelgang lief, saßen die meisten anderen Passagiere bereits an ihren Plätzen. Fast alle – mindestens 80 % – waren mit ihren Mobiltelefonen beschäftigt. Chris setzte sich.

Kurz darauf forderte der Kapitän die Passagiere auf, ihre Mobiltelefone auszuschalten. Innerhalb von fünf Minuten waren die meisten Menschen im Flugzeug eingeschlafen. Sobald sie aufhörten, sich selbst zu stimulieren, gewann die Müdigkeit die Oberhand und sie brachen zusammen. Es wurde deutlich, dass sie keine wirkliche Regenerationszeit hatten. Sie wechselten von Stress zu Erschöpfung und wieder zurück. *Weibo, sleep, repeat*, vielleicht. Die Einzigen, die wach blieben, waren die über 65-Jährigen, die von dieser Sucht nach Stimulation und der daraus resultierenden Erschöpfung nicht betroffen zu sein schienen. Ein Sieg der Technikverweigerer.

Eine neue ‚gechillte' Generation?

Als Reaktion auf die anhaltend hohe Stressbelastung in unserer Gesellschaft gibt es eine kleine Gruppe von Menschen, die sich darauf konzentriert, entspannt zu bleiben. Sie stellen ihr Wohlbefinden in den Mittelpunkt. ‚Gechillt' zu sein (das ist wahrscheinlich ihre Spezialisierung, besonders wenn sie aus Kalifornien kommen) ist ein positiver Zustand mit geringer Erregung. Er ist gut für die Genesung und kommt der Regeneration am nächsten. Aber es ist kein Zustand, in dem wir aus neuen Erfahrungen lernen, uns Herausforderungen stellen oder uns mit schwierigen Problemen auseinandersetzen, mit denen wir konfrontiert sind. Im Leben gibt es echte Herausforderungen. Es gibt Zeiten, in denen wir vorsichtig oder sogar wütend sein und auf negative Konsequenzen reagieren müssen.

Sich darauf zu konzentrieren, ‚gechillt' zu sein, ist vielleicht eine vernünftige Reaktion aufzunehmende Negativität und Stress. Aber es ist kein ausgeglichener Zustand. Und wenn Ihr Chef Sie bittet, eine anstehende Deadline einzuhalten, Sie aber einfach ‚chillen' und die Deadline verpassen, wird Ihr berufliches Fortkommen wahrscheinlich auch gechillt sein. Positiv zu vermerken ist jedoch, dass viele junge Arbeitnehmende heute mehr Wert auf eine ausgewogene Work-Life-Balance und ihr Wohlbefinden legen. Dies ist ein Zeichen dafür, dass sie es ablehnen, im Stressbereich festzustecken, einem Bereich mit anhaltend hoher Erregung und wenig Belohnung oder Erfüllung.

Die Generation ‚Bore-out', ‚Burn-out' oder ‚Lie Flat'

In China gibt es ein besonderes Phänomen, das als ‚Lie Flat'-Generation (躺平, táng píng) bezeichnet wird. Dabei handelt es sich um ein soziales Phänomen, bei dem sich junge Menschen dafür entscheiden, sich den wettbewerbsorientierten und anspruchsvollen sozialen Normen zu entziehen. Das Konzept des „Flachliegens" beinhaltet eine minimalistische Lebenseinstellung, die Ablehnung des Hamsterrades ständiger Konkurrenz und die Annahme eines Lebensstils mit weniger Wünschen und Ambitionen.

Die chinesische Kultur legt traditionell großen Wert auf harte Arbeit, Wettbewerb und Leistung. Dies hat jedoch trotz des Strebens nach Erfolg zu einem hohen Maß an Stress, Burn-out und einem Gefühl der Unzufriedenheit geführt. Die ‚Lie Flat'-Bewegung kann als Gegenreaktion auf dieses Umfeld gesehen werden, als natürliche Reaktion auf zu viel Zeit in hohem Stress mit negativer Valenz, bei der sich der Einzelne von dem gesellschaftlichen Druck, ständig streben und etwas erreichen zu müssen, befreien will. Sie unterscheidet sich von der Bewegung der ‚Gechillten' dadurch, dass sie weniger mit positiver Belohnung verbunden ist. Es ist fast so, als ob eine Generation von Menschen das Gefühl hat, keinen Zugang zu positiver Belohnung (Regeneration oder Wachstum) zu haben, und in dem niedrig erregten negativen Valenzbereich des Loslassens gefangen ist.

Parallelen finden sich auch in anderen Gesellschaften. In Japan gibt es ein ähnliches Phänomen, das als ‚Hikikomori' bekannt ist. Hier ziehen sich Menschen aus dem sozialen Leben zurück und bleiben oft für längere Zeit zuhause. Auch wenn sie sich in ihrer Ausprägung unterscheiden, sind die Ursachen ähnlich: sozialer Druck, hohe Erwartungen und der Stress, sich an starre gesellschaftliche Normen anpassen zu müssen. In Südkorea hat der starke Druck, akademisch und beruflich erfolgreich zu sein, zu einem hohen Maß an Stress und psychischen Problemen unter Jugendlichen geführt. Der Begriff ‚Joseon-Hölle' entstand (Joseon ist eine abwertende Bezeichnung für den Untergang der Joseon-Dynastie, die vor der Gründung Koreas unterging). Der Begriff ist eine Kritik an den hart umkämpften und unter Druck stehenden Arbeits- und Gesellschaftsbedingungen in Korea. Es ist das, was passiert, wenn Arbeitnehmende und sogar Gesellschaften zu lange in einem Stresszustand verbleiben.

Resilienz: die Fähigkeit, Zustände zu durchlaufen

Wir sollten uns nun darüber im Klaren sein, was wir unter Resilienz verstehen. Resilienz ist nicht die Fähigkeit, hohe Stresszustände zu ertragen oder durchzustehen. Es geht nicht nur um Regeneration. Es geht nicht darum, negative Zustände mit niedriger Energie zu vermeiden und immer positiv zu sein. Resilienz ist nicht Wohlbefinden oder der Versuch, immer wieder in einen Zustand niedriger Stressbelastung zurückzukehren.

Resilienz ist die grundlegende Fähigkeit, zwischen verschiedenen Zuständen zu wechseln. Es ist die Fähigkeit, sich an Situationen anzupassen. Ein gesundes Gleichgewicht in der Reaktion auf äußere Situationen zu haben. Manchmal aktiviert und manchmal sogar gestresst zu sein. Entscheidend ist jedoch die Fähigkeit, bei Bedarf in den Zustand des Lernens und der Regeneration zurückkehren zu können. **Es ist die Fähigkeit, von Stress zu Wachstum, zu Regeneration und zu Loslassen zu wechseln.**

Jemand, der über ein hohes Maß an Resilienzfähigkeit verfügt, kann innerhalb seines Toleranzfensters bleiben (und hat sogar ein breites Toleranzfenster, den Bereich, in dem er sich selbst regulieren kann). Vielleicht können sie diese Bereiche ihrer inneren

Erfahrung täglich oder wöchentlich durchlaufen. Wenn sie resilient sind, können sie sich bewusst durch diese Zustände bewegen, je nachdem, was die äußere Situation, in der sie sich befinden, erfordert.

Resilienz: die Fähigkeit, Zustände zu durchlaufen.
Je größer das Toleranzfenster, je höher die Selbstregulation.

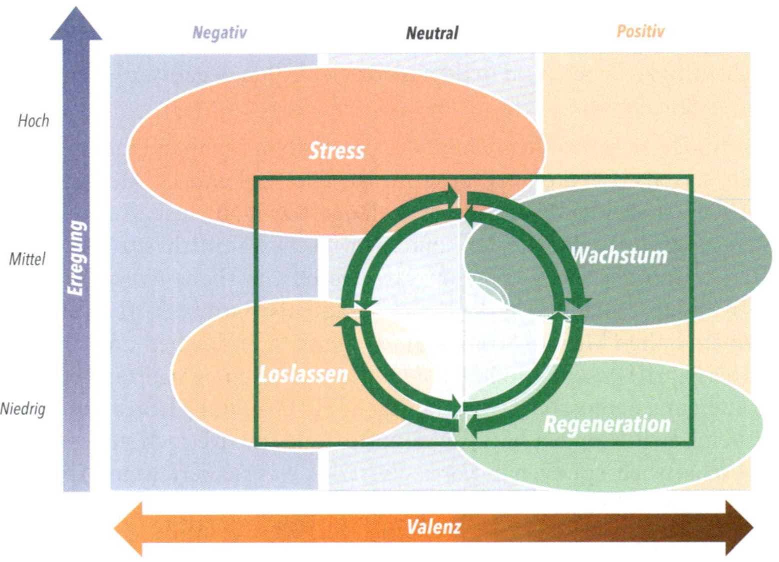

Es gibt auch Zeiten, in denen andere Wege gesund und für die Resilienz notwendig sind. Wenn eine Person zu lange in einem Stresszustand gefangen war, können wir beobachten, dass sie nicht in der Lage ist, direkt von Stress zu Wachstum überzugehen oder leicht von einem Zustand in den anderen zu wechseln. Sie sind aus ihrem eigenen Toleranzfenster herausgedrängt worden. Ihre eigenen Ressourcen sind zu sehr erschöpft. Stattdessen müssen sie erst loslassen und sich regenerieren, bevor sie in die Wachstumsphase eintreten können. Das ist natürlich, wie die Jahreszeiten, und erinnert auch an den von Otto Scharmer beschriebenen ‚U-Prozess'.[31] Dieser Prozess beschreibt die grundlegenden Phasen des Lernens und wie Neues in Einzelpersonen, Organisationen und Gesellschaften entstehen kann.

Im U-Prozess muss es eine Phase des Loslassens von Erwartungen geben. Wir müssen unsere Wahrnehmung frei von Vorstellungen öffnen. Der Zugang zu einer tieferen Quelle der Weisheit oder Regeneration, bevor das Neue entstehen kann. Mit anderen Worten, auf dieser Reise muss man in die Tiefen des eigenen Bewusstseins hinabsteigen, um Zugang zu tieferen Quellen des Wissens zu erhalten, und dann mit neuen Erkenntnissen wieder aufsteigen, um den Wandel umzusetzen. Man könnte sagen, dass man in die Tiefen des Loslassens, der niedrigen Erregung und der niedrigen positiven Valenz hinabsteigen muss, bevor man spüren kann, wie neue Energie entsteht. An bestimmten Punkten erfordert Resilienz in der Arbeitswelt, dass wir alle durch Prozesse des Loslassens gehen. Wenn eine Idee gescheitert ist, wenn Prozesse nicht funktionieren, müssen wir das Alte loslassen, bevor neue Ideen und Ansätze entstehen können.

Loslassen und Regeneration ermöglichen, die Balance zwischen Stress und Erholung herzustellen.

Dieser U-Prozess ermöglicht uns immer wieder, im Toleranzfenster anzukommen.

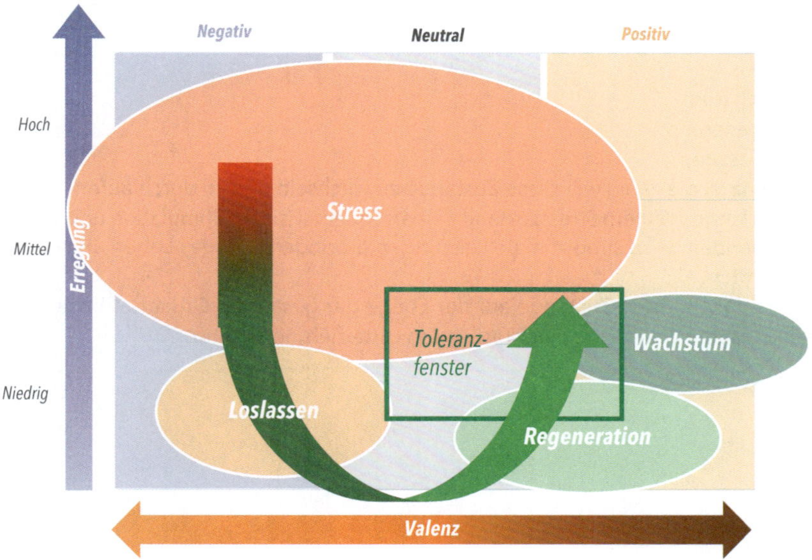

Resilienz bedeutet also, dass wir lernen sollten, zwischen Stress, Loslassen, Regeneration und Lernen zu wechseln. Nicht nur für den Einzelnen. Auch auf der ‚Wir'-Ebene sollten wir in der Lage sein, zwischen diesen Bereichen zu wechseln. Die Fähigkeit, innere Zustände zu verändern, ist auf der Ebene der gesamten Organisation notwendig, um eine resiliente Kultur aufzubauen. Wer dazu nicht in der Lage ist, bleibt in bestimmten Zuständen stecken. Krisen können so vermieden werden. Situationen, in denen Unternehmen eine Art U-Prozess durchlaufen müssen. Das Loslassen von Menschen, Prozessen, Anforderungen und Ressourcen, bevor etwas Neues entstehen kann.

Wie kann das also umgesetzt werden? Vor diesem Hintergrund werden im nächsten Kapitel 12 wichtige Resilienzfähigkeiten vorgestellt, die dem Einzelnen helfen können, diese Zustände zu durchlaufen, und die auf ganze Organisationen ausgeweitet werden können.

KERNAUSSAGEN DIESES KAPITELS

- Das Ausmaß der Erregung in unserem Körper wird durch unsere Stresssysteme gesteuert. Das sympathische Nervensystem steuert eine ‚Kampf-oder-Flucht-Reaktion', das parasympathische Nervensystem eine ‚Ruhe-oder-Verdauung-Reaktion'.
- Emotionen haben ihren Ursprung in der Homöostase, dem Versuch des Körpers, sein energetisches Gleichgewicht wiederherzustellen. Ob diese Emotionen positiv oder negativ sind, wird als Valenz dieser Emotionen bezeichnet.
- Die Valenz und Intensität eines emotionalen Zustands zu verstehen, ist ein wichtiger erster Schritt, um diesen Zustand zu verändern und dadurch resilienter zu werden.
- Es gibt vier grundlegende menschliche Zustände:
  1. Stress
  2. Wachstum
  3. Regeneration
  4. Loslassen
- Resilienz ist die Fähigkeit, diese Zustände zu wechseln und zu durchlaufen.
- Wer zu lange in einem Stresszustand verharrt oder zwischen Stimulation und Erschöpfung pendelt, wird suboptimale Leistungen erbringen und das Leben als schwierig empfinden.
- Die Fähigkeit, diese Zustände auf der Ebene der gesamten Organisation zu durchlaufen, ist die Grundlage einer resilienten Unternehmenskultur.

KAPITEL 3:
DIE 12 WICHTIGSTEN RESILIENZFÄHIGKEITEN

Wir haben mit einigen der häufigsten Mythen über Resilienz aufgeräumt. Und wir haben deutlich gemacht, dass Resilienz nichts mit Durchhaltevermögen zu tun hat. Sie ist kein geheimnisvoller, mystischer Seinszustand. Stattdessen entsteht Resilienz, wenn wir lernen, die Intensität der Stressaktivierung und die Valenz dieser Aktivierung in unserer Arbeit und in unserem Leben zu regulieren. Wir sind resilient, wenn wir in der Lage sind, regelmäßig zwischen den vier physiologischen Zuständen des Lebens zu wechseln: Stress, Wachstum, Regeneration und Loslassen.

Unseren Zustand zu verändern ist eine Fähigkeit – oder genauer gesagt, wie wir herausgefunden haben, eine Reihe von Fähigkeiten. Wenn wir von Fähigkeiten sprechen, beziehen wir uns auf **bestimmte erlernte Verhaltensweisen oder Handlungen, die Menschen mit einem gewissen Grad an Kompetenz ausführen können. Sie werden häufig durch Training, Übung oder Lebenserfahrung erworben. Fähigkeiten sind in der Regel beobachtbar und messbar und werden von Menschen in unterschiedlichem Maße beherrscht.** Beispiele für solche Fähigkeiten sind Programmieren, Präsentieren, Projektmanagement, die Bedienung von Maschinen oder die Fähigkeit, einen Rubiks Würfel in 10 Sekunden zu lösen (obwohl wir diese Fähigkeit bewundern, ist es vielleicht nicht die wichtigste Fähigkeit, die es zu lernen gilt). Fähigkeiten werden oft in verschiedene Kategorien eingeteilt, wie z. B. technische Fähigkeiten, Soft Skills oder übertragbare Fähigkeiten.

Diese Sichtweise von Fähigkeiten passt gut zu unseren Erfahrungen als langjährige Praktizierende der Meditation. In der Tat umfasst Achtsamkeit viele Fähigkeiten, einschließlich der Fähigkeit, die Aufmerksamkeit zu regulieren. Als Liane und Chris anfingen zu praktizieren (was zu lange her ist, um es zu erwähnen, ohne dass wir uns sehr alt fühlen), waren wir nicht sonderlich gut darin. Wir versuchten, uns auf unsere Atmung zu konzentrieren. Aber sofort – vielleicht schon nach ein paar Sekunden – wurden wir von einem banalen Gedanken abgelenkt. Zum Beispiel, was es zum Frühstück gibt. Oder von anderen Gedanken, die zu langweilig oder peinlich waren, um sie hier explizit zu erwähnen. Wir hatten ganz vergessen, dass wir eigentlich dem Atem folgen sollten. Erhaben fassten wir den festen Entschluss, wieder dem Atem zu folgen. Wir schworen uns, den Geist *nie wieder* abschweifen zu lassen. Doch noch bevor wir dieses innere Gelöbnis abgelegt hatten, machte der Geist wieder sein eigenes Ding. Wir dachten an das Mittagessen später oder fingen an, eine alternative Antwort auf einen Brief zu formulieren, den wir vor Wochen abgeschickt hatten (nein, keine E-Mail, wir sind alt – oder weise – genug, um uns an die Welt vor der E-Mail zu erinnern).

Aber mit der täglichen Übung, über Wochen, Monate, Jahre und sogar Jahrzehnte (wagen wir es zu sagen), sind wir immer kompetenter geworden. Es kommt zwar noch immer vor, dass der Geist abschweift, aber viel seltener. Mit zunehmender Meditations- und Aufmerksamkeitsfähigkeit haben wir im Laufe der Jahre auch ein tieferes Verständnis dafür entwickelt, wie unser Körper und unser Geist miteinander verbunden sind. Fast wie Wissenschaftler in einem Labor haben wir unsere inneren Zustände, unsere Stresserregung, die Valenz unserer Emotionen und unseren Energiehaushalt beobachtet. Durch unsere Praxis haben wir bemerkt, wie sehr diese Zustände unser Verhalten beeinflussen. Und wie unser Verhalten wiederum diese

Zustände beeinflusst. Einfach ausgedrückt: Achtsamkeitspraxis ist eine Fähigkeit wie jede andere, die man mit der Zeit beherrschen kann. Sie umfasst eine Reihe von weiteren Fähigkeiten, die sich auf Körper und Geist auswirken und uns helfen können, resilienter zu werden. Mehr zum Thema Achtsamkeit später.

Wir sind der Meinung, dass ein auf solchen Fähigkeiten basierender Ansatz zur Resilienz mehrere Vorteile bietet:

- Fähigkeiten können gemessen und trainiert werden.
- Wir können beobachten, welche Fähigkeiten bei den Mitarbeitenden weit verbreitet sind und wo es Defizite gibt, und wir können verstehen, welche Fähigkeiten den größten Einfluss auf die Resilienz haben.
- Fähigkeiten sind leichter zu definieren und anzusteuern. Wenn man Resilienz vage als Durchhaltevermögen definiert, gibt es keine realistische Möglichkeit zu beurteilen, ob jemand eine Herausforderung bewältigen kann oder nicht. Wir können nur hoffen, dass er lächelt und den Schmerz erträgt.
- Wir können die Grenzen der Fähigkeiten realistisch einschätzen. Auch wenn jemand regelmäßig Sport treibt, was zu seiner Resilienz beiträgt, heißt das nicht automatisch, dass er einen Marathon laufen kann. In der Welt der Fähigkeiten haben wir auch ein vernünftiges Gefühl für ihre Grenzen.

Ein umfassenderes Verständnis von Resilienzfähigkeiten

Seit seiner Gründung im Jahr 2012 hat Awaris mit 250 Unternehmen zusammengearbeitet und 50.000 Mitarbeitende geschult. Da wir viele von ihnen persönlich betreut haben, können wir bestätigen, dass dies *eine Menge* Menschen sind. Vor allem in den letzten zwei Jahren haben wir uns intensiv mit der Wissenschaft der Resilienz beschäftigt. Dabei haben wir Daten von über 2.000 Menschen, 150 Teams und 30 Organisationen zum Thema Resilienz gesammelt. Von Anfang an war klar, dass wir verstehen müssen, wie sich Fähigkeiten auf physiologischer Ebene manifestieren. Wir wollten herausfinden, wie sich diese Fähigkeiten auf unseren Erregungszustand und Valenz auswirken, also auf unsere innere Landschaft – und umgekehrt. Interessanterweise verfolgen Wissenschaftler im Labor auch einen ähnlichen Ansatz, um Resilienz zu verstehen. Mehrere neuere Studien haben die neurophysiologischen, neurochemischen und sogar genetischen Ebenen der Resilienz untersucht.[32]

Um ein systematisches Verständnis von Resilienzfähigkeiten zu entwickeln, haben wir die vorhandene Literatur sowie unsere eigenen Erfahrungen bei der Unterstützung von Organisationen bei der Verbesserung ihrer Resilienz berücksichtigt. Unsere Forschung wurde von einer Reihe von Anhaltspunkten geleitet:

- **Fähigkeiten, nicht Zustände:** Wir betrachten Resilienz als eine Reihe von trainierbaren Fähigkeiten, die es uns ermöglichen, unseren Zustand zu verändern. Wir wollten also Fähigkeiten und nicht Zustände wie Wohlbefinden identifizieren. Und wir wollten verstehen, welche Interventionen dazu beitragen können, diese Fähigkeiten zu trainieren.

- **Suche nach physiologischen Effekten:** Wir sind biophysiologische Wesen. Unser Körper besteht aus 30 Billionen Zellen, von denen wir täglich etwa 200 bis 400 Milliarden regenerieren müssen. Dieser kontinuierliche Heilungsprozess ist für die Resilienz von zentraler Bedeutung, und unsere Resilienzfähigkeiten sollten diesen Prozess unterstützen. Wir haben daher für jede Resilienzfähigkeit untersucht, ob sie einen messbaren Einfluss auf unsere Biophysiologie hat, d. h. ob sie uns auf zellulärer Ebene beeinflusst. Wir wussten, dass wir Fähigkeiten identifizieren mussten, die unsere Homöostase (das Gleichgewicht zwischen unseren körperlichen Systemen) beeinflussen. Das bewegte durch die Landkarte unserer Erfahrungen und beeinflusste unser Stresserregungsniveau sowie die Valenz unserer Erfahrungen, wie wir in den vorhergehenden Kapiteln erläutert haben.
- **Fähigkeiten können auf drei Ebenen trainiert werden:** Fähigkeiten sind breit gefächert. Sie können auf der Ebene des Verhaltens, der Psychologie oder der Physiologie trainiert werden.

Resilienzfähigkeiten: vier Ebenen.

Alle werden durch unsere Umwelt beinflusst – die Stressoren und Belastungen unseres Lebens.

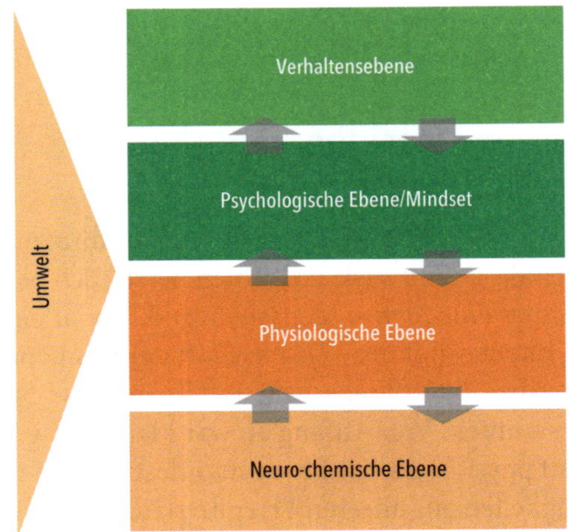

Verhaltensebene: wie wir uns verhalten und handeln, unsere beobachtbare Aktivität und unsere aggregierten Reaktionen auf innere und äußere Reize

Psychologische Ebene/Mindset: unsere Herangehensweise an ein Thema, unsere Wahrnehmungen, Gefühle, Gedanken und Motivationen, die sich aus unseren Reaktionen auf interne und externe Reize ergeben und diese steuern

(Neuro)physiologische Ebene: die Reaktion unserer Physiologie und unseres Nervensystems auf Reize und Verhalten

Neuro-chemische Ebene: Hormonfluss, Regulationsprozesse im Nervensystem und im Körper

Quelle: Abgeleitet von Wu et al. (2013)

Lassen Sie uns die obige Abbildung erklären. Wir können uns anders **verhalten** (Verhaltensebene), was unsere Reaktion auf Reize und unseren inneren Zustand beeinflusst – zum Beispiel, indem wir früher zu Bett gehen. Wir können auch anders **denken** (psychologische Ebene), was sich ebenfalls auf unsere Reaktion auf Reize und auf die tieferen Ebenen unseres Körpers auswirkt. Und je geschickter wir in der inneren Regulation werden, desto mehr können wir Interventionen anwenden, die direkt auf **das Nervensystem** abzielen (physiologische Ebene). Schließlich sind fortgeschrittene Meditierende dafür bekannt, dass sie ihren eigenen Hormonspiegel und Hormonfluss im Körper direkt beeinflussen können (neurochemische Ebene). Die Verortung dieser drei (oder sogar vier) Fähigkeitsebenen hat uns geholfen zu verstehen, wie die unterschiedlichen Resilienzinterventionen funktionieren und wie sie sich auf unsere Biophysiologie auswirken.

Lassen Sie uns ein Beispiel erwähnen, um zu verdeutlichen, wie diese Interventionen in drei verschiedenen Ebenen auf uns einwirken können. Eine Person, nennen wir ihn Millennial Mark, kämpft mit ständigen Ängsten. Er leidet unter übermäßiger Arbeitsbelastung und Zoom-Müdigkeit. Er bekommt nicht genug Schlaf. Den größten Teil seines Arbeitstages verbringt er vor dem Bildschirm. Und wenn er nach Hause kommt, verbringt er noch ein paar Stunden vor anderen Bildschirmen. Hauptsächlich mit Nahaufnahmen der Gesichter von Freunden und Anderen in den sozialen Medien, die sein Dopamin- und Aufmerksamkeitssystem kapern.[33] Eines Tages erhält Mark bei der Arbeit eine unhöfliche E-Mail. Wütend und gestresst schickt er fast eine böse Antwort zurück. Doch bevor er auf Senden drückt, hält er inne. Er atmet tief durch, um sich zu beruhigen, und nimmt seine Gedanken, seine Müdigkeit und seine Frustration einfach zur Kenntnis und akzeptiert sie. Schließlich erkennt er, dass es unklug wäre, wütend zu antworten. Er beschließt, darüber zu schlafen und morgen, wenn er sich beruhigt hat, zu antworten. Damit hat er seine Fähigkeit zur Emotionsregulation unter Beweis gestellt, zum Teil durch Atemübungen.

In diesem Beispiel sehen wir eine Form der Emotionsregulation, was eine von vielen Resilienzfähigkeiten ist. Aber diese Emotionsregulation kann für verschiedene Menschen unterschiedlich aussehen.

- Eine Person kann feststellen, dass sie sich nach einem 15-minütigen Spaziergang besser fühlt.
- Eine zweite Person könnte ihre Perspektive ändern, um sich zu beruhigen. Sie erinnert sich daran, dass die Person, die eine E-Mail geschickt hat, gerade ihre Mutter verloren hat und eine schwere Zeit durchmacht. Sie erkennt, dass es nicht um sie geht.
- Eine dritte Person, wie Mark, könnte Atemübungen und Achtsamkeitspraktiken anwenden.
- Eine vierte Person könnte Alkohol trinken, um sich zu beruhigen. Das funktioniert, aber am nächsten Tag hat sie einen Kater. Und wenn sie mehr konsumiert, beginnt sie sich vielleicht zu fragen, ob sie ihrem Chef nicht doch eine wütende E-Mail schicken sollte.

Die ersten drei Beispiele sind Resilienzfähigkeiten in Aktion. Alle zeigen verschiedene Formen der Emotionsregulation, um von einem belasteten Zustand in einen neutralen oder regenerativen Zustand zu gelangen. Das vierte Beispiel ist eindeutig eine suboptimale Methode.

Unsere Emotionen sind ein Ausdruck unser Körperenergiebudget und den Herausforderungen, die wir bewältigen müssen. Sie aktivieren das limbische System, was zu körperlichen Veränderungen, unter anderem in der Muskulatur, der Durchblutung und der Schmerzempfindlichkeit, führt. Starke Emotionen führen in der Regel zu einer Aktivierung sowohl des Nervensystems (sympathische Erregung) als auch des endokrinen Systems (Hormone wie Cortisol oder Dopamin). Eine geschickte Emotionsregulation muss auf beide Systeme einwirken. Wie hat nun die Emotionsregulation in den obigen Beispielen in Bezug auf die drei bereits erwähnten Ebenen von Fähigkeiten funktioniert?

- **Person eins ändert etwas auf der Verhaltensebene**. Sie verlässt die schwierige Situation und geht spazieren. Entscheidend ist, dass sich dadurch der Energiezustand des Körpers verändert. Das Gehirn nimmt mehr Energie im Körper wahr und das Ausmaß des Problems im Verhältnis zu den Emotionen nimmt ab. Dies wiederum führt zu einer Herunterregulierung des Nerven- und Hormonsystems. Die rhythmische Bewegung des Körpers beim Gehen lockert verspannte Muskeln, und die frische Luft und die Natur tragen zur allgemeinen Entspannung bei. Die Anwendung von Verhalten, insbesondere das Gehen, führt zu Veränderungen im Denken und im physiologischen Zustand der Person.
- **Person zwei verändert etwas auf der psychologischen Ebene**. Sie empfindet Mitgefühl für die Person, die gerade ihre Mutter verloren hat. Indem sie ihre Sichtweise ändert, sieht ihr Gehirn das Problem als weniger wichtig an und muss das Nerven- und Hormonsystem nicht so stark aktivieren. Somit muss sie nicht mehr auf die unangenehme E-Mail reagieren. Eine Veränderung der Perspektive und des Denkens führt zu Verhaltensänderungen und physiologischen Veränderungen.
- **Person drei, Millennial Mark, verändert etwas auf der physiologischen Ebene**. Er macht Atem- und Achtsamkeitsübungen. Er verlangsamt seine Atmung, löst sich von negativen Gedankenmustern und nimmt das Unbehagen in seinem Körper wahr und lässt es einfach sein. Ein ruhigeres Nerven- und Hormonsystem erlaubt ihm die bewusste Entscheidung, keine böse E-Mail zurückzuschicken. Dies ist eine physiologische Intervention, die zu Veränderungen in der Psyche und im Verhalten führt.
- **Person vier trinkt Alkohol**, was einer direkten Intervention auf neurochemischer Ebene entspricht. Alkohol führt zu einer gewissen Entspannung und Benommenheit und lindert ängstliches Denken. Dies ist jedoch kein nachhaltiges Verhalten im Berufsleben (selbst als Sommelier wird von Ihnen erwartet, dass Sie den Wein ausspucken). Wenn der „Kipppunkt" der Trunkenheit erreicht ist, könnte Person vier versucht sein, etwas zu tun, was sie später bereuen wird.

Welche Resilienzfähigkeiten sind am wirksamsten?

Unter Berücksichtigung der ersten drei Zugänge – Verhaltensänderung, Psychologie und physiologische Aktivierung – haben wir nach den wirksamsten Resilienzfähigkeiten gesucht. Dazu haben wir die Fachliteratur nach Fähigkeiten mit folgenden Eigenschaften durchsucht:

- **Messbar:** mit einem quantifizierbaren Effekt auf neurophysiologischer Ebene. Es gibt immer mehr Belege für die neurophysiologische und neurochemische Ebene von Resilienz.[34]
- **Trainierbar:** Sie können durch Training erworben und verbessert werden. Wir haben uns mehrere Metastudien angesehen. Eine davon kam zu dem Schluss, dass

„resilienzfördernde Interventionen die Resilienz im Vergleich zu Kontrollgruppen signifikant verbessern".[35]

- **Variierend:** Sie zeigen statistische signifikante Varianz zwischen Menschen in verschiedenen Forschungsstudien. Die Varianz ist vorhanden und wurde in mehreren Studien eindeutig nachgewiesen.[36]
- **Relevant und umsetzbar:** Fähigkeiten, die im Arbeitsleben relevant und umsetzbar sind. Hier haben wir uns in erster Linie auf die Fähigkeiten konzentriert, die notwendig sind, um unsere innere Landschaft an die Anforderungen sowohl der modernen Wissensarbeit und auch Arbeit in Produktionsbetrieben anzupassen.

Auf der Grundlage dieser Annahmen haben wir **12 Resilienzfähigkeiten** identifiziert. Sie sind in körperliche, geistig-emotionale und soziale Bereiche unterteilt. Diese 12 Fähigkeiten vermitteln wir unseren, um dabei zu helfen die Resilienz zu stärken. Und damit zu einer resilienten Unternehmenskultur beizutragen, in der Teams und das Unternehmen als Ganzes wir-resilienter sind.

Wir haben 12 Resilienzfähigkeiten identifiziert.

In drei zusammenhängenden Bereichen.

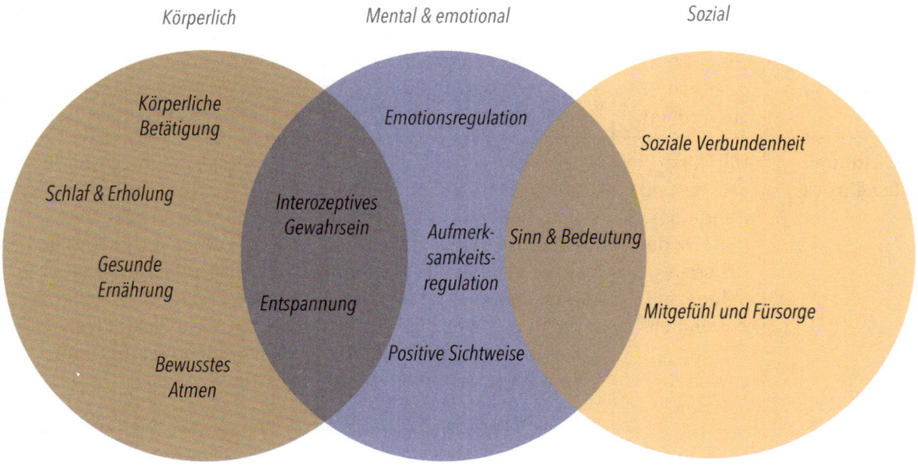

Körperlich
Mental & emotional
Sozial
Körperliche Betätigung
Schlaf & Erholung
Gesunde Ernährung
Bewusstes Atmen
Interozeptives Gewahrsein
Entspannung
Emotionsregulation
Aufmerksamkeitsregulation
Positive Sichtweise
Sinn & Bedeutung
Soziale Verbundenheit
Mitgefühl und Fürsorge

In der folgenden Tabelle werden diese 12 Fähigkeiten kurz erläutert.

Fähigkeiten	Definition	Physiologische Effekte (wie sie sich auf unsere Physiologie und Gesundheit auswirken)	Verhalten (was wir tun, um sie zu fördern)
Körperliche Betätigung	Die Fähigkeit, sich mit ausreichender Regelmäßigkeit und Intensität zu bewegen und zu trainieren.	Die Fähigkeit, das Herz-Kreislauf-System und die Muskulatur regelmäßig und mit ausreichender Intensität zu aktivieren. Verbessert die Gesundheit von Muskeln, Herz und Lunge, sowie die Funktion des Nerven-, Immun- und Verdauungssystems und die Stimmung. Erhöht zunächst die Aktivierung des Nervensystems, führt aber nach dem Training zu mehr Entspannung und positiver Stimmung.	Regelmäßige und ausreichende körperliche Betätigung für Ausdauer, Kraft oder Beweglichkeit, in Form von Sport, Walking, Yoga oder Fitnesstraining. Mäßig intensives Ausdauertraining 30 Minuten pro Tag, fünf Tage pro Woche. Oder intensives Training und Kombination von Flexibilitäts- und Krafttraining.
Erholung und Schlaf	Die Fähigkeit, mit ausreichender Regelmäßigkeit, Dauer und Qualität zu schlafen oder sich auszuruhen.	Die Fähigkeit zu schlafen und sich zu erholen, um die Regeneration der Körpersysteme zu aktivieren, Gewebe zu heilen und die Funktion des Immunsystems zu stärken. Dies führt zu einer besseren Stimmung, kognitiven Funktionen und allgemeinen Gesundheit sowie weniger Stress.	Regelmäßiger und ausreichender Schlaf und Erholung, unterstützt durch eine gute Schlafhygiene. Dazu können Schlaftagebücher, Schlaflabors, Schlaftracker, Pausenplanung und Erholung während des Tages gehören.
Gesunde Ernährung	Die Fähigkeit, gesunde Nahrungsmittel in der richtigen Menge und Zusammensetzung zu sich zu nehmen.	Die Fähigkeit, die richtigen Nährstoffe in der richtigen Menge zu sich zu nehmen, führt zu einer besseren allgemeinen Gesundheit, Gesundheit des Herzens und des Verdauungssystems sowie zu einer besseren Stimmung und geistigen Gesundheit und zu einem stärkeren Immunsystem.	Regelmäßiges, gesundes, ausgewogenes und maßvolles Essen mit einem gewissen Verständnis für Ernährung. Einführung gesunder Essgewohnheiten wie intermittierendes Fasten oder achtsames Essen.
Bewusstes Atmen	Die Fähigkeit, den Atem bewusst zu regulieren.	Die Fähigkeit, auf eine Weise zu atmen, die die Effizienz der Atemwege und die Sauerstoffversorgung optimiert und das Energieniveau verbessert. Dies führt zu mehr Energie, besserer Stimmung, weniger Stress und emotionaler Unausgeglichenheit sowie zu einer verbesserten Funktion des Immunsystems.	Regelmäßige, tiefe und langsame Atmung, hauptsächlich durch die Nase, unterstützt durch Achtsamkeit, Atemübungen, Körperhaltung oder Yoga.

Fähigkeiten	Definition	Physiologische Effekte (wie sie sich auf unsere Physiologie und Gesundheit auswirken)	Verhalten (was wir tun, um sie zu fördern)
Entspannung	Die Fähigkeit, die Aktivierung des Nervensystems bewusst zu verändern.	Die Fähigkeit, das autonome Nervensystem bewusst von der Aktivierung des Sympathikus auf die Aktivierung des Parasympathikus umzustellen, was zu Stressabbau, verbesserter Herzfunktion, besserem Schlaf und Konzentration sowie zur Stärkung des Vagusnervs führt. Allgemeine Verbesserung der Gesundheit, der Funktion des Immunsystems, der Energie und der Stimmung.	Regelmäßige und häufige Momente der Entspannung – auch inmitten von Aktivitäten. Lesen, in der Natur sein, etwas Beruhigendes tun, digitales Detox, Achtsamkeits- oder Mitgefühlsübungen.
Interozeptives Gewahrsein	Die Fähigkeit, innere physiologische Signale wahrzunehmen und angemessen darauf zu antworten (Interozeption).	Die Fähigkeit, durch die Funktion der Insula den eigenen physiologischen Zustand und die Aktivierung des limbischen Systems sowie die Valenz dieser Aktivierung zu erkennen. Ermöglicht eine bessere Stress- und Emotionsregulation und Management der körperlichen und ernährungsbedingten Gesundheit. Führt zu vielen Verbesserungen der Selbstregulation und der körperlichen und geistigen Gesundheit.	Innehalten, um den inneren Zustand wahrzunehmen. Reflexion, Tagebuchschreiben, Coaching, Nachdenken über die eigene Lebensgeschichte oder Achtsamkeitsübungen.
Aufmerksamkeitsregulation	Die Fähigkeit, die Aufmerksamkeit zu regulieren und aufrechtzuerhalten und mit Ablenkungen umzugehen.	Die Fähigkeit, den kognitiven Fokus auf eine Aktivität mit hoher Stabilität und geringer Anstrengung und Ablenkbarkeit aufrechtzuerhalten. Dies führt zu höherer Arbeitseffizienz, besserer Work-Life-Balance und Lern- und Entscheidungsfähigkeit, weniger Stress und besserer Emotionsregulation.	Single-Tasking, potenzielle Ablenkungen reduzieren, Digital Detox, in ruhigen Räumen arbeiten oder Achtsamkeitsübungen.

Fähigkeiten	Definition	Physiologische Effekte (wie sie sich auf unsere Physiologie und Gesundheit auswirken)	Verhalten (was wir tun, um sie zu fördern)
Emotionsregulation	Die Fähigkeit, unsere Emotionen für ein optimales physiologisches, verhaltensbezogenes und soziales Wohlbefinden zu regulieren.	Die Fähigkeit, die Aktivierung unseres limbischen Systems und damit unseren emotionalen Zustand zu regulieren, indem wir Emotionen, Gefühle, Gedanken und physiologische Zustände wahrnehmen, unterdrücken oder neu bewerten. Führt zu besserer Stimmung, weniger Angst, negativem Denken oder psychischen Erkrankungen, besseren zwischenmenschlichen Beziehungen und Entscheidungsfindung, mehr Selbstvertrauen und Lebenszufriedenheit.	Emotionen benennen oder darüber sprechen. Die Perspektive wechseln. Spazierengehen, kognitive Kontrolle oder Reframing, tiefes Atmen, Führen eines emotionalen Tagebuchs oder Achtsamkeitsübungen.
Positive Sichtweise	Die Fähigkeit, das Positive in Situationen zu sehen und realistisch optimistisch zu bleiben.	Die Fähigkeit die Aktivierung im linken Präfrontalen Kortex und in der Amygdala zu beeinflussen und somit positive Zustände, und positive Wahrnehmung zu kultivieren. Führt zu einer Stärkung der Belohnungssystem im Gehirn und zu einer verbesserten Emotionsregulation. Dies führt zu Stressreduktion, verbesserter Wahrnehmung, Aufmerksamkeit, Gedächtnisleistung, zwischenmenschlichen Beziehungen, Funktion des Immunsystems, Schlaf und vielen anderen gesundheitlichen Aspekten, einschließlich Langlebigkeit.	Wertschätzung der kleinen Dinge, Dankbarkeitstagebücher, Erlebnisse genießen, sich für Dinge Zeit nehmen, Achtsamkeits- oder Mitgefühlspraktiken.
Sinn & Bedeutung	Die Fähigkeit, Erfahrungen einen Sinn zu geben und mit einem größeren Lebenssinn verbunden zu bleiben.	Die Fähigkeit, Erfahrungen einen Sinn zu geben oder sich mit einem weniger selbstbezogenen Ziel zu verbinden, kann zu einer besseren Fähigkeit führen, Prioritäten zu setzen, mit Rückschlägen umzugehen und eine positive Einstellung beizubehalten. Dies hat positive Auswirkungen auf die Funktion des Immunsystems, die Emotions- und Aufmerksamkeitsregulation, zwischenmenschliche Beziehungen und die Gesundheit von Gehirn und Körper.	Lebenserfahrungen reflektieren. Tagebuch führen, Lebensberatung, Achtsamkeits- oder Kontemplationsübungen praktizieren.

Fähigkeiten	Definition	Physiologische Effekte (wie sie sich auf unsere Physiologie und Gesundheit auswirken)	Verhalten (was wir tun, um sie zu fördern)
Soziale Verbundenheit	Die Fähigkeit, sich kognitiv und emotional mit anderen zu verbinden. Sich häufig auf diese Verbindung einzulassen, um sich zugehörig zu fühlen.	Die Fähigkeit zu verstehen und zu fühlen, was andere erleben, es im eigenen Gehirn zu spiegeln, führt zu emotionaler Resonanz, besseren sozialen Beziehungen sowie Zusammenarbeit und einem Gefühl der Zugehörigkeit. Es führt auch zu einer besseren Emotionsregulation, einer positiveren Einstellung, weniger Stress, Angst und psychischen Erkrankungen sowie zu besserem Schlaf und Erholung.	Zeit mit Freunden und Familie verbringen, Haustiere, gesellige Abende mit Freunden, gut zuhören oder tiefgehende Gespräche führen.
Fürsorge und Mitgefühl	Die Fähigkeit, das Leiden anderer zu fühlen. Die Bereitschaft, anderen zu helfen.	Die Fähigkeit, unser Fürsorge/Oxytocin-System und unsere Belohnungssysteme in Beziehungen zu anderen Menschen zu aktivieren. Dies kann zu Stressabbau und Verbesserungen in verschiedenen Bereichen führen (Herzgesundheit, Stimmung, kognitive Kontrolle, psychisches Wohlbefinden, Funktion des Immunsystems). Es führt auch zu besseren zwischenmenschlichen Beziehungen, zu mehr Fürsorge für andere (was wiederum die geistige und körperliche Gesundheit anderer verbessert) und zu einem größeren Gefühl der Zufriedenheit und Sinnhaftigkeit.	Mitgefühlsübungen, Perspektivenwechsel, Konfliktlösung, Mentoring, ehrenamtliche Arbeit oder Hilfe für andere. Kleine Gesten der Freundlichkeit.

Weitere Informationen zu diesen Fähigkeiten finden Sie unter www.resilienzrevolution.info. Alle genannten Fähigkeiten haben, wie oben gezeigt, direkte physiologische Korrelate. Das bedeutet, dass sie entweder die Aktivierung unseres Nervensystems, unseres Hormon- oder Endokrinsystems, unseres Belohnungs- oder Dopaminsystems, unseres Fürsorge- oder Oxytocinsystems und vieler anderer Körpersysteme beeinflussen. Dies wirkt sich wiederum auf viele andere Aspekte unserer körperlichen, geistigen und emotionalen Gesundheit aus. Außerdem können sie trainiert werden, entweder auf der Ebene des Verhaltens, der Psychologie oder der Physiologie. Und deshalb sind sie auch für das Arbeitsleben von großer Bedeutung.

Als Autoren würden wir gern behaupten, dass wir jede dieser Fähigkeiten beherrschen und nie gestresst sind – dass wir in einem Zustand permanenter, produktiver Euphorie herumschweben und diese 12 Resilienzfähigkeiten wie geübte Resilienz-

Ninjas nach Belieben einsetzen. Aber lassen sie uns ehrlich sein: Wir sind Menschen. Wir haben Stärken und Schwächen, wenn es um diese Fähigkeiten geht. Liane ist von Natur aus sportlich, sehr meditationserfahren und hat eine starke Verbindung mit ihrem Lebenssinn. Aber sie ist nicht die beste Schläferin und hat eine Vorliebe für Kuchen und das eine oder andere süße Welpenvideo im Internet (oder vielleicht zehn). Chris schläft wie ein Löwe, hat einen ruhigen und tiefen Atem und hält sich für einen positiven Menschen. Aber er nascht ab und zu gern ein Haribo, hat keine natürliche Begabung zum Meditieren wie Liane und zieht die Einsamkeit sozialen Kontakten vor. Die folgende Tabelle zeigt die Stärken (grün) und Schwächen (orange) von Chris und Liane in Bezug auf die 12 Resilienzfähigkeiten von Awaris.

Fähigkeit	**Chris**	**Liane**
Körperliche Betätigung	Kein Naturtalent. Es war nie zu erwarten, dass er für die deutsche Fußballnationalmannschaft spielen würde. Aber er trainiert viel und hat seine sportlichen Fähigkeiten entwickelt.	Eine natürliche Athletin, die sich in jeder Sportart zuhause fühlt und immer noch sehr konkurrenzfähig ist.
Erholung und Schlaf	Ein natürliches Talent. Achtet auf eine gute Schlafhygiene.	Hat manchmal damit zu kämpfen.
Gesunde Ernährung	Hat von Natur aus einen etwas ungesunden Appetit. Isst jetzt im Allgemeinen gesund, vor allem dank seiner Frau und seiner beiden Töchter. Schwäche: Lindt.	Hat im Allgemeinen einen gesunden Appetit, vergisst aber häufig, sich die Zeit für eine gesunde Ernährung zu nehmen. Kryptonit: Scharfe Nudelsuppen.
Bewusstes Atmen	Im Allgemeinen gute Haltung und tiefe Atmung.	Hat immer eine sehr gute Haltung.
Entspannung	Entspannt sich leicht und natürlich.	Eher feurig, weniger natürlich entspannt. Hat daran gearbeitet.
Interozeptives Gewahrsein	Anfangs sehr schlecht, kein Naturtalent. Hat daran gearbeitet.	Sehr ausgeprägte Beherrschung des interozeptiven Gewahrseins, hat als Bodyworker gearbeitet und ein umfangreiches Training absolviert.
Aufmerksamkeitsregulation	Im Allgemeinen recht gut, rutscht manchmal in Zerstreuung ab.	Im Allgemeinen gut im Single-Tasking, nutzt das Telefon aber auch übermäßig und wird zerstreut.
Emotionsregulation	Nicht von Natur aus gut in diesem Bereich. Hat Emotionen im Allgemeinen unterdrückt oder ignoriert. Hat daran gearbeitet, sie mehr zu integrieren.	Beherrscht die Emotionsregulation perfekt, nutzt auch den bewussten Ausdruck von Emotionen, um Situationen zu verändern.
Positive Sichtweise	Im Allgemeinen positiv, gesellig und sieht das Gute in den Menschen. Die Leute fragen sich manchmal, was sein Geheimnis ist.	Ist überaufmerksam gegenüber Risiken und Problemen, kann sich in negativem Denken verfangen.

Fähigkeit	Chris	Liane
Sinn & Bedeutung	Im Allgemeinen mit seinem Lebenssinn verbunden.	Sehr stark in der Aufrechterhaltung ihres Lebenssinnes.
Soziale Verbundenheit	Häufig schwach – genießt soziale Kontakte, bevorzugt aber auch ruhige Zeiten in der Natur und zieht sich zurück.	Stark, gibt und bezieht viel Energie aus sozialen Situationen.
Fürsorge und Mitgefühl	Angemessenes Selbstmitgefühl, drückt seine Fürsorge für andere aber nicht so stark aus.	Manchmal eher selbstkritisch, aber auch stark in der Ausdehnung von Fürsorge und Mitgefühl auf andere.

Also, die Wahrheit ist raus: Wir sind nicht perfekt. Wir haben Stärken und Schwächen. Aber das trifft auf uns alle zu. Es geht nicht darum, diese 12 Resilienzfähigkeiten perfekt zu beherrschen (viel Glück beim Versuch, sie alle auf einmal zu meistern, im Ernst). Es geht vielmehr darum, sein eigenes Resilienzprofil zu verstehen. Zu versuchen, die Fähigkeiten in jenen Bereichen zu entwickeln, in denen wir schwächer sind, damit wir resilienter werden können. Und wenn wir dies auf Team- und Organisationsebene tun, können wir damit beginnen, dem gesamten Unternehmen ein Gefühl der Wir-Resilienz zu vermitteln und eine resiliente Arbeitskultur zu schaffen. Vielleicht wollen Sie sich bei Gelegenheit einen Augenblick Zeit nehmen, um die Tabelle oben für sich selbst auszufüllen oder zu reflektieren.

Resilienzfähigkeiten erfassen

Die Ungeduldigen unter Ihnen werden nun vielleicht denken: „Aber woher soll ich mein eigenes Resilienzprofil kennen? Woher soll ich wissen, wo meine Stärken und Schwächen liegen?“ Also haben wir auf der Grundlage dieser Liste von 12 Resilienzfähigkeiten wir ein Assessment-Tool entwickelt. Die Datenerhebung dauert etwa acht bis zehn Minuten, und im Anschluss erhalten Sie einen Bericht, der Ihnen hilft, Ihren Stress, Ihre bereits ausgebildeten Fähigkeiten und die Fähigkeiten, in denen Sie sich verbessern können, besser zu verstehen. Der Bericht hilft den Menschen, ihre Stärken in jeder dieser Fähigkeiten zu erkennen. Und wir glauben, dass er sehr nützlich ist. Entscheidend ist, dass wir jeder Person, die wir erfassen, drei Fragen zu jeder Fähigkeit stellen.

- **Anwendung der Resilienzfähigkeit:** Die erste Frage ist, ob die Person diese Fähigkeit oder dieses Verhalten regelmäßig anwendet. Ziemlich offensichtlich. Aber ein notwendiger erster Schritt.
- **Anwendung unter Stress:** Die zweite Frage bezieht sich darauf, ob sie diese Fähigkeit oder dieses Verhalten auch unter Stress anwenden kann. Wenn also in der ersten

Frage gefragt wurde, ob jemand regelmäßig Sport treibt oder sich bewegt, wird hier gefragt, ob er dies auch unter Stress weiterhin regelmäßig macht.

- **Allgemeine Kompetenz:** Schließlich wird gefragt, ob sich die Person in dieser Fähigkeit kompetent fühlt oder nicht. Zum Beispiel, ob sie sich fit und gesund fühlt, ob sie gut schläft oder ihre Emotionen im Allgemeinen regulieren kann.

Dies hilft uns, sowohl die Anwendung der Fähigkeit – auch unter Stress – als auch die allgemeine Kompetenz der Fähigkeit in Bezug auf eine Person zu verstehen.

Das Gleichgewicht unserer Resilienzfähigkeiten verstehen: die Analogie der Resilienzbatterie

Eine Möglichkeit, dies zu veranschaulichen, ist das Bild einer Batterie.

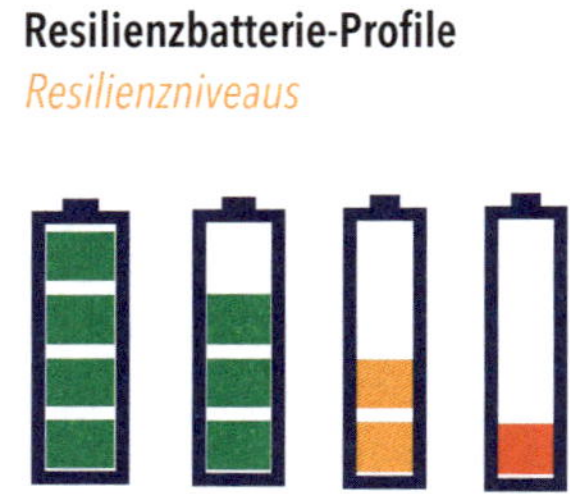

In dieser Metapher ist Ihre Resilienz eine Batterie. **Der Ladezustand – grün, gelb oder rot – ist Ihr Resilienzwert.** Wir berechnen den Resilienzwert, indem wir Punkte für Fähigkeiten vergeben, die Sie beherrschen oder regelmäßig anwenden. Für Fähigkeiten, die nicht entwickelt sind, ziehen wir Punkte ab. Unser Engagement für resilienzfördernde Verhaltensweisen trägt also zum Ladezustand der Batterie bei. Was die Größe der Batterie betrifft, so haben einige von Natur aus eine größere Batterie, andere eine kleinere. Aber der *Ladezustand* der Batterie wird nicht durch Veranlagung oder Erziehung bestimmt, sondern dadurch, inwiefern die Resilienzfähigkeiten auch angewandt werden. Wie schnell sich die Batterie entlädt, hängt davon ab, welchem Stress man ausgesetzt ist und wie lange man die Batterie entlädt.

Die Entladungsrate der Resilienzbatterie kann als eine Kombination aus der **Stressbelastung** (der Anzahl der Stressfaktoren, denen wir ausgesetzt sind) und dem **empfundenen Stress** (wie sehr wir uns dadurch gestresst fühlen) betrachtet werden. Zu den Stressfaktoren am Arbeitsplatz gehören beispielsweise ein hohes Arbeitspensum, Unsicherheit über den Arbeitsplatz, Konflikte mit Kollegen oder ein (zumindest in den eigenen Augen) „böser" Chef. Private Stressfaktoren können finanzielle Sorgen, Konflikte mit dem Partner oder die Pflege eines Familienmitglieds sein. Diese beruflichen und privaten Stressoren summieren sich zu unserer **objektiven Stressbelastung**.

Auf der anderen Seite steht das Stressempfinden. Dies ist die subjektive Stressbelastung, d. h. die gefühlte Erregung unseres Nervensystems und die emotionale Valenz (positiv oder negativ) als Reaktion auf diese Stressoren. **Die Kombination aus objektiven und subjektiven Faktoren bestimmt unsere Gesamtstresstemperatur.** Es ist wichtig, die objektiven Stressfaktoren zu berücksichtigen, denn auch wenn wir uns durch sie nicht gestresst fühlen, stellen sie dennoch eine Belastung für unser System dar. Die folgende Abbildung zeigt anhand von vier Beispielen, wie hoch Temperatur sein könnte. Die beiden Beispiele auf der rechten Seite stehen für eine schnelle Entladung, wobei das Beispiel oben rechts die größte Belastung darstellt.

Stresstemperatur.

Visuelle Darstellung von Stressbelastung vs. Stressniveau ergibt die Entladungsrate.

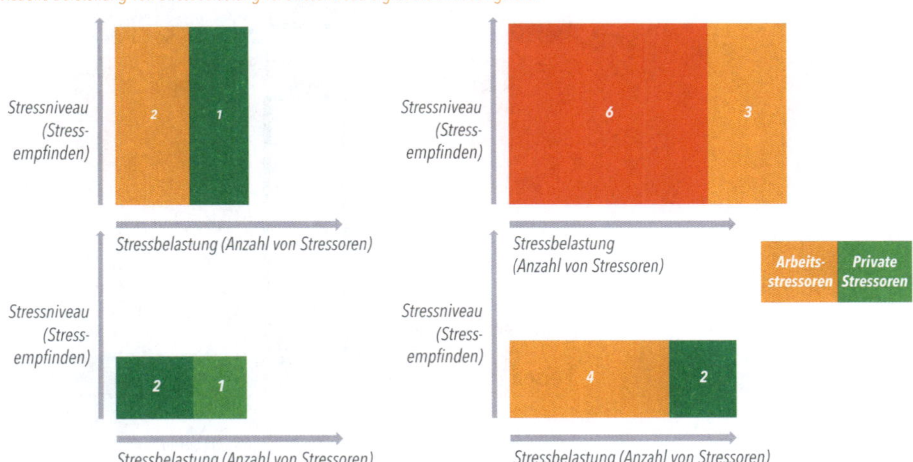

Die Kombination unserer Resilienzniveaus, unserer Anwendung der Resilienzfähigkeiten und unserer Stresstemperatur ergibt ein Gesamtbild der Resilienzbatterie:

Unsere Resilienzbatterie.

Aufladung, Ladezustand und Entladung.

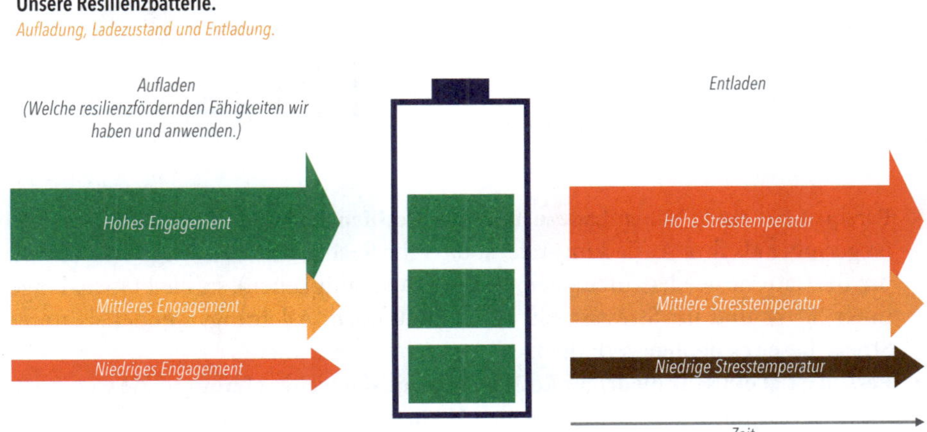

Um dies besser zu verstehen, sehen Sie sich die folgenden drei Beispiele für Profile von Resilienzbatterien an.

Drei verschiedene Resilienzbatterie-Profile.

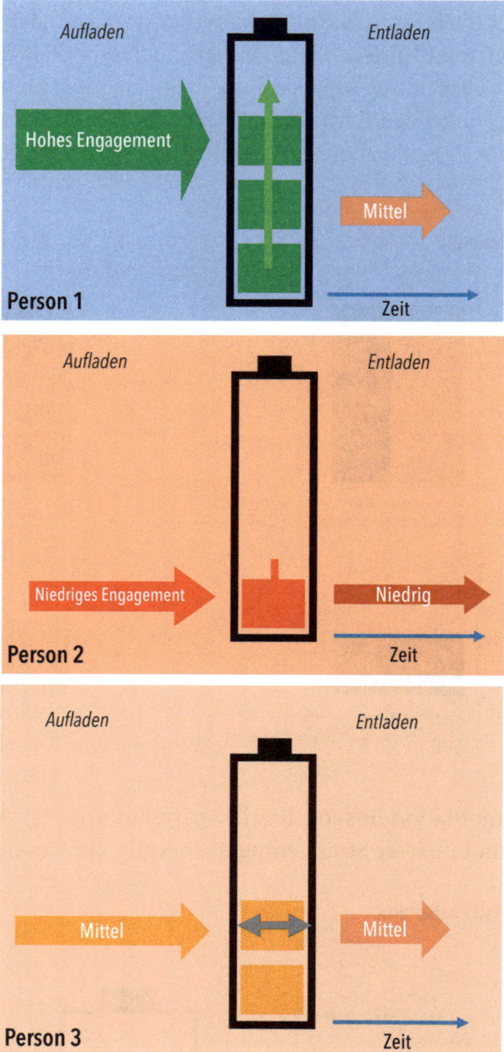

- **Person 1 hat einen hohen Ladezustand der Resilienzbatterie.** Ihre Entladungsrate ist geringer als ihre Aufladungsrate, sodass ihr Resilienzniveau steigt. Sie tut viel, um die Batterie wieder aufzuladen (mit Resilienzfähigkeiten), sie bleibt nicht lange unter Stress und ihr Stressniveau ist nicht zu hoch. Allerdings wendet sie unter Stress diese resilienten Verhaltensweisen nicht immer an.
- **Person 2 hat ein sehr niedriges Resilienzniveau, das weiter abnimmt.** Sie war lange Zeit gestresst, ihre resilienzfördernden Verhaltensweisen haben nachgelassen, so-

dass sie ihre Batterie nicht wieder aufladen kann. Sie ist auch anhaltendem Stress ausgesetzt, was bedeutet, dass ihre Entladungsrate weiterhin hoch ist, höher als ihre Aufladungsrate.

- **Person 3 besitzt ein mittleres Maß an Resilienz, das stabil ist.** Sie hat ein gewisses Maß an Resilienzfähigkeiten, aber kein hohes Maß. Sie ist ständig gestresst und entlädt daher Resilienzenergie, aber nicht in hohem Maße.

Vielleicht haben Sie jetzt die Möglichkeit, sich selbst ehrlich einzuschätzen. Was glauben Sie, wie Ihre Resilienzbatterie aussieht? Wie würde Ihre Resilienzverhalten dem Stress standhalten? Sind Sie eher Person eins, zwei oder drei? Wenn Sie neugierig geworden sind, können Sie unsere Online-Selbsteinschätzung ausprobieren, um es herauszufinden.

Wie wir Resilienzbatterieprofile verwenden

Auf der Grundlage dieses Ansatzes können wir den Ladezustand der Resilienzbatterie von Menschen darstellen und Profile ihrer Stressbelastung erstellen. Dies kann dem Einzelnen helfen zu verstehen, wie ausgewogen seine Resilienzfähigkeiten, sein Resilienzniveau und seine Stresstemperatur sind – oder, in den meisten Fällen, wie unausgewogen sie sind. Sie können auch herausfinden, ob sie ihre Resilienzbatterie aufladen oder entladen. **Diese Art, den Ladezustand unserer Resilienzbatterie zu verstehen, hilft uns, die unterschiedlichen Reaktionen auf Stress zu erklären.** Ein Beispiel hilft vielleicht, dies zu verstehen. Wir haben einmal mit einem Team gearbeitet, das seit einiger Zeit unter großem Druck stand. Ein Teammitglied, Jun, war mit einigen Herausforderungen aufgewachsen. Sie schien nicht sehr belastbar zu sein. Sie war sich jedoch ihrer Grenzen bewusst und hatte im Laufe der Jahre gelernt, sich auszuruhen, Sport zu treiben, Yoga zu machen und sich immer Zeit für ihre Freunde zu nehmen.

In fast direktem Gegensatz zu ihr stand Georg, der eindeutig körperlich stark war und entschlossen und selbstbewusst wirkte. Im Grunde war er ein Fels in der Brandung, auf den sich alle Mitarbeitende verlassen konnten. Er war mit einer großen Resilienzbatterie gesegnet, die voll zu sein schien. Doch mit der Zeit fielen uns zwei Dinge auf. Jun blieb ausgeglichen und anpassungsfähig, und obwohl sich einige der aufeinander folgenden Schocks, mit denen das Team konfrontiert war, in ihrem Gesicht widerspiegelten, erholte sie sich immer wieder. Dies lag daran, dass sie ihre Resilienzfähigkeiten beibehielt und darauf achtete, sich nicht zu verausgaben.

Georg hingegen, der anfangs resilient schien, erholte sich nicht so leicht. Nach einer Weile schlief er nicht mehr gut. Er wurde zuerst emotional mürrisch, dann ein wenig zynisch und negativ. Georg hatte es nie nötig gehabt, bewusst auf seine Resilienzfähigkeiten zu achten. Er griff einfach auf seine Reserven zurück, wenn er sie brauchte, und erholte sich ausreichend am Wochenende, wenn er müde war. Doch diesmal konnte er den monatelangen Druck nicht einfach so wegstecken. Obwohl er anfangs über ein hohes Resilienzniveau verfügte, wurde die ständige Entladung durch die hohe

Stresstemperatur nicht wieder durch seine Aufladungsrate ausgeglichen. Jun hatte von Anfang an keine großen Batteriereserven, sodass sie das Aufladen nicht ignorieren konnte und gelernt hatte, sie gut zu halten. Paradoxerweise schnitt sie in diesem Szenario besser ab als Georg. Dies zeigt, dass Resilienzfähigkeiten eine wichtigere Rolle spielen als ‚von Natur aus' resilient zu sein.

Sind Resilienzfähigkeiten tatsächlich wirksam?

Sie sollten nicht nur unser Wort oder diese Fallstudien als Nachweis für Resilienzfähigkeiten nehmen. Eine der ersten Fragen, die wir uns bei der Untersuchung der Resilienzdaten stellten, war die nach der Relevanz dieser Fähigkeiten. Hat der Erwerb dieser Fähigkeiten zur Resilienz oder zur Stressreduktion beigetragen? Wie relevant war dieser Beitrag? Die Antworten, die wir von 1.200 Befragten erhalten haben, sind eindeutig: Die Anwendung von Resilienzfähigkeiten korreliert stark mit verbesserten Resilienzresultaten und Stressreduktion. Werfen Sie einen Blick auf die folgende Abbildung. Aus unseren Daten geht hervor, dass das Ausüben von Resilienzfähigkeiten 39 % der Varianz des Stressempfindens erklärt, während die Stressorenbelastung nur 18 % erklärt. Mit anderen Worten: Unsere Resilienzfähigkeiten haben einen größeren Einfluss auf die Verringerung unseres Stressniveaus – und damit auf unsere Resilienz – als die Anzahl der Stressoren, denen wir ausgesetzt sind, den Stress steigert. Dieser Zusammenhang gilt jedoch nur bis zu einem gewissen Grad, wie wir in einem späteren Kapitel erläutern werden.

Resilienzfähigkeiten helfen, Stress zu regulieren.

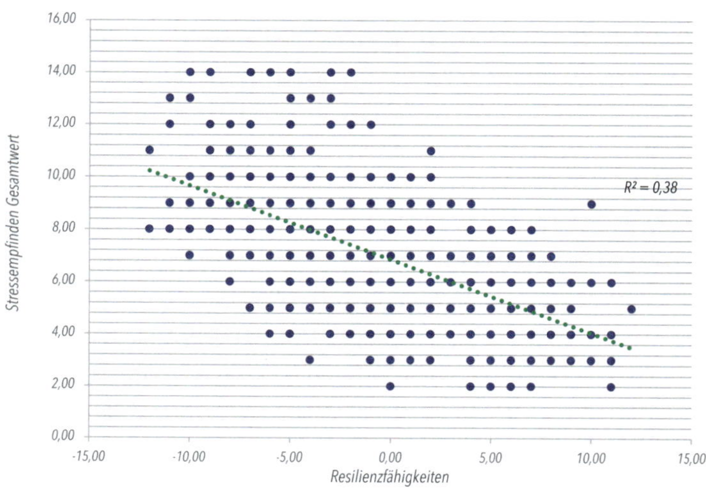

F: Was ist der größte Prädiktor für das Stressempfinden? Resilienzfähigkeiten oder Stressoren?

A: Resilienzfähigkeiten!

- *Der Resilienzbilanzwert sagt 38% des Stressempfindens voraus – je höher die Ressourcen der Resilienzfähigkeit, desto geringer der Stress.*
- *Der Gesamtwert der Stressoren sagt nur 18% des Stressempfindens voraus.*

Unsere Daten deuten darauf hin, dass das Stressempfinden leicht ansteigt, wenn Menschen im Alltag mit mehr Stressoren konfrontiert werden. Dieser Effekt ist jedoch nicht so stark wie die Reduktion von Stress durch die Anwendung von Resilienzfähigkeiten.

Welche Fähigkeiten haben den größten Einfluss auf die Resilienz?

Darüber hinaus haben wir auch untersucht, welche Fähigkeiten sich nach eigener Einschätzung der Menschen am stärksten auf ihre Resilienz auswirken. Auch hier ergab sich ein interessantes Bild. Die folgende Abbildung zeigt, welche vier Resilienzfähigkeiten am stärksten mit Resilienz korrelieren und zusammen 33 % der Varianz der Resilienz in unseren Daten erklären.

N = 460 Teilnehmende des Resilienz 3.0 Screening

Ergänzend haben wir detaillierte Vergleiche zwischen unseren Resilienzfähigkeiten und verschiedenen Studien zu Resilienzfähigkeiten, Resilienzverhalten und Resilienzmerkmalen durchgeführt. Diese sind im Anhang und online unter www.resilienzrevolution.info zu finden. In diesem Abschnitt gehen wir auf die einzelnen Fähigkeiten näher ein, betrachten die verfügbaren Forschungsergebnisse zu diesen Fähigkeiten und geben allgemeine Ratschläge, wie sie kultiviert werden können.

Obwohl die oben angeführten Daten im Durchschnitt zutreffend sind, haben wir große Abweichungen festgestellt, die von der untersuchten Zielgruppe und ihren spezifischen Stressfaktoren abhängen. Nicht jeder Stress ist gleich und nicht alle Menschen sind gleich. Wir haben zum Beispiel folgende Beobachtungen gemacht:

- Bei einer großen Gruppe von Menschen, die im juristischen Bereich arbeiten und die sich durch ein hohes Maß an Perfektionismus und ein ausgeprägtes negatives Denken auszeichnen, waren Selbstmitgefühl und eine positive Sichtweise am besten geeignet, um die Resilienz dieser Personengruppe vorherzusagen. Die Betonung von Selbstmitgefühl und positiver Sichtweise kam bei dieser Gruppe gut an.
- Bei einer großen Gruppe von Personalfachleuten, die für eine weltweit verstreute Belegschaft arbeiten und einem hohen Maß an Stress durch Veränderungen und Unsicherheit ausgesetzt sind, fanden wir heraus, dass ihre soziale Verbundenheit der beste Prädiktor für ihre Resilienz war. Dies war besonders interessant, da sie

in der Zeit nach COVID mehr von zuhause aus arbeiteten und weniger direkten Kontakt zu ihren internationalen Mitarbeitenden hatten. Ihre Soziale Verbundenheit hatte also in den letzten Jahren gelitten, und darauf konzentrierten wir uns beim Aufbau ihrer Resilienz.
- Bei einer großen Gruppe von Managern mit einer sehr hohen Arbeitsbelastung war ihre Fähigkeit der Aufmerksamkeitsregulation der beste Indikator für ihre Resilienz. Allein ihre Fähigkeit, sich zu konzentrieren und Dinge zu erledigen, hatte den größten Einfluss auf ihr eigenes Stressniveau. Darüber hinaus waren sie überwiegend männlich und hatten erwachsene Kinder, sodass ihre familiären Verpflichtungen nicht allzu sehr zu ihrem Stress beitrugen – es war einfach die hohe Arbeitsbelastung, die sie am meisten belastete.

Wir werden in späteren Kapiteln genauer beschreiben, wie wir diese Fähigkeiten bei den Menschen aufbauen. Was die Daten jedoch deutlich gezeigt haben, sind einige wichtige Lektionen:

- Es ist wichtig, seine Stärken zu kennen und sich daran zu erinnern, dass es Stärken sind, weil wir sie ausüben – nicht, weil es unveränderliche Stärken sind. Es ist also gut, unsere Stärken in Bezug auf die Resilienzfähigkeiten, die wir beherrschen, zu kennen und sie nicht zu vernachlässigen. Wenn wir gut schlafen, ist es trotzdem gut, auf Schlafhygiene zu achten. Und wenn wir uns ohne Ablenkung konzentrieren können, ist es gut, dies regelmäßig zu üben.
- Es ist auch sehr wichtig, an den größten Schwächen zu arbeiten, die wir haben – die Bereiche, die offensichtlich unsere größten Defizite darstellen. Für die einen ist das vielleicht die Emotionsregulation, für die anderen der Schlaf oder soziale Beziehungen.

Wenn wir also unsere Stärken in den Resilienzfähigkeiten beibehalten und an unseren größten Schwächen arbeiten, wird sich der Ladezustand unserer Resilienzbatterie am schnellsten verändern.

Für diejenigen, die beharrlich dranbleiben und tatsächlich versuchen, einige Resilienzfähigkeiten zu meistern, ist der potenzielle Nutzen groß. Dieser wird sich in einer volleren Resilienzbatterie zeigen, die mit der Zeit von Rot oder Orange auf Grün wechseln könnte. Sie könnten feststellen, dass ihr Engagement für Resilienzfähigkeiten die Entladung der Batterie in stressigen Zeiten verlangsamt. Einfach ausgedrückt: Sie werden nach und nach zu einem resilienteren Menschen. Und Sie werden auch sogenannte Resilienzkompetenzen entwickeln, die wir im nächsten Kapitel behandeln werden.

KERNAUSSAGEN DIESES KAPITELS

- Wir betrachten Fähigkeiten als erlernte Verhaltensweisen, die durch Training, Übung oder Lebenserfahrung erworben werden können.
- Wir sehen Resilienz als eine Reihe von trainierbaren Fähigkeiten, die unsere Biophysiologie beeinflussen müssen, um wirksam zu sein.
- Resilienzfähigkeiten können auf drei Ebenen trainiert werden: auf der Ebene des Verhaltens, der Psychologie und der Neurophysiologie.
- Wir haben 12 Resilienzfähigkeiten identifiziert, die messbar, trainierbar, eine hohe Varianz zwischen Menschen aufweisen, relevant und umsetzbar sind.
- Diese sind: Bewegung und Sport, Schlaf und Erholung, gesunde Ernährung, bewusste Atmung, Entspannung, interozeptive Wahrnehmung, Aufmerksamkeitsregulation, Emotionsregulation, positive Sichtweise, Sinn und Bedeutung, soziale Verbundenheit und Mitgefühl und Fürsorge.
- Wir alle haben ein natürliches Maß an Resilienz (unsere Batterieladung). Durch das Üben von Resilienzfähigkeiten können wir unsere Resilienz erhöhen (unsere Batterie aufladen) und in stressigen Zeiten resilienter werden (die Entladung der Batterie verlangsamen).
- Unsere Reaktion auf Stress und die Entladungsrate der Batterie hängen von einer Kombination aus objektiver Stressbelastung und empfundener Stressbelastung ab.
- Die empfundene Stressbelastung nimmt zu, wenn Menschen mehr Stressoren ausgesetzt sind. Aber dieser Effekt ist nicht so stark wie die Verringerung der Stressbelastung, die Menschen durch das Üben von Resilienzfähigkeiten erfahren.
- Unsere Befragungen deuten darauf hin, dass einige Menschen von Natur aus eher zu bestimmten Resilienzfähigkeiten neigen als zu anderen, insbesondere zur Sozialen Verbundenheit und zu einer positiven Sichtweise.
- Eine weitere detaillierte Aufschlüsselung unserer 12 Resilienzfähigkeiten finden Sie online.

KAPITEL 4: RESILIENZ-KOMPETENZEN UND -PROFILE

Wir alle erleben Herausforderungen am Arbeitsplatz. Das gilt sicher auch für Sie. Vielleicht wurde Ihre Arbeit von Ihrem Chef vor anderen kritisiert. Am liebsten würden Sie Ihrem Chef sagen, … (und sich die besten Beleidigungen oder Schimpfwörter ausdenken). Aber stattdessen sitzen Sie da, mit roten Wangen, und schmoren vor Verlegenheit und Wut. Oder vielleicht haben Sie wochenlang an einer Idee oder einer Maßnahme gearbeitet und Ihr ganzes Herzblut hineingesteckt. Sie haben häufig bis spät in die Nacht und auch am Wochenende gearbeitet, um das Projekt so gut wie möglich zu machen. Doch anstatt ein „Dankeschön" für Ihre harte Arbeit zu bekommen, suchen Ihre Kollegen in einer Besprechung nur nach Schwachstellen. Niemand lobt Sie für Ihre Mühe, und Ihre Initiative wird abgewürgt. Oder Sie haben trotz aller Bemühungen irgendwie (kaum zu glauben) einen Rechenfehler in einer wichtigen Excel-Tabelle gemacht. Der Kunde weist Sie darauf hin, und unglücklicherweise erhält Ihr Chef die wütende E-Mail in Kopie.

Kommt Ihnen eines dieser Szenarien bekannt vor? Nun, wir haben Daten von 900 Personen gesammelt, die zwischen September 2022 und Februar 2023 das Awaris-Resilienz-Screening abgeschlossen haben, um Situationen wie diese zu untersuchen.[37] Unsere Daten zeigen, dass 44 % der Beschäftigten in der Lage sind, in herausfordernden Situationen wie dieser zumindest oberflächlich ruhig zu bleiben. Fast 60 % der Befragten fanden es jedoch schwierig, am Ende des Tages zur Ruhe zu kommen, sodass ihre Fähigkeit, sich zu entspannen und auszuruhen, beeinträchtigt war. Wir haben nicht gefragt, ob jemand seinem Chef gesagt hat, er solle sich verziehen, aber wir sind uns sicher, dass das auch mindestens ein paarmal passiert ist.

Wie kommt es, dass manche Arbeitnehmenden mehr unter Stress leiden als andere? Wovon hängt ihre Fähigkeit ab, sich von einem stressigen Tag wie dem oben beschriebenen zu erholen? Wie bereits erwähnt, betrachten wir das Ausüben von Resilienzfähigkeiten als ein wichtiges Unterscheidungsmerkmal, das diese unterschiedlichen Ergebnisse erklären kann. Wenn man mit solchen Herausforderungen konfrontiert ist, können Achtsamkeitsübungen, körperliche Betätigung, soziale Kontakte oder einfach eine gute Nachtruhe neben vielen anderen Fähigkeiten einen großen Unterschied bezüglich unserer Erholung machen. Jemand, der nach der Arbeit nach Hause geht und all diese Fähigkeiten anwendet, wird am nächsten Tag wahrscheinlich bereit sein, sich den aktuellen Herausforderungen zu stellen (auch wenn er immer noch Angst davor hat, sich die eigenen Fehler einzugestehen).

Aber in diesem Zusammenhang es gibt noch eine weitere Ebene, die es zu erforschen gilt. **Zusätzlich zu unseren 12 Resilienzfähigkeiten gibt es eine Metaebene. Eine Ebene, die wir Resilienzkompetenzen nennen.** Resilienzkompetenzen entstehen, wenn Menschen mehrere Resilienzfähigkeiten beherrschen. Sie umfassen ein breiteres Spektrum von Eigenschaften, die über spezifische Fähigkeiten hinausgehen. Sie stellen ein Verständnis des Gewahrseins, der Fähigkeiten und des Verhaltens dar, die erforderlich sind, um resilient zu bleiben, und die sich in der Regel über Jahre entwickelt haben (wir versprechen hier keine schnellen Lösungen. Resilienz ist ein lebenslanger Lernprozess).

Durch die Identifizierung dieser Kompetenzen sind wir in der Lage, individuelle Resilienzprofile zu erstellen. Die Zusammenfassung der 12 einzelnen Resilienzfähigkeiten zu Kompetenzen ermöglicht es uns, Muster auf einer höheren Ebene zu finden, die leichter zu begreifen sind. Von hier aus heben wir **drei Resilienzkompetenzen** mit unterschiedlichen Merkmalen und Stärken hervor. Diese sind: **achtsame Selbstregulation, gesunde Gewohnheiten** und **soziale Integration**. Wir haben diese Kompetenzen nicht einfach nach unserem Bauchgefühl gruppiert, sondern eine statistische Faktorenanalyse der 12 Fähigkeiten durchgeführt, um zu sehen, wie sie sich gruppieren.

Wenn Sie wissen, über welche Resilienzkompetenzen Sie oder Ihre Mitarbeitenden verfügen, können Sie gezielte Interventionen entwickeln. Die Resilienzkompetenzen bieten auch einen aufschlussreichen Überblick über die spezifischen Herausforderungen, mit denen eine Organisation konfrontiert ist. Und sie ermöglichen es uns, spezifische Empfehlungen zu geben, wie diese am besten angegangen werden können. Die folgende Tabelle zeigt, wie unsere 12 Resilienzkompetenzen zu diesen drei Haupttypen von Resilienzkompetenzen zusammengefasst werden können.

Drei zentrale Resilienzkompetenzen.
Die statistische Analyse führt zu einer Clusterung der Fähigkeiten.

	Resilienzkompetenzen		
Fähigkeiten & Handlungsweisen	**1. Achtsame Selbstregulation**	**2. Gesunde Gewohnheiten**	**3. Soziale Integration**
Körperliche Betätigung		•	
Schlaf & Erholung		•	
Gesunde Ernährung		•	
Bewusstes Atmen	•		
Entspannung	•	•	
Selbst-Gewahrsein	•		
Aufmerksamkeitsregulation	•		
Emotionsregulation	•		•
Positive Sichtweise	•		•
Sinn & Bedeutung			•
Soziale Verbundenheit			•
(Selbst)Mitgefühl und Fürsorge	•		•

Wie die obige Tabelle zeigt, tendieren die „Achtsamen Selbstregulatoren" dazu, in den Resilienzfähigkeiten Bewusstes Atmen, Entspannung, Selbstwahrnehmung, Aufmerksamkeitsregulation, Emotionsregulation und Positive Sichtweise gut abzuschneiden. Personen mit „Gesunden Gewohnheiten" sind am besten in den Fähigkeiten Körperliche Betätigung, Erholung und Schlaf, Gesunde Ernährung und Entspannung. Die Gruppe mit der Kompetenz der „Sozialen Integration" verfügt am ehesten über die Resilienzfähigkeiten Emotionsregulation, Positive Sichtweise, Verbindung mit einem Lebenssinn, Soziale Verbundenheit und Mitgefühl. Betrachten wir diese drei Typen von Resilienzkompetenzen etwas genauer.

1. Achtsame Selbstregulation

Häufigkeit: 26 % der Befragten verfügen über diese Kompetenz.

Zentrale Merkmale:

- Regelmäßige Anwendung von Entspannungs- und Atemtechniken.
- Hohe Selbstwahrnehmung und innere Konzentration.
- Starke Fähigkeit, die Aufmerksamkeit neu zu fokussieren und Grübeln zu stoppen.
- Hohes Selbstmitgefühl, wenig negative Selbstgespräche.
- Fähigkeit, Nein zu übermäßigen Anforderungen zu sagen, und Bewusstsein der eigenen Grenzen.

Personen in der Kompetenzkategorie Achtsame Selbstregulation zeichnen sich durch die Anwendung von Achtsamkeitstechniken und -praktiken aus. **Personen, die in dieser Kompetenz eine hohe Punktzahl erreichen, stimmen dreimal häufiger zu, regelmäßig Entspannungs- oder Achtsamkeitsübungen wie Yoga oder Meditation anzuwenden.** Sie neigen dazu, Zeit in die Entwicklung ihrer inneren Regulationsfähigkeit zu investieren. Sie sind eher in der Lage, ihre Körperempfindungen wahrzunehmen und Stress frühzeitig zu regulieren, bevor er überwältigend wird.

Sie können die Auswirkungen negativer Selbstgespräche, die häufig mit Stresssituationen einhergehen (z. B. „Ich bin ein Versager", „Die Leute mögen mich nicht", „Ich kann nie etwas richtig machen"), verringern, indem sie selbstmitfühlend antworten. Sie stimmen zum Beispiel viermal häufiger zu, dass sie sich selbst Fürsorge und Wohlwollen schenken, wenn sie durch schwierige Zeiten gehen. Diese Fähigkeiten kommen den Achtsamen Selbstregulatoren während des Arbeitstages zugute: Sie lassen sich weniger leicht ablenken und können sich besser auf eine Aufgabe konzentrieren.

Größte Auswirkung auf die nachhaltige Arbeitsleistung durch bessere Konzentrationsfähigkeit und ein geringeres Maß an chronischem Stress. Starke Fähigkeit, Schwierigkeiten innerlich zu bewältigen und innere Zustände zu verändern. Personen, die nur in dieser Resilienzkompetenz hohe Werte erreichen, verlassen sich in einem zunehmend kooperativen und interdependenten Arbeitsumfeld aber möglicherweise zu sehr darauf, dass sie die Dinge allein in den Griff bekommen.

2. Gesunde Gewohnheiten

Häufigkeit: 24 % der Menschen haben diese Kompetenz.

Zentrale Merkmale:

- Legt Wert auf gesunde Lebensgewohnheiten.
- Legt Wert darauf, sich fit und energiegeladen zu fühlen.
- Isst zu Mittag die gesunde Variante.
- Treibt regelmäßig Sport und ist körperlich aktiv.
- Guter Schlaf hat Priorität.

Menschen, die in der Kompetenz Gesunde Gewohnheiten gut abschneiden, haben in der Regel feste Routinen, die sie zu jeder Zeit befolgen. Während die meisten Menschen dazu neigen, gesunde Gewohnheiten in stressigen Zeiten aufzugeben, setzen Menschen mit der Kompetenz Gesunde Gewohnheiten noch einen drauf. **Sie legen Wert auf Bewegung, gesunde Ernährung und Schlaf – vor allem dann, wenn sie gestresst sind.**

Aufgrund ihrer gesunden Gewohnheiten geben weniger als 10 % der Befragten mit dieser Kompetenz an, dass sie im letzten Monat Schwierigkeiten hatten, sich gesund und ausgewogen zu ernähren, im Vergleich zu einem Drittel der anderen Befragten. Personen mit der Kompetenz Gesunde Gewohnheiten haben 2,7-mal häufiger eine regelmäßige Schlafroutine. Sie haben sich mehrere positive Gewohnheiten angeeignet und halten sich daran. Infolgedessen geben 81 % der Befragten in dieser Kompetenzgruppe an, sich fit zu fühlen, verglichen mit nur 22 % der Befragten außerhalb dieser Gruppe.

Menschen in dieser Gruppe sind sich zwar ihrer inneren Landschaft nicht so bewusst, abgesehen von den ihnen vertrauten inneren Zuständen von Vitalität, Regeneration und Erholung. Da sie aber ihre Energie durch Sport, Schlaf und Ernährung im Gleichgewicht halten, bewegen sie sich auf gesunde Weise durch diese Landschaft. Da emotionale Zustände Ausdruck des Energiehaushalts des Körpers sind, verfallen sie seltener in übermäßig negative emotionale Zustände und bleiben im Allgemeinen positiv. Es sei denn, ihr örtliches Fitnessstudio ist wegen Wartungsarbeiten geschlossen oder sie haben ein Neugeborenes und ihr Schlaf löst sich vorübergehend in Luft auf.

Größte Auswirkungen auf Erfolgserlebnisse, Selbstwirksamkeit und Stressreduktion. Menschen mit dieser Kompetenz sind in der Regel am zuversichtlichsten, dass sie sich von schwierigen Lebensphasen erholen können.

3. Soziale Integration

Häufigkeit: 46 % der Menschen verfügen über diese Kompetenz.

Zentrale Merkmale:

- Starke Bindung zu Menschen am Arbeitsplatz.
- Fühlt sich bei der Arbeit geschätzt und akzeptiert.
- Unterstützt und kümmert sich um Kollegen.
- Kann Emotionen gut regulieren.
- Hat eine generell positive Einstellung.
- Hat die stärkste Verbindung zu einem Lebenssinn.

Eine wahrscheinliche Eigenschaft von Personen mit der Kompetenz „Soziale Integration“ ist, dass sie sich in einer emotional belastenden Situation an einen Kollegen wenden und darüber sprechen. Folglich sind Personen mit dieser Kompetenz 2,8-mal weniger wahrscheinlich nach einer stressigen Situation bei der Arbeit für längere Zeit niedergeschlagen. Sie stimmen auch dreimal häufiger der Aussage ‚stimmt sehr' zu, dass sie anderen bei der Arbeit helfen und sie unterstützen.

Ein größerer Prozentsatz der Personen dieses Kompetenztyps könnte als das bezeichnet werden, was der Organisationspsychologe Adam Grant ‚die Geber' nennt.[38] **Geber neigen eher dazu, andere zu coachen, zu unterstützen und ihnen zu helfen, auch auf Kosten der Erfüllung ihrer eigenen Aufgaben.** Abhängig von der Art des Arbeitsumfelds, in dem diese Mitarbeitenden arbeiten, kann dies nach Grants Untersuchungen entweder förderlich oder schädlich für ihre Karriere sein. In unseren Daten erzielten Personen mit der Kompetenz Soziale Integration höhere Werte bei der Selbsteinschätzung ihrer Leistung im Vergleich zu anderen. Das deutet darauf hin, dass sie diese Kompetenz als förderlich für ihre Leistungsfähigkeit wahrnehmen (oder zumindest *glauben*, dass sie dadurch besser abschneiden). Schließlich erreichen sie die höchste Punktzahl bei der Verbindung zu einem Lebenssinn. Beeindruckende 82 % der Befragten mit dieser Kompetenz gaben an, dass sie ein starkes Gefühl für den Sinn und die Richtung ihres Lebens haben, verglichen mit nur 34 % der Befragten mit einer niedrigen Punktzahl in dieser Kompetenz.

In Bezug auf die Kompetenz Soziale Integration ist festzustellen, dass sich Personen dieses Typs nicht immer über ihren eigenen inneren Zustand im Klaren sind. Sie sind jedoch instinktiv in der Lage, ihre Fähigkeiten, sich mit anderen zu verbinden und ihre Emotionen zu regulieren, zu nutzen, um flexibel zu bleiben. Indem sie sich mit anderen verbinden, verändern sie ihren emotionalen Zustand, und indem sie in der Lage sind, ihren eigenen Zustand zu regulieren, gelingt es ihnen, sich aus Stress zu befreien.

Größte Auswirkungen auf Anpassungsfähigkeit an Veränderungen, Growth Mindset, Selbstwirksamkeit und Leistung. Allerdings kann die Tendenz, andere über sich selbst zu stellen, zu Problemen führen, je nachdem, wie sehr das Arbeitsumfeld Coaching und Empowerment schätzt. Sich ausschließlich auf Beziehungen zu verlassen, um innere Zustände zu regulieren, ist möglicherweise nicht die effektivste Art zu arbeiten. Wir haben festgestellt, dass die Fähigkeit, sich zu entspannen und nachts gut zu schlafen, bei Sozialintegratoren sehr unterschiedlich ist. Die Kombination der Kompetenz „Soziale Integration" mit einer anderen Resilienzkompetenz ist von Vorteil, wenn es darum geht, Stress nachhaltig zu regulieren.

Welche Resilienzkompetenzen helfen im Umgang mit beruflichen und persönlichen Stressoren?

Was können Sie mit diesem Wissen tun? Wie kann das Wissen über Ihre eigenen Resilienzkompetenzen oder die der anderen Mitarbeitenden Ihnen und Ihrem Unternehmen helfen? Wir glauben, dass dieses Wissen Ihnen helfen kann zu erkennen, welche Resilienzfähigkeiten und Kompetenzen am nützlichsten sind, um mit bestimmten Arten von Stress umzugehen, und welche gestärkt werden sollten. Dies ist eine wichtige Erkenntnis. Sie ermöglicht es uns, **Stressorenprofile für bestimmte berufliche Rollen** zu erstellen und diese dann mit den Resilienzkompetenzen der Beschäftigten abzugleichen. Mit anderen Worten: Wenn man weiß, über welchen Typ von Resilienzkompetenz eine Person verfügt, kann man sie mit den Jobs in Verbindung bringen, für die sie gut geeignet ist. Und man kann herausfinden, welche Fähigkeiten sie benötigt, um mit den Stressfaktoren, mit denen sie wahrscheinlich konfrontiert wird, am besten umzugehen.

Zu diesem Zweck haben wir die Menschen gefragt, welchen Stressoren sie derzeit ausgesetzt sind, und diese mit ihren Kompetenztypen verglichen. Zu den arbeitsbezogenen Stressoren zählten berufliche Anforderungen, unklare Rollendefinition oder schlechte zwischenmenschliche Beziehungen. Zu den persönlichen Stressoren zählten stressige Lebensphasen (z. B. kleine Kinder, Scheidung, Pflege älterer Familienangehöriger) und psychische Erkrankungen. Die folgende Tabelle fasst zusammen, wie die einzelnen Typen von Resilienzkompetenzen diese Stressoren erleben. Da es sich um korrelative Daten handelt, können wir nicht mit Sicherheit sagen, ob es sich um kausale Effekte handelt. Haben die Stressoren zu einer geringeren Resilienzkompetenz geführt? Oder hat die geringe Resilienzkompetenz das Erleben der Stressoren verstärkt? Das ist schwer mit Sicherheit zu sagen. Dennoch gibt es einige interessante Zusammenhänge zwischen Stressoren und Resilienzkompetenzen.

Resilienzkompetenzen und ihr Einfluss auf Stressoren.

	Resilienzkompetenzen		
Persönliche und berufliche Stressfaktoren	*Achtsame Selbstregulation*	*Soziale Integration*	*Gesunde Gewohnheiten*
Hohe Arbeitsbelastung	moderat	niedrig	Am höchsten
Unrealistische Arbeitsanforderungen/Unterbesetzung	hoch	hoch	hoch
Wechsel der Verantwortung oder unklare Aufgaben		Am höchsten	
Schlechte zwischenmenschliche Beziehungen am Arbeitsplatz		Am höchsten	
Herausforderungen durch hybride oder virtuelle Arbeit		Am höchsten	moderat
Persönliche Stressfaktoren und Herausforderungen für die psychische Gesundheit	hoch	hoch	hoch

Am höchsten

hoch

moderat

niedrig

Kein Zusammenhang

Die obige Tabelle verdeutlicht, wie die drei Resilienzkompetenzen Menschen helfen, mit unrealistischen beruflichen Anforderungen, aber auch mit persönlichen Stressoren und psychischen Problemen umzugehen. **Gesunde Gewohnheiten sind der beste Weg, mit hoher Arbeitsbelastung umzugehen.** Dies kann ein effektives Energiemanagement widerspiegeln. **Achtsame Selbstregulatoren können am besten mit persönlichen Anforderungen und psychischen Belastungen umgehen.** Sie sind in der Lage, ihre Aufmerksamkeit, ihre Emotionen, ihr Nervensystem und ihren inneren Zustand zu regulieren, was ihnen hilft, mit stressigen Arbeitssituationen umzugehen. **Soziale Integration vermindert die Auswirkungen hoher Arbeitsbelastung nicht so stark wie die beiden anderen Resilienzkompetenzen, hat aber die stärkste Wirkung, wenn es**

um den Umgang mit Veränderungsprozessen und Unsicherheit geht. Diese können in Form von Veränderungen hinsichtlich des Wesens unserer Arbeit, sich verändernden Arbeitsrollen, zwischenmenschlichen Arbeitsbeziehungen und den Herausforderungen hybrider Arbeit auftreten. Unsere Daten deuten daher darauf hin, dass bei größeren Veränderungsprozessen die Konzentration auf soziale Bindungen, Gemeinschaftsbildung und die Ermöglichung von Gruppenreflexion den Mitarbeitenden am meisten helfen, mit dem Stress des Wandels umzugehen.

Verteilung von Resilienzkompetenzen

Obwohl jeder Mensch anders ist, haben wir versucht herauszufinden, welche Fähigkeiten und Kompetenzen vom größten Prozentsatz der Bevölkerung beherrscht werden. Wir haben uns angeschaut, wie sehr sich unsere Befragten mit diesen Fähigkeiten beschäftigt haben und wie kompetent sie sich in Bezug auf diese Fähigkeiten fühlen. Wir waren überrascht, dass es hier deutliche Unterschiede in der Verteilung der Resilienzkompetenzen gab.

Überblick über die allgemeinen Resilienzkompetenzen.

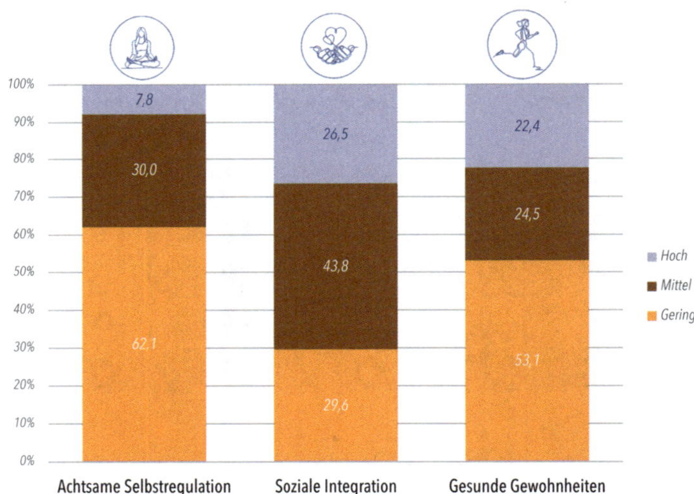

Die gute Nachricht ist, dass die Menschen im Allgemeinen das Gefühl hatten, gute soziale Beziehungen zu haben und in vielen Situationen etwas Gutes sehen zu können. Wir stellten fest, dass 81 % der Befragten das Gefühl hatten, gute soziale Beziehungen bei der Arbeit zu haben, und 73 % waren im Allgemeinen in der Lage, eine positive Sichtweise beizubehalten. Insgesamt waren die Menschen der Meinung, dass sie die

Kompetenz „Soziale Integration“ im Allgemeinen besser beherrschten. Etwa 70 % der Befragten verfügten über eine mittlere oder hohe Ausprägung dieser Kompetenz.

Etwa 40 % der Befragten waren der Ansicht, dass sie in der Lage sind, sich gesund zu ernähren und sich regelmäßig ausreichend zu bewegen. Dies ist vielleicht nicht überraschend, da die Bedeutung von gesunder Ernährung und regelmäßiger körperlicher Bewegung seit vielen Jahren in der Öffentlichkeit betont wird. Aber diese Daten lassen sich auch gut mit weltweiten Erhebungen vergleichen, die zeigen, dass 37 % der Menschen in den Industrieländern sich nicht ausreichend bewegen.[39] Dies spiegelt wahrscheinlich den hohen Anteil an Wissensarbeitern in unserer Stichprobe wider. Insgesamt waren 47 % der Befragten der Meinung, dass sie die Kompetenz „Gesunde Gewohnheiten“ mittelmäßig oder sehr gut beherrschen.

Unsere Befragungen deuten darauf hin, dass die meisten Menschen mit der Reizüberflutung des modernen Lebens zu kämpfen haben. Nur 35 % können ihre Aufmerksamkeit gut steuern, 34 % fühlen sich erfrischt und schlafen im Allgemeinen gut, und 27 % können sich entspannen. Wir leben in einer Welt, in der man nicht einmal mehr fernsehen kann, ohne gleichzeitig das Telefon zu benutzen. In einer Welt, in der man mit dem Handy unter dem Kopfkissen schläft und es kurz vor dem Schlafengehen und gleich nach dem Aufwachen benutzt. Es ist daher nicht verwunderlich, dass Ruhe für viele schwer zu erreichen ist. Tatsächlich zeigten nur 8 % der Befragten eine hohe Fähigkeit zur achtsamen Selbstregulation. Weitere 30 % zeigten eine mittlere Beherrschung dieser Kompetenz.

Wir können die Herausforderungen zusammenfassen, denen die Menschen in Bezug auf ihre Resilienz gegenüberstehen. Diese Herausforderungen sind: ein Lebensstil, der bewegungsarm, ungesund, unruhig, überstimuliert, unachtsam, zerstreut, unausgeglichen, negativ, einsam und sinnlos ist. Die Bereiche, in denen die Menschen am wenigsten Beherrschung zeigen, haben mit Überstimulation, Unachtsamkeit und emotionaler Unausgeglichenheit zu tun.

Wie sich Kompetenzen zu Resilienzprofilen zusammenfügen

Natürlich entsprechen Menschen nicht immer genau einem einzigen Kompetenztyp. Wir haben festgestellt, dass etwa ein Drittel der Befragten nur eine der drei gerade beschriebenen Resilienzkompetenzen aufweist. Etwa 17 % der Befragten wiesen hohe Ausprägungen in zwei Clustern von Resilienzkompetenzen auf, während etwa 10 % der superresilienten Personen hohe Ausprägungen in allen drei Kompetenztypen aufwiesen. Interessanterweise besteht die größte Kategorie in unserem Datensatz aus Personen, die nur wenige Resilienzfähigkeiten aufweisen und nicht eindeutig einer der drei Resilienzkompetenzen zugeordnet werden können. Die Kategorie „Geringe Resilienz“ umfasst 41 % der Befragten. Diese Zahl stimmt mit den jüngsten Zahlen über die Verbreitung von hohem Stress in der Arbeitswelt überein.

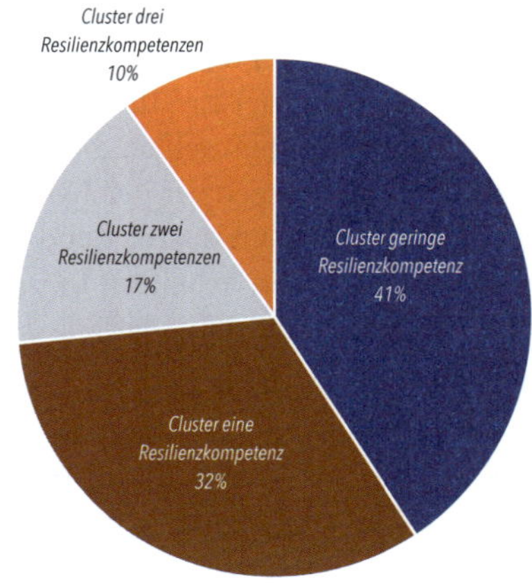

Die Kenntnis des Anteils von Personen mit geringer Resilienz kann für Unternehmen nützliche Informationen liefern. Erstens kann es helfen, die Mitarbeitenden zu identifizieren, die am meisten Unterstützung benötigen. Personen, die in diese Kategorie fallen, sind deutlich weniger gut in der Lage, Stress zu regulieren und mit Veränderungen im Arbeitskontext umzugehen. Nur 1 % von ihnen stimmen der Aussage ‚stimmt sehr' zu, dass sie sich fit fühlen, und nur sehr wenige haben einen erholsamen Schlaf. Infolgedessen sind sie um mehr als 10 % weniger leistungsfähig und leiden dreimal so häufig unter chronischem Stress wie der Durchschnitt der Befragten. Zweitens kann die Kenntnis des Prozentsatzes der Beschäftigten, denen es an Resilienzkompetenzen mangelt, auch nützliche Einblicke in die möglichen Auswirkungen des Arbeitsumfelds auf die Menschen geben.

Geringe Resilienz sollte nämlich nicht nur als persönliches Problem betrachtet werden – sie hängt auch mit der Anzahl der Stressoren zusammen, die bei der Arbeit auftreten. Wenn Menschen vier oder mehr Stressoren in ihrem Privat- oder Arbeitsleben erleben, ist die Wahrscheinlichkeit, dass sie dem Cluster „Geringe Resilienz" zugeordnet werden, sehr viel höher. Wir weisen darauf hin, dass die 41 % der Mitarbeitenden mit niedriger Resilienz ein höheres Risiko für psychische Erkrankungen haben könnten. Sie benötigen möglicherweise mehr organisationale und psychologische Unterstützung, um Bewältigungsstrategien zu entwickeln.

Herausforderungen für Menschen mit geringer Resilienz

Es ist wichtig, weiter über diese Gruppe nachzudenken, die derzeit über keine oder nur geringe Resilienzkompetenzen verfügt. Die Betonung liegt auf derzeit. Die Art und Weise, wie wir unsere Umfragen gestalten, um die Teilnehmenden dazu zu bringen, ihr Verhalten *wirklich* realistisch zu betrachten, besteht darin, dass wir uns auf einen bestimmten Zeitraum konzentrieren. Statt also zu fragen: „Sind Sie generell ein positiver Mensch?", lautet die Frage: „Haben Sie sich im letzten Monat generell positiv gefühlt?" Und eine typische Antwort könnte lauten: „Im letzten Monat hatte ich auch in schwierigen Zeiten Momente der Freude oder des Vergnügens in meinem Tag (z. B. bei einer Tasse Tee)". Es geht also nicht darum, eine Gruppe von Menschen dafür zu kritisieren, dass sie nicht resilient sind (womit wir wieder bei der mentalen Falle des Missverständnisses von Resilienz wären), sondern darum anzuerkennen, dass zu einem bestimmten Zeitpunkt 41 % der Menschen Schwierigkeiten haben, resiliente Verhaltensweisen und Fähigkeiten in ihrem Leben anzuwenden. Dies bedeutet, dass sie ein höheres Risiko für erhöhten Stress, psychische Erkrankungen und Depressionen haben.

Dafür kann es viele Gründe geben. Vielleicht machen sie gerade eine schwierige Phase in ihrer Beziehung durch? Vielleicht erholen sie sich gerade von einer Krankheit? Vielleicht ziehen sie um und haben keine Zeit für Sport? Vielleicht gibt es größere Herausforderungen bei der Arbeit? Oder sie arbeiten mehr Stunden als gewöhnlich, sodass sie weniger Zeit mit Freunden verbringen und weniger schlafen?

Möglicherweise stehen sie auch vor größeren Herausforderungen. Vielleicht haben sie traumatische Erfahrungen gemacht und daher ein dysreguliertes Nervensystem, was die effektive Anwendung jeglicher Resilienzfähigkeiten erschwert. Vielleicht gehören sie einer Minderheit an und sind daher einem permanent erhöhten Maß an Stressfaktoren ausgesetzt? Oder vielleicht sind sie langanhaltendem Stress ausgesetzt, möglicherweise am Arbeitsplatz oder in ihrem Privatleben, und dieser Stress hat sich so sehr angehäuft, dass ihre Resilienzfähigkeiten völlig zusammengebrochen sind?

Unsere Daten deuten darauf hin, dass es sich um eine Kombination dieser Faktoren handeln könnte. Ein aufschlussreicher Indikator ist die Anzahl der persönlichen und organisationalen Stressoren, mit denen Personen in der Kategorie „Geringe Resilienz" häufig konfrontiert sind. Die Wahrscheinlichkeit, dass Personen in dieser Kategorie unter vier oder mehr Stressoren in ihrem Privat- oder Arbeitsleben leiden, ist deutlich höher als bei Personen, die in mindestens einer Resilienzkompetenz eine hohe Ausprägung aufweisen. Dabei kann es sich um arbeitsbedingte Stressoren handeln, wie z. B. berufliche Anforderungen oder Unsicherheiten am Arbeitsplatz, oder um persönliche Stressoren, wie psychische Probleme oder belastende familiäre Anforderungen.

Das Wichtigste ist, dass wir uns darüber im Klaren sind, dass es in jeder Organisation wahrscheinlich eine Gruppe von Menschen gibt, die derzeit nicht über Resilienzfähigkeiten verfügen. Wir alle sollten uns der Notwendigkeit bewusst sein, ihnen zu helfen. Wir sollten ihnen mit Mitgefühl begegnen. Wir sollten sie darin unterstützen, ihre früheren positiven Verhaltensweisen wieder aufzunehmen oder einige der externen Stressoren, denen sie ausgesetzt sind, zu reduzieren. Diese Ergebnisse zeigen, wie wichtig es ist, sich mit Resilienz sowohl auf der individuellen als auch auf der organisationalen Ebene, der Wir-Resilienz, auseinanderzusetzen. **Denn jede Organisation ist nur so resilient wie ihre am meisten belasteten Mitarbeitenden.** Was das für die Wir-Resilienz bedeutet, werden wir gleich sehen.

Die Kompetenzen der Autoren

Nachdem wir ausführlich über die Kompetenztypen anderer Menschen gesprochen haben, scheint es nur fair, dass Chris und Liane sich selbst offenbaren. Im Zusammenhang mit Resilienz, versteht sich. Daher möchten wir Ihnen einen Einblick in unsere eigenen Kompetenzen geben, damit Sie sehen können, wie einige dieser Konzepte in der Praxis funktionieren.

Kompetenztyp	Chris	Liane
Gesunde Gewohnheiten		
Achtsame Selbstregulation		
Soziale Integration		

Chris und Liane haben beide das Gefühl, dass sie über jeweils zwei Kernkompetenzen verfügen, und würden sich daher in die Kategorie der höheren Resilienz einordnen. (In Anbetracht der Tatsache, dass wir ein ganzes Buch über Resilienz geschrieben haben, sind wir sicher, dass Sie – der Leser – hoffen, dass dies der Fall ist). An dieser Stelle wollen wir Ihnen erzählen, wie es dazu gekommen ist.

Chis scheint über die Kompetenzen Gesunde Gewohnheiten und Achtsame Selbstregulation zu verfügen. Er kann mit hohem Druck und hoher Arbeitsbelastung umgehen. Obwohl er häufig noch eins drauflegt und unter der Woche viel Arbeit erledigt, arbeitet er im Allgemeinen nicht am Wochenende oder abends. Außerhalb der Arbeitszeit liest er keine E-Mails (was in der modernen Welt eine Seltenheit ist). Er schläft gut, treibt regelmäßig Sport und ernährt sich (einigermaßen) gesund. Er praktiziert täglich Achtsamkeit, entspannt sich leicht und übertreibt es nicht. In Zeiten hoher Arbeitsbelastung neigt er jedoch dazu, sich mehr zurückzuziehen. Er verliert die tiefe Verbundenheit zu Freunden und Familie, was nicht sehr gesund ist. Auch wenn er im Allgemeinen gut mit Arbeitsdruck umgehen kann, ohne allzu sehr darunter zu leiden, lernt er oft nur langsam neue Gewohnheiten und ändert sich nicht so leicht. Er kann in seinen Gewohnheiten stecken bleiben und braucht manchmal einen Anstoß von anderen, um sich anzupassen.

Chris war in der Vergangenheit nicht von Natur aus so resilient. In seinen jüngeren Jahren litt er an Burn-out, einer Form der Depression. Es begann in einer sehr schwierigen Zeit, als das von ihm gegründete Unternehmen vor dem Bankrott stand und er selbst in einer Sinnkrise steckte. Seine bisherigen Strategien, noch mehr zu leisten und noch härter zu arbeiten, funktionierten nicht mehr, und er musste viele Fähigkeiten der Selbstregulation von Grund auf neu erlernen. Über einen Zeitraum von 18 Monaten arbeitete er mit einem Therapeuten zusammen, um viele Aspekte seines Lebens und Arbeitens in eine gesunde Richtung zu lenken. Darüber hinaus hat er durch seine eigene langjährige und kontinuierliche Achtsamkeitspraxis Fähigkeiten in den Bereichen Entspannung, bewusstes Atmen, Emotions- und Aufmerksamkeitsregulation sowie Selbstwahrnehmung entwickelt. Der letzte Punkt ist der bemerkenswerteste: In jungen Jahren hat er in London einen Bachelor-Abschluss in theoretischer Physik erworben. Damals hätte man ihn als Kopf auf einem Stock bezeichnen können (oder auch Kopffüßler) – ein denkender Geist, der sich nicht bewusst war, dass er überhaupt einen Körper hatte – er war also nicht besonders verkörpert.

Liane hat auch eine gute Basis in Gesunden Gewohnheiten. Sie schätzt sich selbst als stark in den sozial-emotionalen Fähigkeiten ein und glaubt, dass sie auch dem Kompetenztyp Soziale Integration entspricht. Dank ihrer Gesunden Gewohnheiten kann sie ein hohes Arbeitspensum bewältigen, aber manchmal übertreibt sie es. Mitunter sendet ihr Körper Signale und sie bricht zusammen. Sie bleibt den Menschen in ihrem Leben verbunden und hält sich für jemanden, der gut mit Veränderungen umgehen kann. Sie glaubt wirklich, dass sie noch nie eine Veränderung erlebt hat, die sie nicht mochte (abgesehen vom Tod ihres geliebten Hundes Casiopeia). Sie probiert regelmäßig neue Gewohnheiten und Methoden aus, einfach weil sie gern etwas Neues lernt.

Liane war als Kind nicht von Natur aus resilient. Ihre Kindheit war traumatisch. Als junge Erwachsene litt sie an einer Essstörung, die so schlimm war, dass sie ein Jahr in einer Klinik verbrachte. Sie musste grundlegende gesunde Verhaltensweisen völlig neu erlernen, einschließlich der Fähigkeit, sich zu entspannen und ihr Nervensystem wieder zu regulieren. Ihre umfangreiche körperliche und therapeutische Arbeit, auch mit Klienten, und ihre 30-jährige Achtsamkeitspraxis haben ihr geholfen, diese Kompetenzen zu kultivieren.

Zusammenfassend würden wir beide sagen, dass wir resilient sind und über jeweils zwei Resilienzkompetenzen verfügen. Sie ermöglichen es uns, mit Stress und Belastungen umzugehen, wenn auch auf unterschiedliche Weise. Keiner von uns war von Natur aus resilient. Wir haben uns im Laufe unseres Lebens viele Resilienzfähigkeiten angeeignet, auf die wir jetzt zurückgreifen können, wenn wir uns den unvermeidlichen Herausforderungen unseres beruflichen und privaten Lebens stellen. Und wie wahrscheinlich klar ist, war unser Weg zu mehr Resilienz keine schnelle Lösung. Es gibt tatsächlich kein Wundermittel. **Resilienz zu erlangen und sich Resilienzfähigkeiten und Kompetenzen anzueignen, ist keine Sache von Wochen oder Monaten. Es ist ein lebenslanger Lernprozess, der sich über Jahrzehnte erstrecken kann.** Aber es ist eine Reise, die sehr lohnend sein kann. Sie kann anstrengend sein, aber manchmal auch beglückend. Sogar wunderschön. Der Weg der persönlichen Transformation ist ein nobles Unterfangen – mit Resilienz als Ziel. Und wir hoffen, dass die Lektüre dieses Buches Ihnen hilft, die ersten Schritte auf diesem Weg zu gehen.

Wichtige Schlussfolgerungen für Unternehmen

Wenn Sie einen Marathon laufen wollen, ist es wahrscheinlich nützlich zu wissen, wie gut Ihre Ausdauer ist. Ebenso wie Ihre Laufgeschwindigkeit, Ihre emotionale Verfassung und Ihre Fähigkeit, Schmerzen zu ertragen. All dies macht Ihre Marathonfähig-

keiten aus. Genauso wichtig ist es, unsere Resilienzfähigkeiten und Kompetenzen zu kennen, wenn wir bei der Arbeit oder im Leben mit Herausforderungen konfrontiert werden. Wir empfehlen jedem, seine eigenen Resilienzfähigkeiten und Kompetenzen sowie seine innere Emotionslandschaft zu untersuchen, um ein Gefühl dafür zu bekommen, woran er arbeiten möchte.

Insgesamt zeigen die gründliche Analyse der Resilienzfähigkeiten und unsere Befragungen, wie wichtig es ist, sich mit Resilienz sowohl auf der individuellen als auch auf der organisationsweiten Ebene der Wir-Resilienz zu befassen. Während diejenigen, die über eine oder mehrere Resilienzfähigkeiten verfügen, in der Lage sind, mit Stressoren am Arbeitsplatz umzugehen, besteht die größte Gruppe aus Personen, die über keinerlei Resilienzfähigkeiten verfügen. Dies könnte auf die unrealistischen Anforderungen zurückzuführen sein, die Arbeitgebende an ihre Mitarbeitenden stellen.

Es gibt eine Intervention zur Stressreduktion, die die Fähigkeit der Autoren, mit Stress umzugehen, ebenso verändert hat wie jene vieler Unternehmen, mit denen wir gearbeitet haben. Noch vor ein paar Jahrzehnten wurde diese Intervention mit Misstrauen betrachtet. Sie galt als esoterische „Woo-Woo"-Methode, die vor allem Hippies und Leuten vorbehalten war, die Räucherstäbchen anzündeten und ein bisschen zu häufig „Namaste" sagten. Die Praktizierenden sprachen unbekümmert von ihren ‚Chakren' und ihrer ‚Energie', sehr zum Erstaunen derer, mit denen sie sprachen. Wir sprechen natürlich über Achtsamkeit, und das wird das nächste Thema sein, dem wir uns nun zuwenden wollen.

KERNAUSSAGEN DIESES KAPITELS

- Resilienzkompetenzen entstehen durch die Beherrschung bestimmter Cluster von Resilienzfähigkeiten.
- Wir heben drei Haupttypen von Kompetenzen hervor: Achtsame Selbstregulation, Gesunde Gewohnheiten und Soziale Integration.
- Achtsame Selbstregulatoren verfügen über Fähigkeiten wie Entspannung, Aufmerksamkeit und eine positive Sichtweise, die ihnen helfen, sich zu konzentrieren und Stress zu bewältigen. In schwierigen Zeiten können sie sich jedoch einsam fühlen.
- Gesunde Gewohnheitstypen verfügen über Fähigkeiten wie Schlaf, Bewegung und einen gesunden Lebensstil, die ihnen die Energie geben, mit dem Stress am Arbeitsplatz umzugehen.
- Soziale Integratoren legen Wert auf soziale Kontakte und darauf, anderen zu helfen. Dies hilft ihnen zwar nicht so sehr bei der Bewältigung von Arbeitsstress wie die beiden vorherigen Kompetenzen, aber sie sind geschickt im Umgang mit wechselnden Arbeitsrollen und zwischenmenschlichen Beziehungen.
- Sie können über mehr als eine Resilienzkompetenz verfügen: 10 % der Befragten wiesen drei Resilienzkompetenzen auf, 17 % zwei und 32 % nur eine.
- Allerdings hatten 41 % der Befragten überhaupt keine Resilienzkompetenz und können als gering resilient bezeichnet werden. Ihnen muss mit Mitgefühl begegnet werden, und die Unternehmen sollten sie dabei unterstützen, mit den Stressfaktoren am Arbeitsplatz umzugehen.
- Es ist von entscheidender Bedeutung, das eigene Resilienzprofil und das der Mitarbeitenden zu kennen. Wir empfehlen Unternehmen:
  1. ein Resilienz-Screening durchführen, um zu wissen, wie sie ihre Mitarbeitenden am besten unterstützen können.
  2. in die Unterstützung von Teams zu investieren und eine psychologisch sichere Unternehmenskultur zu entwickeln.
  3. sich auf das ‚Wie' von Veränderungsmaßnahmen konzentrieren, um die Resultate zu verbessern.

KAPITEL 5: DIE BEDEUTUNG VON ACHTSAMKEIT FÜR RESILIENZ

Sowohl unser Gehirn als auch unser Körper sind erstaunlich komplexe Systeme. Viele Wissenschaftler sind davon überzeugt, dass das Gehirn das komplexeste Phänomen in unserem Universum ist. Dabei Allein seine strukturelle Komplexität mit mehr als 86.000.000.000 Neuronen und den Tausenden von zusätzlichen synaptischen Verbindungen, die jedes einzelne Neuron mit anderen Neuronen bilden kann, macht dies deutlich. Mehrere Studien deuten darauf hin, dass die durchschnittliche Anzahl von Synapsen pro Neuron im menschlichen Gehirn in der Größenordnung von Tausenden bis Zehntausenden liegen könnte. Einige Wissenschaftler haben daher behauptet, dass es im Gehirn Hunderte mehr mögliche neuronale Verbindungen gibt als Sterne in der Milchstraße.[40] Auf dieser Grundlage haben Forscher versucht, die Verarbeitungsleistung des menschlichen Gehirns zu berechnen – auch wenn der direkte Vergleich mit Computern keineswegs perfekt ist. So wird die Rechenleistung des menschlichen Gehirns in verschiedenen Quellen mit etwa 10^{15} bis 10^{18} Rechenoperationen pro Sekunde angegeben.[41] Das ist eine Eins mit 15 oder 18 Nullen dahinter. Manche behaupten, das menschliche Gehirn sei immer noch leistungsfähiger oder zumindest viel effizienter als die besten Supercomputer.

Wow, wie schlau wir doch sind.

Jetzt rechnen Sie bitte im Kopf 37 mal 94.

Überfordert?

Das ist das Dilemma von uns Menschen. Wir haben diese immense und tiefgründige geistige Verarbeitungskapazität, aber das meiste davon ist dem denkenden oder bewussten Gehirn nicht zugänglich. Der größte Teil unserer Verarbeitungsleistung wird zur Steuerung unbewusster Prozesse verwendet. Zum Beispiel, wie hungrig ich bin (und ob ich jetzt lieber getrocknete Datteln oder Kartoffelchips essen möchte). Unser Körper produziert etwa 10^6 Bits an Informationen pro Sekunde – viel zu viel, als dass wir sie bewusst verarbeiten könnten. Und wenn wir ehrlich sind, wird die verbleibende bewusste Bandbreite häufig mangelhaft oder schlecht genutzt: Während wir lesen, unterbrechen wir die Lektüre, um die Ergebnisse unserer Lieblingsfußballmannschaft zu verfolgen. Und während wir in ein Gespräch vertieft sind, denken wir über unsere Wochenendpläne nach. Häufig sind wir in unserem Leben nicht wirklich bewusst oder präsent.

Aus diesem Grund können wir von einem kognitiven Gehirn, und einem fühlenden (oder verkörperten) Gehirn sprechen. Dabei handelt es sich nicht so sehr um unterschiedliche Teile des Gehirns, sondern um unterschiedliche Netzwerke und Verarbeitungsstile. Diese Unterscheidung zwischen dem kognitiven und dem fühlenden Gehirn ist eine Vereinfachung. Sie beschreibt die funktionelle Spezialisierung der verschiedenen Hirnregionen. Das Gehirn ist nämlich ein hochgradig vernetztes und integriertes Organ, und kognitive und emotionale Prozesse sind nicht völlig voneinander getrennt. Dennoch gibt es Unterschiede:

- Kognitive Prozesse wie logisches Denken, Problemlösung und Entscheidungsfindung werden vor allem mit der Großhirnrinde, insbesondere den Frontallappen, in Verbindung gebracht. Dieser Teil des Gehirns wird häufig als das ‚kognitives Gehirn' bezeichnet, da es eine entscheidende Rolle bei bewussten Denkprozessen und exekutiven Funktionen spielt. Diese Funktionen verbrauchen mehr Energie und werden in Stresssituationen schnell abgeschaltet, um Energie zu sparen und Überlebensfunktionen zu aktivieren.

- Körperbezogene und emotionale Prozesse hingegen betreffen Hirnregionen wie das limbische System. Dazu gehören unter anderem die Amygdala und der Hippocampus. Das limbische System ist verantwortlich für die Verarbeitung von Emotionen, emotionalen Erinnerungen und die Regulation emotionaler Reaktionen. Diese Region wird manchmal auch als das ‚fühlende Gehirn' bezeichnet, da sie stark an unserem emotionalen Erleben beteiligt ist.

Warum sind Denken und Fühlen zunehmend entkoppelt?

Wir beobachten, dass es eine zunehmende Entkopplung zwischen den beiden Verarbeitungsmodi Denken und Fühlen gibt. Dafür gibt es mehrere Gründe.

Der erste Grund ist der technische Fortschritt. Die rasante technologische Entwicklung, insbesondere im digitalen und virtuellen Bereich, hat die Art und Weise verändert, wie Menschen mit der Welt interagieren. Zunehmenden Bildschirmzeiten, virtuelle Kommunikation und Abhängigkeit von digitalen Geräten verändern das Gleichgewicht zwischen kognitiven und emotionalen Erfahrungen und schwächen vor allem unsere Selbstwahrnehmung. Es ist wie beim Erlernen einer Sprache. Wenn wir die Schriftzeichen und die Aussprache des Chinesischen nicht regelmäßig üben, verlieren wir die Fähigkeit, Chinesisch zu sprechen. In ähnlicher Weise schulen wir uns gerade darin, winzige optische Signale auf kleinen Bildschirmen zu erkennen und ihnen eine Bedeutung zu geben. Dabei verlernen wir, Körpersignale wahrzunehmen und ihre Bedeutung zu verstehen. Wir sind also dabei, die Sprache des Körpers zu vergessen. Unsere Besessenheit mit Bildschirmen reduziert unsere Fähigkeit, mit *echten Menschen* von Angesicht zu Angesicht in Kontakt zu treten.[42] Und das hat zu einer Welt geführt, in der die Menschen durch die Straßen stolpern und auf ihre Geräten starren. Sie schauen nur auf, wenn sie die Straße überqueren müssen (und selbst dann nicht immer).

Der zweite Faktor sind Veränderungen im Lebensstil und in der Umwelt. Der moderne Lebensstil beinhaltet häufig eine schnelllebige und stark optimierte Umwelt mit einer geringeren Vielfalt an Sinneserfahrungen. Dies kann sich auf die Gehirnfunktionen auswirken. Darüber hinaus wirken sich Verstädterung, Lärmbelastung und eingeschränkter Zugang zu Naturräumen auf unser Körpergefühl und unsere Erfahrungsverarbeitung aus. In einem hektischen Alltag haben wir weniger Gelegenheit, die Fähigkeit zur Integration von Körper und Geist zu trainieren. Auch hier gilt: Auf die Signale des Körpers zu hören, braucht Zeit, so wie das Erlernen einer neuen Sprache Zeit braucht.

Drittens sind wir mit einer zunehmenden Stressbelastung konfrontiert. Wir haben bereits zu Beginn dieses Buches Belege für den Anstieg des globalen Stressniveaus angeführt. Stress führt dazu, dass wir unseren Spürsinn herunterregulieren. Er verschlechtert auch unsere Fähigkeit, innere sensorische Signale und äußere soziale und emotionale Signale sensibel wahrzunehmen. Dies kann auch zu einer verstärkten Entkoppelung zwischen unserem Denken und unseren Spürsinn führen.

Der vierte Faktor ist die sich verändernde soziale Dynamik. Soziale und kulturelle Veränderungen können die Art und Weise beeinflussen, wie wir Emotionen ausdrücken und verarbeiten. Der gesellschaftliche Wandel, wie z. B. die zunehmende Individualisierung oder Änderungen in den sozialen Versorgungssystemen, beeinflussen auch die Art und Weise, wie wir uns selbst und andere wahrnehmen. Dies behindert unsere Fähigkeit, verschiedene Verarbeitungsweisen zu integrieren.

Der fünfte Faktor sind Herausforderungen für die psychische Gesundheit und das Wohlbefinden. Die Prävalenz psychischer Belastungen wie Angsterkrankungen und Depressionen hat in einigen Gesellschaften zugenommen. Diese Störungen können sich auf die Emotionsregulation und die kognitiven Funktionen auswirken, was zu einer empfundenen Entkopplung zwischen dem kognitiven und dem fühlenden Gehirn führt. Viele Menschen wollen nicht fühlen, wie sie sich fühlen. Sie ziehen es vor, sich von ihren Gefühlen abzulenken. Der durchschnittliche Brite verbringt mehr als viereinhalb Stunden am Tag mit seinem Smartphone,[43] einem Gerät mit Apps, die speziell dafür entwickelt wurden, unsere Aufmerksamkeit zu zerstreuen. Wir bezweifeln, dass ihre Beliebtheit ein Zufall ist.

Und schließlich sind da noch die zunehmenden Probleme des Bewegungsmangels und der Fettleibigkeit. Der Mangel an Bewegung und Sport und die Zunahme des Körpergewichts führen auch zu einer Abnahme der Integration von Körper und Geist sowie der Wahrnehmung von körperlichen Signalen. Viele der Fähigkeiten und Verhaltensweisen, die sich positiv auf unsere Resilienz auswirken, betreffen physiologische Prozesse. Es besteht also ein klarer Bedarf, diese Kluft zu überbrücken, um unser denkendes und fühlendes Gehirn zu integrieren. Obwohl viele Methoden und Fähigkeiten dafür hilfreich sein können, glauben wir, dass *Achtsamkeit hier eine entscheidende Rolle spielen kann.*

Obwohl Achtsamkeit eine starke Evidenzbasis hat, ist es für Menschen in der modernen Welt aufgrund der oben genannten Herausforderungen schwierig, Achtsamkeit zu üben und erfahrene Praktizierende zu werden. Sie probieren Achtsamkeit häufig aus, geben ihr aber nicht die notwendige Zeit, um sich zu entfalten. Wie das folgende Beispiel zeigt, begegnen sie dabei häufig Hindernissen, die sie dazu verleiten, voreilig aufzugeben.

Liane leitete einmal einen 20-tägigen Online-Achtsamkeitssprint für 200 Führungskräfte eines globalen Automobiltechnologieunternehmens. Das Programm bestand aus 25 Minuten täglicher Achtsamkeitspraxis. Die Teilnehmenden kamen unter anderem aus China, Indien, Deutschland und Großbritannien. Eine Person leistete ständig Widerstand, was sie auch lautstark zum Ausdruck brachte.

Ravi: „Liane, ich habe Achtsamkeit jetzt dreimal probiert. Es funktioniert nicht. Ich habe fast das Gefühl, dass ich jetzt noch ängstlicher und unruhiger bin. Was soll das bringen, wenn ich dadurch nicht ruhiger werde?“

Liane: „Ja, Ravi, das war auch meine Erfahrung, als ich mit dem Joggen angefangen habe. Ich habe es dreimal acht Minuten lang versucht und war einfach nur heiß und verschwitzt. Danach war ich müde. Heißt das, dass Joggen nicht funktioniert?"

Ravi sah Liane fragend an und dachte wahrscheinlich: „Was für eine lächerliche Behauptung. Wie kann man sagen, dass Joggen nicht funktioniert? Es soll nicht ‚funktionieren', es ist ein Training …"

Als er diesen Gedanken bis zu seiner logischen Konsequenz verfolgte, verstand er, worauf das hinausläuft. Vielleicht hatte er erwartet, dass Achtsamkeit einfach sofort Entspannung bringt und sogar Spaß macht. Da das nicht der Fall war, nahm er an, dass Achtsamkeit für ihn nicht funktionierte. Aber als er Achtsamkeit mit körperlichem Training verglich, ergab es mehr Sinn.

Liane: „Körperliches Training ist oft anstrengend und kann sogar weh tun. Aber auch wenn es nicht immer Spaß macht, *wissen* wir, dass es gut für uns ist. Und dass wir uns danach besser fühlen. Fit zu werden braucht Zeit. Genauso wie es Zeit braucht, Achtsamkeit zu lernen."

Er nickte und bedankte sich.

Die Evidenzgrundlage für Achtsamkeit am Arbeitsplatz

Obwohl Achtsamkeit für viele Menschen heutzutage eine Herausforderung ist, hat sie in den letzten zehn Jahren erheblich an Popularität gewonnen. Als Chris und Liane vor zehn oder zwanzig Jahren erzählten, dass sie meditieren, waren sie es gewohnt, dass die Leute unbeholfen das Thema wechselten oder teilnahmslos nickten. In einem erinnerungswürdigen Fall hatte Chris einen Kunden, der eine leitende Position in einem deutschen Automobilunternehmen innehatte. Zu Chris' Erstaunen lud er ihn eines Tages zu einem privaten Mittagessen ein. Dieser leitende Angestellte wollte, dass Chris das nächste Projekt in seinem Unternehmen leitet. Aber er hatte von einem Partner in Chris' Beratungsfirma erfahren, dass Chris nicht zur Verfügung stehen würde, weil er sich für drei Monate zum Retreat in ein Kloster zurückziehen würde. Während des Mittagessens kam der Manager, ein würdevoller und leicht autoritärer, aber dennoch fürsorglicher Mann, auf das Thema zu sprechen. Es wurde deutlich, dass er sich große Sorgen machte, dass Chris in einer Sekte oder ganz aus der Gesellschaft verschwinden könnte. Chris lachte und versicherte ihm, dass Mediation im Grunde ein Gehirntraining und keine Gehirnwäsche sei. Es dauerte eine Weile, das zu erklären. Am Ende gab es einen bewegenden Moment. Chris konnte sehen, dass dieser Manager subtile Anzeichen von Parkinson im Frühstadium zeigte und gleichzeitig die Autorität seiner Rolle und die damit einhergehende Ausstrahlung von Macht ihn das nicht eingestehen ließ. Es gab einen Moment gegenseitiger Anerkennung und Akzeptanz, eine echte tiefe Begegnung. Der Manager verließ das Gespräch nachdenklich und neugierig. Und sie blieben noch lange in Kontakt.

Die meisten Menschen wissen, was Achtsamkeit ist. Viele haben sie sogar schon ausprobiert, indem sie populäre Apps wie Calm oder Headspace genutzt haben. Achtsamkeit gilt als ebenso normal wie Yoga oder ein Besuch im Fitnessstudio. Und immer mehr Menschen wissen vage um die Belege für die Wirksamkeit von Achtsamkeit Bescheid. Aber sie wissen vielleicht nicht, *wie stark und umfangreich diese Evidenzgrundlage ist.* Jährlich werden in Fachzeitschriften mehr als 3.000 Forschungsarbeiten zum Thema Achtsamkeit veröffentlicht, verglichen mit weniger als 200 zur Jahrtausendwende. Die Zahl der Veröffentlichungen zur Achtsamkeit übertrifft inzwischen die der meisten anderen psychologischen Interventionen, einschließlich der Positiven Psychologie und des Neurofeedbacks wie auch die kognitive Verhaltenstherapie. Viele dieser Publikationen zeigen, wie Achtsamkeit Stress reduziert, Konzentration und Aufmerksamkeit verbessert, die Emotionsregulation fördert und das allgemeine psychische Wohlbefinden steigert.[44]

Die Achtsamkeitsforschung zeigt , dass andere Ansätze, um neue Gewohnheiten zu integrieren, schwächer ausfallen als ein achtsamkeitsbasierter Ansatz.

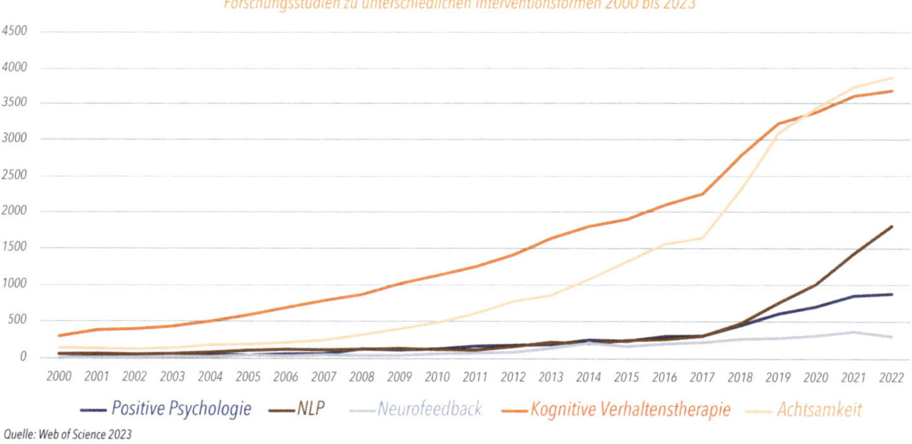

Auch die Wirksamkeit von Achtsamkeit am Arbeitsplatz ist gut belegt. Eine aktuelle Metaanalyse des National Institute of Health and Care Excellence in Großbritannien hat mehr als 150 Forschungsstudien untersucht. Die Autoren kamen zu dem Schluss, dass „Yoga, Achtsamkeit und Meditation insgesamt am wirksamsten sind, wenn es darum geht, Stress am Arbeitsplatz und psychische Belastungssymptome zu reduzieren, und dass sie sich positiv auf das psychische Wohlbefinden der Beschäftigten auswirken".[45] Das ist eine weit reichende Aussage. Vor allem, wenn man bedenkt, dass Achtsamkeit mit der Wirkung von Trainings zur psychischen Gesundheit von Führungskräften, Ersthelfern für psychische Gesundheit, gezielter kognitiver Verhaltenstherapie, Stressbewältigungstrainings und anderen bekannten Interventionen verglichen wurde. Eine weitere Metastudie aus dem Jahr 2021 kam zu einem ähnlichen Ergebnis. Sie stellte fest, dass „achtsamkeitsbasierte und multikomponentige positive psychologische Interventionen sowohl in klinischen als auch in nicht-klinischen Populationen die größte Wirksamkeit zeigten".[46]

Die Mechanismen der Achtsamkeit verstehen

Diese Ergebnisse haben uns bei nicht überrascht. Wir arbeiten seit Jahren mit Achtsamkeit im Unternehmenskontext. Alle unsere Mitarbeitenden und Trainer praktizieren intensiv Achtsamkeit. Aber es ist wichtig zu erklären, warum Achtsamkeit so wirksam ist. Gewöhnlich wird über Achtsamkeit in einer neurozentrischen Sprache gesprochen. Die Diskussionen beziehen sich auf das Gehirn und weniger auf die Verbindung zu unserem Körper und unserer Physiologie. Wie wir jedoch in den vorangegangenen Kapiteln gesehen haben, wirken sich Resilienzfähigkeiten nicht nur auf unser Gehirn aus. **Die Verbindung zwischen Körper und Geist, unsere Fähigkeit zu spüren, spielt eine zentrale Rolle in der eigenen Resilienz**. Achtsamkeitsübungen helfen uns auf drei Ebenen:

- **Verhaltensebene:** indem wir uns unserer meist unbewussten und automatischen Verhaltensweisen gewahr werden und bewusst neue Verhaltensweisen einüben.
- **Psychologische Ebene:** indem wir uns unserer Denkprozesse und festgefahrenen Einstellungen gewahr werden. Dies ermöglicht uns, diese Gedanken loszulassen oder zweckmäßigere Formen des Denkens zu kultivieren.
- **Physiologische Ebene:** indem wir unser inneres System regulieren. Durch unsere Körperhaltung, unsere Atmung und die erhöhte Aufmerksamkeit für das, was in unserem Körper geschieht.

Über die Rolle der Achtsamkeit auf den ersten beiden Ebenen – der Veränderung von sichtbarem Verhalten und psychologischen Prozessen (Mindset) – ist viel geschrieben worden. Weniger bekannt ist die Rolle der Achtsamkeit auf der dritten Ebene, der direkten physiologischen Regulation. Achtsamkeit kann einen tiefgreifenden Einfluss auf unseren Körper, die physiologische Regulation und die Neurophysiologie haben. Die Bedeutung dieses Aspekts darf nicht unterschätzt werden. Und dieser Aspekt spielt eine zentrale Rolle in der Resilienzforschung.

Physiologische Intelligenz

Physiologie ist eine etablierte Wissenschaft. Sie umfasst eine Vielzahl von Prozessen, die es dem Körper ermöglichen, Veränderungen seiner inneren Variablen zu erkennen, darauf zu reagieren und ihnen entgegenzuwirken, um das Leben zu erhalten. Unsere Physiologie reguliert unsere Gesundheit, unsere Funktionsfähigkeit und unser Wohlbefinden. Meistens geschieht dies automatisch. Natürlich gehören dazu auch einige neurophysiologische Prozesse im Zusammenhang mit dem Gehirn und dem

Nervensystem, aber die Physiologie ist weiter gefasst und umfasst auch die Atmung, die Herzfrequenz und andere Stoffwechselprozesse.

Wir können unsere Physiologie auch durch unser Verhalten beeinflussen. Viele Menschen wissen das, zumindest theoretisch. Sie üben Verhaltensroutinen aus, die ihre physiologischen Prozesse beeinflussen. Dazu gehören Bewegung und Sport, Flüssigkeitszufuhr und Ernährung, Schlaf und Atmung.

Es gibt eine noch tiefer gehende Form der Regulierung unseres Körpers durch Geist-Körper-Übungen wie Achtsamkeit, Visualisierungen und Konzentrationsübungen. Viele Spitzensportler haben gelernt, ihre Physiologie auf diese Weise direkt zu regulieren. Diese tiefere Form der physiologischen Intelligenz erschließt sich durch Achtsamkeitsübungen. So wie emotionale Intelligenz ein Gewahrsein und die Fähigkeit erfordert, unsere emotionalen Zustände zu regulieren, umfasst physiologische Intelligenz Gewahrsein und die Fähigkeit, unsere physiologischen Zustände zu regulieren. Es gibt nichts Übernatürliches daran. Achtsamkeit muss keine esoterische Angelegenheit sein. Achtsamkeit kann eine Vielzahl von Praktiken umfassen, darunter Aufmerksamkeits- und Emotionsregulation, Atemübungen und Geist-Körper-Übungen. Sie ist eine pragmatische und effektive Antwort auf die Herausforderungen der modernen Arbeitswelt. Unsere Trainingsprogramme nutzen daher Achtsamkeit, um den Teilnehmenden die entsprechenden Fähigkeiten zu vermitteln. Doch wie das folgende Beispiel zeigt, ist das nicht immer einfach.

Konzentrationsschwierigkeiten

Vor nicht allzu langer Zeit leitete Chris einen Monat lang täglich Achtsamkeitsübungen online an. Technologiespezialisten und Ingenieure aus der ganzen Welt nahmen daran teil. Seine Erfahrung hatte ihm gezeigt, dass es Menschen aus zwei Gründen schwerfällt, sich auf die Übungen einzulassen. Entweder haben sie keinen ausgeprägten Spürsinn für Ihren Körper somit insgesamt wenig interozeptives Gewahrsein. Oder ihr Nervensystem ist überreizt und sie müssen sich erst entspannen, bevor sie sich wirklich auf die Entwicklung ihrer inneren regulativen Fähigkeiten einlassen können.

Da er dies oft beobachtet hatte, besonders bei kognitiv intelligenten Menschen, betonte er in diesen Sitzungen, dass der erste Schritt darin besteht, zu lernen, sich zu entspannen. In einer Reihe von Sitzungen stellte dieselbe Person, eine 35-jährige Frau, im Wesentlichen immer wieder dieselbe Frage.

Lisa: „Chris, ich habe Schwierigkeiten, mich zu konzentrieren. Wie kann Achtsamkeit meine Konzentration verbessern?“

Chris: „Danke für die Frage, Lisa. Meine Erfahrung ist, dass es nicht so effektiv ist, zuerst an der Konzentration zu arbeiten. Zuerst muss man das Nervensystem entspannen. Dann kann man sich wieder ins eine Zone begeben, in der wir besser uns selbst regeln können, bevor man an der Konzentration arbeitet“.

Lisa: „Oh, danke. Ich soll mich also einfach entspannen?“ Lisa sagte das mit einem fragenden Gesichtsausdruck, als würde ich sie auf etwas Dummes hinweisen.

Chris: „Ja, einfach entspannen".

Lisa: „Okay, ich werde versuchen, mich einfach zu entspannen. Danke." Chris erinnert sich, dass Lisa bei diesen Worten mit einem verwirrten Blick mit den Augen rollte.

Am nächsten Tag sahen sie sich wieder. Und Lisa hatte immer noch Probleme.

Lisa: „Wenn ich mich entspanne, gehen mir all die dringenden Dinge durch den Kopf, die ich erledigen muss. Ich bin also gar nicht entspannt! Wie kann das helfen?"

Chris: „Das klingt, als ob Sie sich nicht wirklich entspannen. Versuchen Sie, einfach dem Ausatmen zu folgen, das Ausatmen wirklich zu spüren."

Lisa: „Oh, ich soll mich also auf die Ausatmung konzentrieren?"

Chris: „Nein, einfach die Ausatmung *spüren* und das Gefühl der Entspannung im Körper wahrnehmen."

Lisa: „Wie soll ich das spüren, wenn ich mich nicht darauf konzentriere?"

Chris: „Spüren sie es einfach in Ihrem Körper."

Lisa: „Okay, ich werde es versuchen", sagte sie und schüttelte wieder leicht den Kopf.

In der nächsten Sitzung kämpfte Lisa weiter.

Lisa: „Ich kann mich einfach nicht auf das Ausatmen konzentrieren. Ich strenge mich wirklich an, aber ich kann mich nicht konzentrieren. Stimmt etwas nicht mit mir?"

Chris: „Ja, ich glaube, das wollte ich sagen. Es klingt, als ob Sie sich wirklich anstrengen, was darauf hindeutet, dass Sie sehr angespannt sind. Bei dieser Übung geht es nicht darum, sich anzustrengen. Es geht darum, sich zu entspannen und es gar nicht erst zu versuchen, wenn man so will."

Lisa: „Ja, ich strenge mich jeden Tag an."

Chris: „Dann versuchen Sie, sich zu entspannen. Hören Sie auf, sich so anzustrengen. Und schauen Sie, was passiert."

Lisa: „Okay, ich werde versuchen, mich auf die Entspannung zu konzentrieren. Und mich nicht mehr so anzustrengen, denke ich."

Möglicherweise war Lisas Nervensystem dysreguliert, sodass sie sich nicht entspannen konnte. Außerdem hatte sie ein geringes Maß an interozeptiver Wahrnehmung und Selbstwahrnehmung, sodass sie nicht wusste, wie sich Entspannung anfühlt. Lisa befand sich also in einer herausfordernden Situation. Sie hatte keine Ahnung, wohin wir unterwegs waren. Auf der Suche nach einer Lösung übersetzte sie dies in die einzige Antwort, die sie kannte, nämlich den Versuch, sich mit Anstrengung auf Entspannung zu konzentrieren. Das war eindeutig kontraproduktiv. Schließlich brachte Chris Lisa eine spezielle Atemtechnik bei. Er half ihr, ihr Nervensystem zu entspannen. Dies ermöglichte ihr, ein Gefühl der Entspannung in ihrem Körper zu entwickeln, das dann zum Bezugspunkt für ihre Achtsamkeitspraxis wurde.

Im Laufe der Zeit wurde Lisa immer mehr von der Achtsamkeitspraxis ergriffen. Sie wurde vertrauter mit ihrem Nervensystem und lernte, sich zu entspannen. Als wir uns ein Jahr später wieder trafen, erzählte sie, dass sie täglich praktizierte. Sie fühlte sich immer noch ziemlich gestresst, aber sie sagte, dass sie viel besser damit umgehen könne als früher. „Es ist, als wäre eine Distanz entstanden zwischen mir und meinem Stress", sagte sie. Sie hatte jetzt ein Mittel, um den Stress zu regulieren. Und es war gesünder als ihre alte Gewohnheit, jeden Abend Wein zu trinken, um sich zu entspannen.

Mehr als Entspannung

Achtsamkeit wird von vielen nur als Entspannungsübung gesehen. Wenn man „Achtsamkeit" googelt, findet man tatsächlich viele Bilder von scheinbar ekstatischen Menschen im Schneidersitz oder im vollen Lotussitz, auf einem Berg oder an einem anderen schönen Ort. Und ja, Achtsamkeit hat etwas Entspannendes und das braucht es auch. Aber sie muss nicht an einem schönen Ort oder in der Natur geschehen. Achtsamkeit kann überall geschehen: im Zug, im Wartezimmer, sogar auf der Toilette. Sie ist immer schon da und kann genutzt werden, um den stressigen Momenten des Lebens ihren Schrecken zu nehmen. **Doch Entspannung ist nur ein kleiner Teil von Achtsamkeit. Im Grunde handelt es sich um eine Reihe von Praktiken, die uns helfen, unsere innere Landschaft zu erforschen und zu lernen, unsere inneren Fähigkeiten und die Verbindung zwischen Körper und Geist zu stärken.** In vielen modernen Gesellschaften sind wir darauf trainiert, auf einer kognitiven Ebene zu denken und zu funktionieren. Dies ist zwar wichtig, kann aber auch dazu führen, dass wir uns „den Kopf zerbrechen" oder „in Gedanken verlieren". Der Durchschnittsmensch hat wenig Verständnis für seine inneren Prozesse, insbesondere für die physiologischen.

Dieses achtsame Gewahrsein kann trainiert und erlernt werden. Eine nützliche Analogie ist das Hören einer unbekannten Musikrichtung. Stellen Sie sich vor, sie gehen mit einem Experten für klassischer Musik in ein Konzert. Diese Person kann viele Aspekte der Musik erkennen, die für unerfahrene Zuhörer nicht erkennbar sind. Die Stimmung. Die feinen Veränderungen in Tonhöhe und Lautstärke. Welche Teile des Liedes der Dirigent besonders betont hat. Erst wenn wir mehr klassische Musik hören, fangen wir an, Muster zu erkennen. Wir fangen an, feine Veränderungen und Stimmungen in der Musik wahrzunehmen. Genauso ist es mit dem Körper. Wenn viele Menschen mit der Achtsamkeitspraxis beginnen, nehmen sie zunächst keine feinen Veränderungen in ihrem Körper wahr. Sie denken vielleicht, dass nichts passiert. Wenn wir uns mit der Zeit in Achtsamkeit üben, lernen wir unsere inneren Zustände erst wahrzunehmen und dann zu regulieren.

Die Bedeutung des Atems: In der Achtsamkeitspraxis arbeiten wir normalerweise mit dem Atem. Wenn man bedenkt, wie wichtig der Atem ist, ist es erstaunlich, wie wenig wir darüber wissen. Unsere Atmung hat einen entscheidenden Einfluss auf viele unserer physiologischen Prozesse. Sie ist der erste Schritt zu einer tieferen physiologischen Regulation. Tiefer gelegene Gewebe in der Lunge werden besser durchblutet. Wenn wir also tief atmen, wird der Sauerstoff besser ins Blut transportiert. Tiefe Atmung mit einer guten Körperhaltung erhöhen auch das Volumen der aufgenommenen Luft. In dieser Kombination ermöglicht eine tiefere Atmung eine allmähliche Verlangsamung des Atems.

Außerdem führt die Verlängerung der Ausatmung im Verhältnis zur Einatmung zu einem Wechsel von sympathischer Erregung zu parasympathischer Entspannung im Nervensystem. Dies ist eine großartige Möglichkeit, den Zustand von Stress hinzu Loslassen und Regeneration zu verändern. Insgesamt ist die Atemfrequenz eng mit unserem Nervensystem und unserem Gemütszustand verbunden. Deshalb haben wir in unseren Awaris-Programmen den Atem als ein wichtiges Instrument erkannt und integriert, um die individuelle Resilienz und auch die organisationale Wir-Resilienz zu stärken.

Unser Nervensystem regulieren: Durch Achtsamkeitsübungen können wir lernen, den Zustand unseres Nervensystems direkt über den Atem zu regulieren.[47] Wir können es nicht nur bewusst herunterregulieren – von sympathischer zu parasympathischer Aktivierung wechseln – sondern auch bewusst hochregulieren. Und zwar nicht nur während der Achtsamkeitsübung, sondern den ganzen Tag über. So können wir mehr Zeit im Erholungsmodus verbringen. Und wir können bei Bedarf auch schneller aus dem Stressmodus herauskommen. Wie nützlich das am Arbeitsplatz sein kann, ist nicht schwer zu erkennen.

Unseren emotionalen Zustand regulieren: Neben dem Nervensystem sind in unserem Hormonsystem auch die Zustände „Annäherung“ und „Vermeidung“ verankert. Annäherung ist mit einer erwarteten Belohnung verbunden, Vermeidung mit einer erwarteten Bedrohung. Diese Erwartungen können zu Veränderungen in unseren Hormonspiegeln führen, z. B. in der Form von Cortisol, Dopamin und Adrenalin. Wir können also positiv gestresst sein und uns auf ein angenehmes Ereignis freuen. Oder wir können negativ gestresst sein (was den meisten Menschen vertrauter sein wird). Viele Sportlerinnen und Sportler visualisieren ihren Erfolg (positiver Stress), indem sie die Etappen eines Rennens in Gedanken durchgehen, um ihr Selbstvertrauen zu stärken. In ähnlicher Weise können Achtsamkeitspraktizierende starke emotionale Zustände herunterregulieren, indem sie von negativen zu positiven Emotionen wechseln. Sowohl das Nervensystem als auch das Hormonsystem sind wichtige Ebenen der inneren physiologischen Regulation.

Konzentration aufrechterhalten: Unsere Konzentrationsfähigkeit kann trainiert werden. Viele Menschen gehen davon aus, dass starke Konzentration mit Anspannung einhergeht. Wenn wir jedoch unsere Konzentrationsfähigkeit verbessern, können wir unseren Geist mit weniger Anstrengung und größerer Stabilität auf ein Objekt ausrichten. Das bedeutet, dass konzentriertes Arbeiten weniger anstrengend ist und wir leichter in einen Flow-Zustand kommen. Diese Fähigkeit ist ein großer Vorteil für Deep Work.

Wenn Chris und Liane über ihren persönlichen Weg der Achtsamkeit nachdenken, haben sie unterschiedliche Wege eingeschlagen. Liane ist von Natur aus sportlich und musste aufgrund ihrer traumatischen Kindheitserfahrungen eine intensive Beziehung zu ihrem Körper aufbauen. Sie entwickelte die Fähigkeit, ihren Körper direkt zu erleben, und folglich ein hohes Maß an interozeptivem Gewahrsein. Wie ein geübter Dirigent, der einem Musikstück lauscht, kann sie sich ganz auf ihre Körpererfahrungen einlassen und so ihren Geist leicht im gegenwärtigen Moment der Sinneswahrnehmung ruhen lassen. Diese Fähigkeit hat auch ihre von Natur aus hohe emotionale Intelligenz gestärkt. Sie ist geschickt im Umgang mit Emotionen, sowohl bei sich selbst als auch bei anderen.

Chris begann mit einem Defizit in der Körperwahrnehmung (denken Sie an einen mageren jungen theoretischen Physiker und Sie liegen nicht weit daneben). Er versuchte viele Jahre lang, an seiner Konzentration zu arbeiten, aber es fiel ihm schwer, auf diese Weise eine stabile Aufmerksamkeit zu entwickeln. Obwohl er mit der Landschaft seines Geistes und seinen mentalen Prozessen vertraut wurde, verlor er sich noch sehr oft in Gedanken.

Ein unvergessliches Erlebnis ereignete sich während eines einmonatigen Meditationsretreats, bei dem er jeden dritten Tag ein Gespräch mit Sara hatte, seiner weisen und manchmal „bissigen“ Meditationslehrerin. Zu jedem Gespräch brachte Chris eine neue Reihe von Fragen, Optionen, Erfahrungen und Einsichten mit, die Sara geduldig und sanft beantwortete, während sie ihn immer wieder einlud, einfach in seiner gegenwärtigen Erfahrung zu ruhen. Schließlich, im siebten Interview, gerade als Chris einen langen Atemzug nahm, um zu erklären, was er alles erlebt hatte, unterbrach Sara ihn. Sie sagte: „Chris, was immer du tust, hör einfach auf damit.“

Etwas verblüfft hielt er inne und begann einfach wahrzunehmen, was gerade geschah. Das war eine wichtige Veränderung in seiner Praxis, einfach mit dem Körper zu sitzen und in der Erfahrung des Reichtums unserer Sinneserfahrung zu ruhen. Er erkannte, dass das Abschweifen des Geistes kein Zeichen dafür war, dass die Achtsamkeit ‚nicht funktionierte‘.

Herzratenvariabilität als Fenster zur physiologischen Regulation

Bei unserer Arbeit mit Arbeitnehmenden verwenden wir häufig Messungen der Herzratenvariabilität (HRV) von unserem Partner Firstbeat. Dies hilft ihnen, ein Fenster in ihr Innenleben zu öffnen, und es schult sie darin, mit ihrer Physiologie zu arbeiten. HRV-Geräte messen die Herzfrequenz (z. B. 60 Schläge pro Minute) und vor allem auch die Varianz in der Herzrate. Eine hohe Variabilität ist ein gutes Zeichen und weist auf ein gesundes Gleichgewicht zwischen der Aktivität des Nervensystems im Sympathikus und Parasympathikus hin. Die genauen Werte, die HRV-Geräte aufzeichnen, werden von Firstbeat in Diagramme übersetzt. Diese zeigen die Aktivierung unseres sympathischen Nervensystems (Stress) gegenüber dem parasympathischen Nervensystem (Ruhe und Verdauung) an.

Viele von uns verbringen zu viel Zeit in der sympathischen Aktivierung. Sei es, weil sie gestresst sind, zu wenig schlafen, zu viele Medien konsumieren oder einfach nicht entspannen können. Aus unseren Daten geht hervor, dass viele Menschen häufig mehr als 60–70 % ihres Tages in der sympathischen Aktivierung verbringen. Während die sympathische Aktivierung (die Stressreaktion unseres Körpers) an sich nichts Schlechtes ist, wirkt sich eine zu starke Aktivierung negativ auf unsere Körperressourcen und unsere Gesundheit aus. Dies lässt sich leicht an unseren HRV-Auswertungen erkennen. Hier sehen wir sowohl die Zeit, die jemand in der sympathischen Aktivierung verbringt, als auch die damit verbundene Abnahme der körperlichen Ressourcen.

Bei langanhaltendem Stress nehmen unsere körperlichen Ressourcen ab.

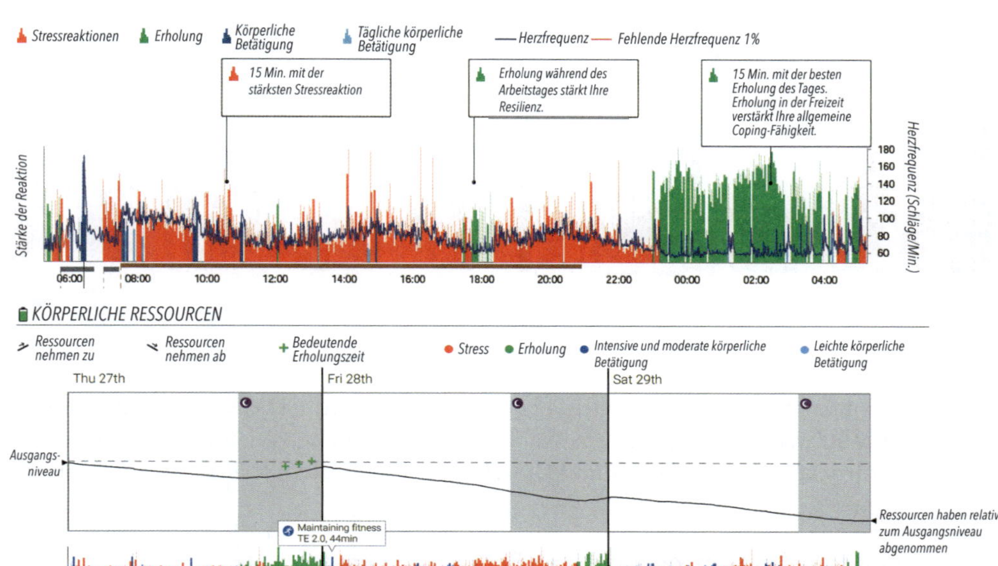

Quelle: Firstbeat

Wir haben mit Tausenden von Menschen in Unternehmen mit HRV-Geräten gearbeitet und ihnen geholfen, ihren inneren Zustand weniger von den äußeren Einflüssen beeinflussen zu lassen. Vor allem lernen sie, mit ihrem Atem und ihrer Körperhaltung zu arbeiten, ihr Nervensystem zu entspannen, starke Emotionen herunter zu regulieren, und stabile Aufmerksamkeit und Deep Work zu kultivieren. Diese Maßnahmen haben einen starken und schnellen Einfluss auf das Energiemanagement und die Vitalität. Sie sind in unserer hochintensiven Arbeitswelt sehr hilfreich. Das folgende Beispiel stammt aus Kursen, die wir durchgeführt haben. Es zeigt zwei Personen, die an ihren Computern arbeiten. Die eine ist vor allem gestresst und braucht ein hohes Maß an Anspannung, um arbeiten zu können (und verbraucht daher viel Energie). Die andere kann mit entspannter Konzentration arbeiten. Sie senken ihr Stressniveau über einen Zeitraum von drei Stunden und schalten während konzentriertem Arbeiten auf ein hohes Maß an Erholung um. Die Gesamtheit des Stressniveaus und des Energieverbrauchs ist bei diesen beiden Personen über einen Zeitraum von drei Stunden sehr unterschiedlich: Jemand der mit entspanntem Fokus an einer Aufgabe arbeitet verbraucht also deutlich weniger Energie und erlebt weniger Stress als jemand der gestresst ist. Sie können sich vorstellen, dass sich dies über Wochen und Monate zu einem enormen Unterschied in Stress und Erschöpfung summiert.

Fragmentierte vs. fokussierte Arbeit.

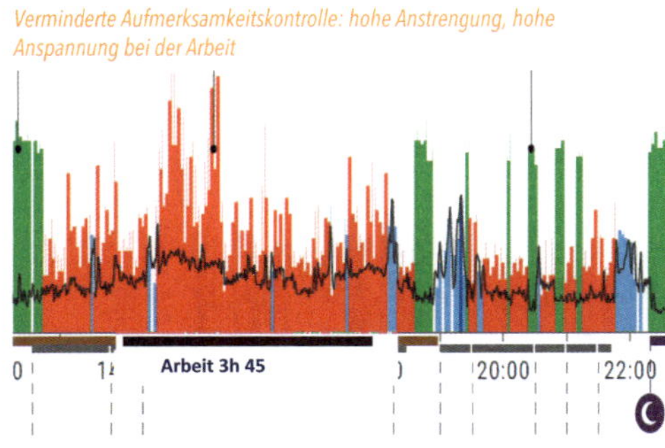

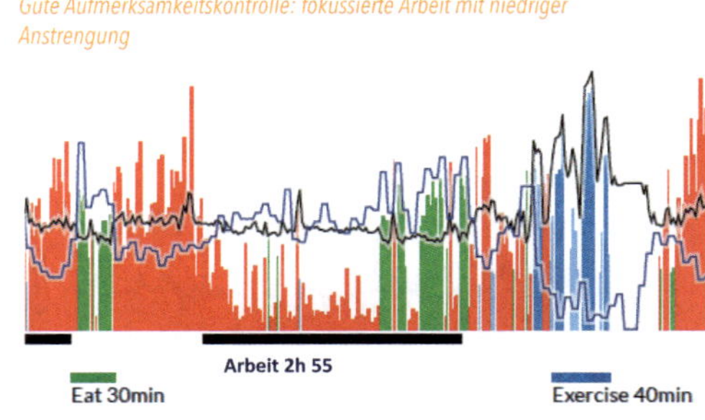

Person zwei weist auf eine tiefere Ebene der Resilienz hin: Die Fähigkeit, den inneren Zustand während der Arbeit zu verändern, unabhängig von äußeren Faktoren wie Zeitdruck, Informationsflut und Unterbrechungen. Das zu lernen ist keine Hexerei.

Mangelnde Integration von Körper und Geist

Die Fähigkeit, Körper und Geist zu integrieren und die physiologische Intelligenz zu kultivieren, ist ein zentraler Aspekt der Achtsamkeit und vor allem auch ein zentraler Schlüssel für Resilienz. Die Integration von Körper und Geist verwurzelt uns in unserem Spürsinn. Sie stärkt unser Selbstvertrauen und unsere Selbstwirksamkeit auf einer tiefen Ebene. Wir schulen jährlich rund 15.000 Menschen. Dabei begegnen wir persönlich immer mehr Menschen, die durcheinander zu sein scheinen. Diese Menschen sind hochintelligent, aber wir nehmen sie als verwirrt und vor allem unintegriert wahr, in einem Zustand geistiger und körperlicher Unordnung. Und oft sind sie sich dessen gar nicht bewusst. Sie merken nicht, wie sehr sie im Kopf sind, und wie erschöpft oder wie wenig ausbalanciert sie sind.

In unserer Arbeit pro Jahr integrieren wir Achtsamkeitsübungen in alle unsere Interventionen. Viele Menschen haben dies sehr begrüßt, aber wir sind auch auf alle möglichen Probleme gestoßen, die mit dieser Praxis verbunden sind. Die folgende kurze Geschichte ist diesbezüglich vielleicht aufschlussreich (und amüsant).

Ein Sensor in unserem System

Chris leitete eine Achtsamkeitssitzung für eine Gruppe von Führungskräften eines Technologieunternehmens. Es waren etwa 50 Personen im Raum, einem klassischen, etwas kargen Konferenzraum, in dem wir die Tische zur Seite geschoben hatten, um Stuhlreihen zu bilden. In der ersten Reihe saß der CEO, sein Name war John. Er war eindeutig unentschlossen, was Achtsamkeit betraf. Irgendwie wollte er es lernen, aber er war sich auch nicht sicher. Er war skeptisch.

Chris und die Teilnehmenden machten eine gemeinsame Übung. Chris forderte die Teilnehmenden auf, sich hinzusetzen, auf ihren Atem zu achten und die Augen geschlossen oder offen zu halten, je nachdem, was sie für richtig hielten. Nach einigen Minuten bemerkte er, dass der Kopf des CEO zu wackeln und zu schaukeln begann. John war eindeutig dabei einzuschlafen.

Nach der Übung war Chris neugierig auf seine Erfahrung und lud ihn ein, davon zu erzählen. Er fragte ihn, was ihm aufgefallen sei, und das Gespräch verlief wie folgt:

John: „Chris, ich habe diese Achtsamkeitsübungen schon ein paar Mal gemacht und immer die gleiche Erfahrung gemacht. Ich schlafe sehr schnell ein. Ich glaube nicht, dass diese Methode bei mir funktioniert. Was würden Sie empfehlen? Was soll das bedeuten?"

Chris: „Ich glaube, das bedeutet, dass Sie müde sind."

Schweigen.

Noch mehr Schweigen.

Offensichtlich versuchte John, sich einen Reim auf Chris' (scheinbar) völlig irrelevante und lächerliche Aussage zu machen. Er antwortete.

John: „Ich verstehe nicht. Was hat das damit zu tun? Ich habe davon gesprochen, dass die Atemübung nicht funktioniert."

Chris: „Ich glaube, sie funktioniert. Sie zeigt einem den Zustand des eigenen Geistes. Sie sind eindeutig müde. Sie sollten mehr schlafen."

John gefiel offensichtlich nicht, in welche Richtung sich dieses Gespräch entwickelte.

John: „Wie kann mir dieser Rat helfen? Ich versuche, einen klaren Kopf zu bekommen … Und Sie sagen mir, dass Achtsamkeit *funktioniert*, indem sie mich zum Schlafen bringt?"

Chris: „Ja. Wahrscheinlich wissen Sie nicht, wie Sie sich entspannen können, setzen sich ständig unter Druck und ignorieren vielleicht die Bedürfnisse Ihres Körpers. Achtsamkeit ist ein Spiegel des Geistes. Sie sollten mehr schlafen. Vielleicht hilft Ihnen das."

John hielt inne und überlegte.

John: „Wollen Sie damit sagen, dass ich nicht weiß, was in mir vorgeht?"

Chris: „Ja, es scheint so."

Schweigen.

John: „Also, ähm, was ist dann der Sinn von Achtsamkeit?"

Da John Ingenieur war, bevor er CEO wurde, und die meisten Anwesenden Ingenieure waren, fuhr Chris auf eine Weise fort, die bei ihnen Anklang finden konnte:

Chris: „Wenn man keinen Sensor im System hat, kann man das System nicht regulieren. Welche Sensoren haben Sie in Ihrem Geist und in Ihrem Körper?"

John hielt inne. Er hatte verstanden. „Wollen Sie damit sagen, dass ich, um meinen Geist und Körper zu regulieren, mich sozusagen im Spiegel zu sehen, eine Praxis wie Achtsamkeit haben muss?"

Chris: „Ja, das gilt besonders für Führungskräfte. Wenn man nicht jeden Tag in den Spiegel seines Geistes schaut, sieht man sich selbst nicht. Wenn Sie ein Chef sind, werden Ihnen viele Leute nicht einmal sagen, wenn Sie einen Popel an der Nase haben, geschweige denn, wie Sie sich als Chef verhalten. Achtsamkeit ist ein Sensor. Sie gibt Ihnen Informationen, aber sie ermöglicht Ihnen auch zu lernen, wie Sie dieses komplexe System regulieren können. Sie können ein komplexes System nicht verändern, indem Sie es treten. Sie haben versucht, Ihren Geist zu treten, um ihn klarer zu machen, aber da Sie zu müde und gestresst waren, hat es wahrscheinlich nicht funktioniert."

Achtsamkeit als Schlüsselkompetenz verankern

Viele Unternehmen haben die Bedeutung von Achtsamkeit erkannt. Sie arbeiten seit vielen Jahren daran, ihre Mitarbeitenden mit Achtsamkeitstrainings zu unterstützen und Achtsamkeit in ihre Unternehmenskultur zu integrieren. Dafür gibt es viele herausragende Beispiele, unter anderem große multinationale Unternehmen wie SAP, Novartis, Unilever und HSBC. Wir hatten das Glück, in den letzten sieben Jahren mit HSBC zusammenzuarbeiten und sie dabei zu unterstützen, ihr globales Netzwerk von Achtsamkeits-Champions aufzubauen und innovative Formen von Achtsamkeitstrainings für verschiedene Zielgruppen zu entwickeln.[48]

Die Führungsebene und das Achtsamkeitsteam von HSBC nehmen diese Initiative sehr ernst. Sie konzentrieren sich sowohl auf die Qualität des Trainings als auch auf die Reichweite der Intervention. Ein zentrales Element unseres Ansatzes bei HSBC ist ein Achtsamkeitstrainingsprogramm mit sieben Modulen, das sich in der Regel über zwei Monate erstreckt und auf die Herausforderungen der Arbeit in einem globalen Unternehmen ausgerichtet ist. Die Ergebnisse sind durchweg positiv: Das Wohlbefinden der Mitarbeitenden hat sich um mehr als 20 % verbessert und der empfundene Stress hat sich im Vergleich zu vor dem Programm um etwa 25 % verringert. Das Achtsamkeitsteam von HSBC arbeitet daran, dieses Training jährlich mehr als tausend Menschen anzubieten. Die von uns ausgebildeten Achtsamkeits-Champions führen es in Englisch, Deutsch, Spanisch, Französisch, Polnisch, Mandarin und Kantonesisch durch – ein echter Beweis für die globale Reichweite und den integrativen Charakter dieses Ansatzes. Das passt zu einer Organisation, die für sich in Anspruch nimmt, ‚eine lokale Bank, die internationalen Anforderungen gerecht wird' zu sein.

Unser Trainingsprogramm für Achtsamkeits-Champions umfasst Praxis- und Retreat-Anforderungen, die von der British Association of Mindfulness-Based Approaches (BAMBA) zertifiziert wurden. Es ist das erste Champions-Programm eines Unternehmens, das diese externen Qualitätsstandards erfüllt und mit dem BAMBA-Qualitätssiegel für Achtsamkeit am Arbeitsplatz ausgezeichnet wurde. Gemeinsam mit HSBC haben wir Programme für Führungskräfte, die Change- und Transformations-Community, global verteilte Teams und die Mitarbeitenden in den Bankfilialen entwickelt und erprobt. Auf diese Weise ist Achtsamkeit zu einem festen Bestandteil der Arbeitswelt geworden. Es ist nach wie vor eines der beliebtesten Programme bei

HSBC. Und wir finden, es ist ein perfektes Beispiel dafür, wie Achtsamkeit in einer Organisation verankert werden kann. Die Mitarbeitenden erleben weniger Stress und mehr Wohlbefinden und können ihre inneren Zustände besser wahrnehmen und verändern. Das ist, wie wir wissen, die Grundlage für individuelle Resilienz.

KERNAUSSAGEN DIESES KAPITELS

- Wir haben ein kognitives und ein fühlendes Gehirn.
- Das kognitive und das fühlende Gehirn sind aufgrund des technologischen Fortschritts, des veränderten Lebensstils, des zunehmenden Stresses, der sich verändernden sozialen Dynamiken und des Bewegungsmangels immer weniger miteinander verbunden.
- Achtsamkeit ist der beste Weg, diesen Problemen zu begegnen und hat in den letzten Jahrzehnten stark an Popularität gewonnen.
- Es hat sich gezeigt, dass Achtsamkeit die effektivste Intervention am Arbeitsplatz ist, um beruflichen Stress und psychische Beschwerden zu reduzieren.
- Achtsamkeit beeinflusst uns auf der Ebene des Verhaltens, der Psychologie und der Neurophysiologie.
- Achtsamkeit hilft Menschen, ihr Nervensystem und ihren emotionalen Zustand zu regulieren und die Konzentration aufrechtzuerhalten, wie unsere HRV-Studien zeigen.
- Wir glauben aufgrund der oben genannten Gründe, dass jedes Unternehmen Achtsamkeit braucht, sowohl auf der individuellen Ebene als auch auf der Ebene der gesamten Organisation.

KAPITEL 6: UNSERE RESILIENZ-FÄHIGKEITEN ENTWICKELN

„Wünsch dir nicht weniger Probleme,
sondern mehr Fähigkeiten."
Jim Rohn

Die letzten Jahre waren in vielerlei Hinsicht einzigartig. Vor 2020 zögerten die meisten Unternehmen, ihren Mitarbeitenden zu erlauben, im Homeoffice zu arbeiten. Selbst die Bitte, einen Tag zuhause zu arbeiten oder kurz einen Klempner ins Haus zu lassen, wurde mit großem Misstrauen betrachtet. Die Unternehmen taten ihr Bestes, um sich dagegen zu wehren und das Arbeiten von zuhause eher zur Ausnahme als zur Regel zu machen.

Was dann geschah, wissen wir natürlich alle. Die Welt wurde von einer Reihe von Lockdowns heimgesucht. Die Unternehmen mussten sich damit abfinden, dass sie ihren Mitarbeitenden erlauben mussten, von zuhause aus zu arbeiten, zumindest den Wissensarbeitern.

Betrachtet man die wichtigsten Trends im Bereich des Wohlbefindens am Arbeitsplatz in den letzten Jahren, so wurden diese stark von der Pandemie, den damit verbundenen Lockdowns und den seither anhaltenden wirtschaftlichen Herausforderungen beeinflusst. Als unmittelbare Reaktion auf die Pandemie mussten diejenigen, die Angehörige verloren hatten, ihre Trauer bewältigen. Andere hatten mit Ängsten und Einsamkeit zu kämpfen, weil sie nun von zuhause aus arbeiten mussten. Und Angehörige gefährdeter Gruppen machten sich Sorgen über mögliche Gesundheitsprobleme, die auf sie zukommen könnten.

Für einige war das Homeoffice willkommen. Kinderlose Paare erzählen gern von einer Zeit, in der sie weniger soziale Pläne hatten, sich Hobbys wie Malen und Töpfern widmeten und Netflix-Serien schauten. Diejenigen mit kleinen Kindern hingegen mussten sie plötzlich zuhause unterrichten und gleichzeitig ihrer Arbeit nachgehen. Und viele Alleinstehende hatten mit anhaltender und manchmal tiefer Einsamkeit oder Isolation zu kämpfen. Vor diesem Hintergrund ist es nicht verwunderlich, dass sich die psychischen Probleme während der Pandemie verschlimmerten. Infolgedessen hat das Bewusstsein für psychische Gesundheit und Unterstützung am Arbeitsplatz in den letzten Jahren zugenommen. Auch die Krise der Einsamkeit ist stärker in den Vordergrund gerückt. Eine Krise, die schon seit einigen Jahrzehnten besteht, die aber während und nach der Pandemie ins Rampenlicht gerückt ist.

Auch nach dem Ende der Lockdowns ermöglichten die meisten Organisationen ihren Mitarbeitenden, zumindest zeitweise im Homeoffice zu arbeiten. Ein hybrides Modell zwischen Büro und Homeoffice wurde plötzlich zur Norm, was in der modernen Arbeitswelt völlig neu war. Viele begrüßten diese Flexibilität. An Zoom-Meetings in Anzug und Krawatte teilzunehmen, während man Hausschuhe und Jogginghose trug, war eine wunderbare Neuerung. Und weniger Pendeln bedeutete mehr Zeit mit der Familie (oder im Bett).

Aber dieses Arrangement hat auch einige einzigartige Herausforderungen mit sich gebracht. Die Grenzen zur Arbeit verschmolzen. Wenn das Zuhause das Büro ist, ist die Versuchung groß, ständig E-Mails zu checken und auch in der Freizeit „auf Abruf" zu sein. Das erschwert das Abschalten. Im Bereich des Wohlbefindens am Arbeitsplatz haben wir festgestellt, dass das Bewusstsein für dieses Problem zugenommen hat und Taktiken entwickelt wurden, um den Menschen zu helfen, ein besseres Gleichgewicht zwischen Arbeit und Privatleben zu finden.

Die körperliche Betätigung hat unter der hybriden Arbeit stark gelitten. Für viele Menschen war der Weg zum Bahnhof oder zur Arbeit die hauptsächliche Form der Bewegung. Jetzt können sie sich ins Bett legen, den Laptop aufklappen und sind im Büro. Das Arbeiten von zuhause aus hat also viele Herausforderungen in Bezug auf körperliche Aktivität mit sich gebracht. Oft gehen die Menschen den ganzen Tag nicht vor die Tür, wodurch sie weniger natürlichem Licht ausgesetzt sind. Sie sitzen auf unergonomischen Arbeitsstühlen. Die Ernährungsgewohnheiten sind schlechter geworden. Es ist viel einfacher, die Kamera bei Zoom auszuschalten, ein paar Kekse zu essen und dann so zu tun, als wäre nichts passiert. In einem persönlichen Gespräch wäre es wahrscheinlich schwieriger, die Fassung zu bewahren.

Die Pandemie hat auch die wirtschaftliche Situation der Haushalte vor große Herausforderungen gestellt. Die westlichen Regierungen haben während der Pandemie massive Sozialausgaben getätigt. Aber in der Wirtschaft gibt es kein kostenloses Mittagessen. Diese Programme sind jetzt ausgelaufen. Das Geld, das gedruckt wurde, um diese Programme zu finanzieren, und die hohen Rohstoffpreise haben in den Industrieländern zu einer Inflations- und Lebenshaltungskostenkrise geführt. Die Realeinkommen sind gesunken und die Hypothekenzahlungen der Haushalte sind zusammen mit den Zinsen in die Höhe geschnellt.

Neben diesen pandemiebedingten Problemen haben sich auch die Krisen der „inneren Kündigung" und der „Zugehörigkeit" verschärft. Die Jahre 2021 bis 2023 waren von großer Resignation geprägt. Die Menschen fühlten sich in ihrer Arbeit oder mit ihren Kollegen weniger engagiert, was sich auf das Wohlbefinden und die Zusammenarbeit auswirkte. Die erhöhte Intensität der Pandemiejahre hat zusammen mit dem anhaltenden Tempo des Arbeitslebens die Burn-out-Raten weltweit in die Höhe getrieben. Gleichzeitig hat die Diversität am Arbeitsplatz an Bedeutung gewonnen. Inklusion ist zu einem wichtigen Thema geworden, insbesondere in Bezug auf hybride Arbeit.

Die zunehmende Krise des Wohlbefindens am Arbeitsplatz

Einige Unternehmen haben Maßnahmen ergriffen, um diesen Herausforderungen zu begegnen. Viele von ihnen konzentrieren sich auf die Einführung von Technologien zur Unterstützung des Wohlbefindens, sodass der Einsatz von Technologie massiv zugenommen hat. Es wurden Apps, Tools und Plattformen entwickelt, um das Wohlbefinden der Mitarbeitenden zu unterstützen, z. B. Apps zur Überwachung der psychischen Gesundheit, Stress-Management-Tools und virtuelle Wellness-Sitzungen. Aber es wird Sie nicht überraschen zu hören, dass wir nicht glauben, dass Technologie allein die Antwort ist.

Kummer. Gesundheitliche Probleme. Einsamkeit. Ängste und psychische Erkrankungen. Verschlechterung der körperlichen Gesundheit. Die Herausforderungen einer hybriden Arbeitswelt. Die Krise der Lebenshaltungskosten. Die Krise der inneren Kündigung und der Zugehörigkeit. Die erneute Betonung von Inklusion und Vielfalt. Das sind große, drängende Probleme, die zumindest mehr Aufmerksamkeit erhalten. Aber Technologie ist nur ein Teil der Antwort auf diese tiefgreifenden Herausforderungen am Arbeitsplatz. Wir glauben, dass die Antwort auf diese Herausforderungen in den Resilienzfähigkeiten liegt, die wir in Kapitel drei beschrieben haben. Obwohl jede dieser Herausforderungen einzigartig ist, bleiben die zugrunde liegenden menschlichen Fähigkeiten, die zu ihrer Bewältigung beitragen können, die gleichen. Das liegt daran, dass diese Herausforderungen alle auf derselben Landkarte unserer menschlichen Erfahrung, unserer menschlichen Physiologie liegen. Lassen Sie uns drei davon herausgreifen, um diesen Punkt zu veranschaulichen.

Erstens ist da das körperliche Wohlbefinden im Homeoffice. Viele Europäer scherzten über die ‚19' in COVID-19, dass sie sich auf die 19 Pfund bezieht, die die Menschen durchschnittlich zugenommen haben, während sie von zuhause aus arbeiteten. Das war nicht bei allen der Fall – einige haben sich tatsächlich mehr bewegt und mehr Sport getrieben. Wie der Chinese, der in seiner 40 Quadratmeter großen Wohnung einen ganzen Marathon gelaufen ist und ihn live übertragen hat, wobei er um den Tisch und das Sofa in seinem Wohnzimmer kreiste. Der menschliche Einfallsreichtum ist grenzenlos.

Die Pandemie ging zunächst mit einem massiven Rückgang der weltweiten Schrittzahl und einer starken Veränderung des Schlafverhaltens einher. Hinzu kam, dass Menschen, die sich ihrer Haltung und Bewegung nicht bewusst waren, mit der Einrichtung ihres Homeoffice zu kämpfen hatten. Es gab zwar einige hilfreiche Informationen. Aber in den Unternehmen, mit denen wir arbeiteten, reagierten in den ersten vier Monaten der Pandemie viele der Mitarbeitenden mit Fähigkeiten in den Bereichen Bewegung, Ernährung, Ruhe und Entspannung sowie bewusste Atmung am besten auf diese Herausforderungen. Sie vergaßen nicht, sich zu bewegen, sich gesund zu ernähren, klare Arbeitsgrenzen zu setzen und sich auszuruhen. Ihre Gewohnheiten machten einen Unterschied.

Zweitens stehen wir vor finanziellen Herausforderungen. Die Pandemie und die Jahre nach der Pandemie haben mehrere finanzielle Trends in Form von steigenden Wohn- und Lebenshaltungskosten verschärft. Dies hat viele Menschen in finanzielle Not gebracht. Es gibt kontextspezifische Unterstützung, die den Menschen angeboten werden kann, einschließlich einer soliden Finanzberatung. Aber auch hier haben wir festgestellt, dass die Fähigkeiten der Emotionsregulation, der positive Sichtweise und der sozialen Verbundenheit einen großen Unterschied machen. Ihre finanziellen Sorgen werden dadurch vielleicht nicht ‚gelöst', aber diese Fähigkeiten können Ihnen helfen, mit den finanziellen Ängsten umzugehen. Sie können Ihnen z. B. helfen, die innere Unruhe zu überstehen, die durch finanzielle Sorgen hervorgerufen wird.

Drittens können wir einen genaueren Blick auf die Krise der Zugehörigkeit werfen. Viele Unternehmen konzentrierten sich während der Pandemie auf die körperliche Gesundheit und Sicherheit und sorgten dafür, dass das Kerngeschäft weiterlief. Aber viele Unternehmen waren einfach nicht in der Lage, den Schaden vorherzusehen, den das soziale Gefüge ihres Unternehmens erleiden würde – in ihren Teams, in ihren Unternehmen und sogar in der Gesellschaft als Ganzes. Das hatte Auswirkungen auf viele Lebensbereiche. Es hat auch dazu beigetragen, dass sich Mitarbeitende nicht mehr engagieren und innerlich kündigen. Um diesem Trend entgegenzuwirken, sind Investitionen und Zeit erforderlich, um das soziale Gefüge am Arbeitsplatz wiederherzustellen. Und der beste Weg, das soziale Gefüge einer Organisation wieder aufzubauen, besteht darin, dass die Menschen ihre Fähigkeiten zur sozialen Bindung und zur Fürsorge praktizieren. Zeit miteinander verbringen. Sich verbunden fühlen. Über Dinge sprechen, die Herz und Verstand bewegen. Wenn Einzelpersonen, Teams und Führungskräfte Zeit und Mühe in ihre sozialen Beziehungen investieren und Fürsorge füreinander zeigen, wird das soziale Gefüge einer Organisation Stück für Stück wieder aufgebaut.

Diese drei Beispiele zeigen, wie die Bewältigung der wichtigsten Herausforderungen am Arbeitsplatz immer wieder von denselben menschlichen Resilienzfähigkeiten abhängt. In den kommenden Jahren werden wir mit weiteren einzigartigen Herausforderungen konfrontiert werden, jede mit ihrem eigenen Kontext und ihren eigenen Symptomen. Auf unbekannte Herausforderungen können wir uns nicht vorbereiten. Beispielsweise wird eine von KI gesteuerte Welt im Jahr 2050 so anders aussehen als die, die wir heute kennen, dass es fast unmöglich ist, sie sich vorzustellen. Aber Unternehmen können sich systematisch auf Herausforderungen vorbereiten, indem sie sich darauf konzentrieren, ihre Reaktionsfähigkeiten zu trainieren.

Die Vorteile der Konzentration auf Resilienzfähigkeiten

Wie die obigen Fallstudien zeigen, kann die Vermittlung von Resilienzfähigkeiten allgemeine Programme zur Verbesserung des Wohlbefindens am Arbeitsplatz ergänzen und möglicherweise sogar effektiver sein als diese. Für die Unternehmen, mit denen wir zusammengearbeitet haben, scheint dies mehrere Gründe zu haben:

- **Empowerment und Eigenverantwortung:** Resilienzfähigkeiten befähigen den Einzelnen, Herausforderungen und Rückschläge eigenständig zu bewältigen. Indem Unternehmen ihre Mitarbeitenden bei der Entwicklung von Resilienzfähigkeiten, gesunden Verhaltensweisen und effektiven Stressbewältigungstechniken unterstützen, ermöglichen sie ihnen, die Kontrolle über ihr Wohlbefinden zu übernehmen.[49] Diese Eigenverantwortung kann zu einer nachhaltigen Verbesserung der psychischen und emotionalen Gesundheit führen. Unsere Analyse ergab, dass Personen mit einem negativen Resilienzwert (mehr Defizite als Stärken) ein durchschnittliches Stressempfinden von 8,3 (von 10) hatten. Dieser Wert liegt über dem Schwellenwert von 7,7, der auf eine erhöhte psychische Belastung und sogar auf psychische Erkrankungen hinweist. Personen mit einem positiven Verhältnis von Resilienzfähigkeiten (mehr Stärken als Defizite) hatten ein Stressempfinden von nur 5,4, d. h. um 35 % weniger empfundenen Stress.

- **Anpassungsfähigkeit an widrige Bedingungen:** Resilienzfähigkeiten helfen dem Einzelnen, mit Widrigkeiten und Veränderungen umzugehen. Sie sind in der Lage, sich auch unter schwierigen Bedingungen anzupassen und zu gedeihen. Im Grunde handelt es sich um eine Veränderungskompetenz, die uns in die Lage versetzt, kontinuierlich mit Veränderungen umzugehen. Unsere Daten deuten darauf hin, dass Menschen, die über eine hohe Anzahl an Resilienzfähigkeiten verfügen, bei einer ähnlichen Anzahl an externen Stressoren deutlich weniger Stress empfinden.
- **Präventiver Ansatz:** Das Resilienztraining verfolgt einen präventiven Ansatz. Es vermittelt den Mitarbeitenden Fähigkeiten zur Vorbeugung und Bewältigung von Stress und Herausforderungen. Dies verringert die Wahrscheinlichkeit von Burn-out, Fehlzeiten und anderen negativen Folgen von Stress am Arbeitsplatz. Resilienzfähigkeiten haben auch nachhaltige Auswirkungen, da sie den Einzelnen lehren, Herausforderungen mit einer wachstumsorientierten Haltung und einer positiven Sichtweise zu begegnen. Dies kann zu einer Verbesserung der allgemeinen psychischen Gesundheit beitragen, nicht nur am Arbeitsplatz, sondern auch im Privatleben. Unsere Daten deuten auch darauf hin, dass Resilienzfähigkeiten einen signifikant positiven Einfluss auch auf die Arbeitsleistung haben. Die Resilienz Fähigkeiten erklären 20 % der Varianz der Leistung am Arbeitsplatz – d. h. Resilienzfähigkeiten unterstützen nicht nur Wohlbefinden und Gesundheit, aber auch Leistung.
- **Positive Organisationskultur:** Wenn Beschäftigte über starke Resilienzfähigkeiten verfügen, tragen sie zu einer positiven und förderlichen Organisationskultur bei. Resiliente Menschen können besser mit Konflikten, Rückschlägen und Veränderungen umgehen, was zu einem gesünderen Arbeitsumfeld beiträgt. Eine Reihe von Studien hat eine starke positive Korrelation von 0,35 bis 0,45 zwischen Resilienz und Wohlbefinden und freiwilligem oder positivem Verhalten am Arbeitsplatz, das sich positiv auf die Funktionsfähigkeit der Organisation auswirkt, (wie Innovation, Zusammenarbeit, ethisches Verhalten) gezeigt.
- **Kosteneffizienz:** Resilienztraining ist kosteneffizienter. Es kann den Bedarf an reaktiven Maßnahmen wie Beratung oder medizinische Behandlung zur Bewältigung von arbeitsbedingtem Stress und den damit verbundenen gesundheitlichen Auswirkungen verringern. Aus diesem Grund hat Deloitte in einer groß angelegten Untersuchung von Maßnahmen zur Verbesserung des Wohlbefindens am Arbeitsplatz festgestellt, dass präventive Maßnahmen, insbesondere Schulungen und Trainings in Fähigkeiten, eine Rendite von sechs zu eins für jeden investierten US-Dollar, chinesischen Yuan oder Euro erzielen, was weit über der Rendite von Maßnahmen zur Wiederherstellung des Wohlbefindens liegt.[50]
- **Ausrichtung an den Unternehmenszielen:** Resilienzfähigkeiten entsprechen den Anforderungen des modernen Arbeitsplatzes, der durch häufige Veränderungen und unvermeidbare Herausforderungen gekennzeichnet ist. Durch die Verbesserung der Fähigkeit der Mitarbeitenden, mit diesen Anforderungen umzugehen, können Unternehmen ihre Gesamtleistung und Produktivität steigern, wie in den folgenden Kapiteln gezeigt wird.

Resilienzfähigkeiten erlernen – ein Prozess in fünf Phasen

Wenn wir beginnen, unsere Resilienzfähigkeiten zu betrachten, ist es wichtig, sich daran zu erinnern, dass es sich um Fähigkeiten handelt. Sie sind keine Zustände. Es geht nicht um ein einfaches kognitives Verständnis einer Fähigkeit. Fähigkeiten müssen gelernt, geübt und gemeistert werden. Die Entwicklung durchläuft in der Regel mehrere Phasen, die sich in der neuroplastischen Entwicklung des Gehirns und des Körpers widerspiegeln.

Phase eins: Neugier

Zunächst müssen wir uns bewusst werden, dass es so etwas wie Resilienzfähigkeiten gibt und neugierig darauf werden. Wenn Sie, der Leser, bis hierher gekommen sind, bedeutet das, dass Sie sich zumindest in dieser Phase befinden. Neugier öffnet uns für das Thema. Sie lenkt unsere Aufmerksamkeit auf das Gebiet und ermutigt uns, mehr darüber zu erfahren. Im Grunde schafft es einen Zustand der Annäherung in unserem Geist. Wir beginnen zum Beispiel zu verstehen, was es bedeutet, positiv zu sein, und warum es hilfreich ist.

Phase zwei: Einsicht (der „Aha"-Moment)

Wenn wir über etwas nachdenken oder besser noch, wenn wir *etwas erleben*, haben wir einen „Aha"-Moment. Eine Einsicht oder eine Erkenntnis. Vielleicht lernen wir etwas über eine Erfahrung, die wir gemacht haben, oder über Gefühle, die in unserem Leben immer wieder auftauchen. Oder wir spüren etwas, das mit anderen Erfahrungen zusammenhängt, die wir gemacht haben, und verstehen endlich den Zusammenhang. Eine solche Einsicht löst eine neue Reihe von Signalverbindungen im Gehirn aus. Es ist wie das Freilegen einer kleinen Spur in einem dichten Dschungel, die zu einem neuen Ort führt. Ein Beispiel: Wir könnten plötzlich erkennen, dass wir als Führungskraft dazu neigen, negativ zu sein und uns immer auf Probleme zu konzentrieren. Und dass diese Negativität auf unser Familienleben übergreift.

Phase drei: Exploration

Der nächste Schritt ist die Bereitschaft, mit dieser Einsicht zu experimentieren. Zu verstehen, dass diese Spur im Dschungel bald wieder zugewachsen sein wird, wenn wir sie nicht immer wieder gehen. Es geht also um die Bereitschaft zu lernen. Die Eigenverantwortung zu übernehmen, die neue Fähigkeit durch wiederholtes Training zu entwickeln. Wir haben gelernt, worum es bei der Fähigkeit geht. Wir haben eine Einsicht in ihre Bedeutung gewonnen. Und, was sehr wichtig ist, wir haben erkannt, dass wir selbst die Verantwortung für die Entwicklung dieser Fähigkeit übernehmen können und sollten. Wir haben verstanden, dass es nicht hilfreich ist, negativ zu sein.

Wir wollen positiver sein. Wir verstehen, dass wir wirklich üben müssen, um diese Fähigkeit zu beherrschen.

Phase vier: Praxis

Jetzt können wir anfangen, die Fähigkeit regelmäßig zu praktizieren. Ob wir joggen gehen, unsere Ernährung umstellen, eine positive Sichtweise kultivieren oder uns mit anderen Menschen verbinden – wir müssen es üben. Wenn wir das nicht tun, wird sich die Fähigkeit nicht entwickeln. Wir werden nicht in der Lage sein, unsere innere Landschaft besser zu regulieren als zuvor. Dies erfordert also zunächst Anstrengungen und effektive Praktiken, die unseren Zustand verändern. Zum Beispiel vereinbaren wir mit unserem Team, dass wir unsere wöchentlichen Teamsitzungen damit beginnen, zu besprechen, was in der vergangenen Woche gut gelaufen ist, bevor wir uns den üblichen ungelösten Problemen zuwenden. Am Anfang fühlt sich das komisch an. Aber nach und nach merken wir, dass es die Stimmung aller hebt und wir Probleme schneller lösen können. Wir merken auch, dass sich die Sitzungen nicht mehr so lange hinziehen. Diese Erfahrung ist eine positive Rückkopplungsschleife, die dazu führt, dass wir anfangen, unsere Bemühungen zu genießen und zu schätzen. Trotzdem vergessen wir sie manchmal und lassen sie aus.

Phase fünf: Gewohnheit

Wenn wir eine Fähigkeit regelmäßig geübt haben, fällt sie uns irgendwann leicht. Sie wird zur Gewohnheit, sogar zu etwas Automatischem. Unser Gehirn hat sich verändert. Es sind neue Verbindungen entstanden, die es leichter und wahrscheinlicher machen, dieses Verhalten zu wiederholen. Wir stellen fest, dass wir auch in schwierigen Situationen nicht vergessen, diese Fähigkeit anzuwenden. Schließlich führt das ständige Üben von Gewohnheiten zu einer Veränderung unserer Persönlichkeitsmerkmale. Wir werden gewohnheitsmäßig positiv oder sogar eine positive Person.[51] Unsere Tochter nennt uns zum ersten Mal eine „glückliche" Mama oder einen „glücklichen" Papa.

Die folgende Abbildung zeigt die fünf Phasen des Erlernens einer Fähigkeit.

Die fünf Phasen beim Erlernen einer Fähigkeit.
Ein integrativer Lernprozess, um Resilienz zu kultivieren.

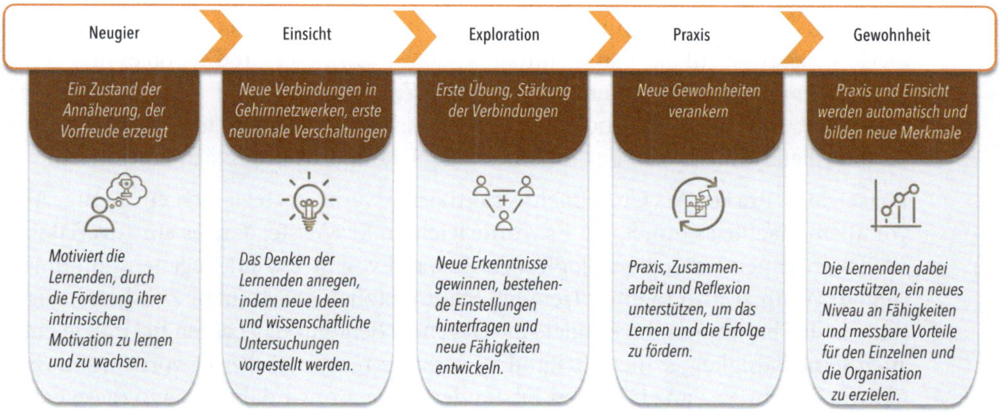

Neugier	Einsicht	Exploration	Praxis	Gewohnheit
Ein Zustand der Annäherung, der Vorfreude erzeugt	*Neue Verbindungen in Gehirnnetzwerken, erste neuronale Verschaltungen*	*Erste Übung, Stärkung der Verbindungen*	*Neue Gewohnheiten verankern*	*Praxis und Einsicht werden automatisch und bilden neue Merkmale*
Motiviert die Lernenden, durch die Förderung ihrer intrinsischen Motivation zu lernen und zu wachsen.	*Das Denken der Lernenden anregen, indem neue Ideen und wissenschaftliche Untersuchungen vorgestellt werden.*	*Neue Erkenntnisse gewinnen, bestehende Einstellungen hinterfragen und neue Fähigkeiten entwickeln.*	*Praxis, Zusammenarbeit und Reflexion unterstützen, um das Lernen und die Erfolge zu fördern.*	*Die Lernenden dabei unterstützen, ein neues Niveau an Fähigkeiten und messbare Vorteile für den Einzelnen und die Organisation zu erzielen.*

Um diesen schrittweisen Ansatz zum Erlernen einer Fähigkeit zu veranschaulichen, möchten wir zwei Beispiele für die Entwicklung von Fähigkeiten aus dieser Prozessperspektive beschreiben. Im ersten Beispiel begann Chris regelmäßig zu joggen, um sich fit zu halten, und im zweiten Beispiel lernte eine Führungskraft, mit der wir arbeiteten, sich zu entspannen.

Chris' Kampf gegen den Speck (oder sein Weg zum Joggen, je nachdem, wie man es sieht)

Phase null – ein Interesse: Chris war jung, ziemlich schlank und mit seiner Arbeit beschäftigt. Er dachte nicht viel darüber nach, regelmäßig Sport zu treiben, spielte aber gelegentlich Tennis. Er hatte weder die Absicht zuzunehmen, noch achtete er bewusst auf Ernährung oder Sport.

Phase eins – Neugier: Während eines Urlaubs ging Chris mit einem Bekannten schwimmen und kam dabei auf sein Körpergewicht zu sprechen. Dieser Bekannte, Ivan, der zehn Jahre älter war als Chris, blickte kurz auf Chris' blasse und anschwellende Taille und bemerkte beiläufig: „Ab 30 fängt man an zuzunehmen und Muskelmasse zu verlieren, wenn man nicht regelmäßig trainiert." Obwohl Chris das damals mit einem Achselzucken abgetan hatte, gingen ihm diese Aussage und der Blick auf seinen Bauch nicht mehr aus dem Kopf. Tief in seinem Inneren wusste er, dass da etwas dran war. In den folgenden Monaten wurde er immer hellhörig, wenn jemand von regelmäßigem Training sprach. Er hörte aufmerksam zu und begann, sich für das Thema zu interessieren.

Phase zwei – Einsicht (der Aha-Moment): Chris versuchte einmal laufen zu gehen, aber nach 15 Minuten ging ihm die Luft aus. Außerdem fühlte er sich müde und schwer auf den Beinen. Als jemand, der die meiste Zeit seines Lebens eher schlank war, war ihm das unangenehm. Ihm wurde klar, dass das, was die Leute über regelmäßiges Training und Gewichtszunahme sagten, wahr war. Das Aha-Erlebnis war, dass dies auch bei ihm der Fall war.

Phase drei – Exploration: Er begann gelegentlich laufen zu gehen. Aber es war eine Mühe. Es war anstrengend. Er beschloss, einmal wöchentlich am Wochenende laufen zu gehen, aber es kostete ihn viel Mühe, sich von einem Zustand von niedriger Energie/Regeneration auf das Laufen umzustellen. Er vermied es und schob es manchmal auf, weil er mehr Energie brauchte, um seinen Zustand zu ändern. Er verbrachte sogar viel Zeit damit, seine Laufroute zu planen, nur um nicht loszulaufen. Aber wenn er dann loslief, fühlte er sich gut. Und besonders danach fühlte er sich fantastisch.

Phase vier – Praxis: Als Chris mehr praktizierte, verbesserte er sich ein wenig. Aber vor allem machte es ihm Spaß. Es wurde leichter. Er wusste, dass es ein zuverlässiger Weg war, seinen neurophysiologischen Zustand von Stress auf Regeneration umzustellen. Wenn er also in einer fremden Stadt plötzlich 45 Minuten Zeit hatte, zog er seine Laufschuhe an und erkundete die Gegend. Nicht nur das Laufen fiel ihm leichter, auch seine Fähigkeit, seinen Zustand zu verändern, war stärker geworden, sodass er natürlich mehr Varianz in seinen Zuständen hatte. Er war dabei, sich in diese Fähigkeit zu verlieben.

Phase fünf – Gewohnheit: Jetzt ist das Joggen für Chris zur Gewohnheit geworden. Es erfordert wenig Anstrengung. Er achtet darauf, jeden Tag 10.000 Schritte zu gehen und mindestens 300 Minuten pro Woche irgendeine Art von Sport mit höherer Intensität wie Joggen zu machen. Es macht ihm Spaß und ist ganz natürlich. Wenn er es nicht tut, vermisst er es. Das ist ein echtes Zeichen dafür, dass die Gewohnheit in seinem Leben verankert ist.

Eine Führungskraft lernt, sich zu entspannen – mit einigen Schwierigkeiten

Liane arbeitete einmal mit einer zielstrebigen und fokussierten Führungskraft zusammen, die viel Verantwortung trug. Thomasz leitete eine Abteilung in einer globalen Bank, die sich in einer Umbruchphase befand, und er hatte mit Burn-out in seinen Teams zu kämpfen.

Phase null – kein Interesse: Liane schlug Thomasz eines Tages vor, dass es wichtig sei, sich zu entspannen und zu erholen. Thomasz war Mitte vierzig, arbeitete in Frankfurt und war für die Umstellung einiger IT-Systeme in seiner Bank verantwortlich. Thomasz konnte es überhaupt nicht ertragen zu hören, dass er sich entspannen sollte – er wusste nur, wie man sich anstrengt. Er befürchtete zu Recht, dass er, wenn er sich entspannen würde, nicht mehr die Energie hätte, in seinem gewohnten Tempo zu arbeiten. Er verstand nicht, warum er sich entspannen musste. Die anfängliche Selbsteinschätzung seiner Gefühle ergab, dass er nicht wusste, wie er sich entspannen sollte.

Phase eins – Neugier: Liane ermutigte ihn, ein Gerät zur Messung der Herzratenvariabilität (HRV) zu benutzen. Sie erzählte ihm, wie Spitzensportler diese Geräte benutzen, um eine optimale Leistungsbalance zu halten. Das weckte Thomasz' Interesse, vielleicht weil er sich auf seine Leistungsfähigkeit konzentrierte. Als er begann, ein

HRV-Gerät zu tragen, war er von seinen Daten schockiert. Er hatte ein sehr hohes Stressniveau und eine niedrige Erholungsrate. Die Messungen deuteten darauf hin, dass er ernsthaften Gesundheitsrisiken ausgesetzt war, einschließlich eines Herzinfarkts. Liane und Thomasz sprachen auch über seinen Schlaf (der schlecht war) und seine Stimmung (entweder gestresst oder sehr gestresst). Langsam begann er, ein Muster zu erkennen.

Phase zwei – Einsicht (der „Aha"-Moment): Beim nächsten Treffen hörte Thomasz noch aufmerksamer zu. Liane erzählte ihm von der Wissenschaft der Resilienz und gab ihm die Aufgabe, sich zwei Wochen lang selbst zu beobachten. Er sollte seinen Gefühlszustand während der Treffen oder bei der Arbeit auf seinem Laptop notieren und herausfinden, wie dieser mit den Messdaten des HRV-Geräts korrelierte. Liane bat ihn auch, sein Team zu beobachten und zu sehen, wie sie sich in seiner Gegenwart verhielten, wenn er sich in einem hohen Stresszustand befand. Sein „Aha"-Moment war offensichtlich. Er war während der Treffen und sogar bei der Arbeit an seinem Laptop sehr gestresst, was sich auch auf sein Team auswirkte und es in starren Denkweisen gefangen hielt. Es musste sich etwas ändern, sowohl für ihn selbst als auch für seine Familie, in der er durch Abwesenheit glänzte.

Phase drei – Exploration: Thomasz wurde bewusster. Er erkannte, was sein Stress für ihn selbst und für sein Team bedeutete, das ihm sehr am Herzen lag. Er verstand, dass Erholung für die Leistungsfähigkeit *unerlässlich* ist. Er begann seinen ‚Hochleistungs-Erholungsprozess', den wir ihm mit einem Augenzwinkern als geniale Methode „verkauften", um ihn noch mehr für die Erholung zu begeistern. Er nahm es mit Humor an. Aber er hatte immer noch Angst, sich völlig zu entspannen. Er befürchtete, dass er sein Arbeitspensum nicht schaffen würde, wenn er sich zu lange ausruhen würde.

Phase vier – Praxis: Er begann, seine Erholungsfähigkeit am Abend zu praktizieren. Dazu gehörte, dass er nach 20:30 Uhr nicht mehr arbeitete (für andere spät, aber für Thomasz' gewohnte Arbeitsweise sehr früh). Liane ermunterte ihn, länger zu schlafen. Er sollte sich beim Sport nicht so sehr anstrengen, sondern versuchen, den Sport *mehr zu genießen*. Liane versuchte nicht sofort, ihn dazu zu bringen, sich bei der Arbeit zu entspannen (sie wusste, dass dies zu herausfordernd wäre und Widerstand hervorrufen würde). Thomasz merkte, wie sich seine Stimmung merklich verbesserte. Er wurde viel neugieriger auf seine Kinder. Er nahm die drei Übungen, die er entdeckt hatte, sehr ernst. Sie veränderten nach und nach sein Leben.

Phase fünf – Gewohnheit: Als Liane sechs Monate später wieder mit Thomasz sprach, hatte er seine Gewohnheiten wirklich beibehalten. Er war offener geworden. Im Gespräch stellte er fest, dass er sich auch bei der Arbeit entspannt hatte. Eine große Veränderung. Liane führte eine weitere HRV-Messung durch und stellte fest, dass sein Tag jetzt im Allgemeinen viel grüner war (was bedeutet, dass das Ruhe- und Verdauungsnervensystem aktiviert ist). Es gab sogar einige grüne Phasen während seines Arbeitstages (wo er vorher tief im roten Bereich war). Als er darüber nachdachte, stellte er fest, dass er in diesen grünen Phasen einige seiner besten Momente bei der Arbeit hatte. Es waren Momente, in denen er tief nachdenken konnte, ein gutes Gespräch mit jemandem führte oder einen Geistesblitz hatte. Er begann, sich zu trauen, seine Entspannung auf Arbeitssituationen auszudehnen, und fühlte sich nicht mehr schuldig. Die Arbeit machte ihm mehr Spaß. Er kam seiner Familie näher. Sein Sterberisiko sank. Entspannung war eine notwendige, vielleicht lebensrettende Intervention.

Und wie lange dauert das?

Nachdem Sie die letzten beiden Fallstudien gelesen haben, sind Sie vielleicht überzeugt und denken: „Ich will diese Vorteile jetzt und so schnell wie möglich". Aber wie immer ist es wichtig, realistisch zu bleiben. Schnelle Lösungen gibt es nicht. Die Forschung hat allerdings gezeigt, dass unser Gehirn neuroplastisch ist. Das bedeutet, dass unser Gehirn neue Neuronen bildet oder neue neuronale Verbindungen stärkt, je nachdem, welche Art von Gewohnheiten wir praktizieren. Obwohl ein Großteil dieser Forschung mit Meditierenden durchgeführt wurde, ist es wichtig zu wissen, dass alles, was wir tun, unser Gehirn verändert – auch wenn wir unbewusste Prozesse nutzen. Suchtverhalten beispielsweise reduziert langsam die Verbindung zum präfrontalen Kortex, wo Entscheidungen getroffen werden.[52] Londoner Taxifahrer müssen für ihre Lizenz mehr als 25.000 Straßennamen auswendig lernen, und als Folge davon haben sie größere Hippocampi, die für das Langzeitgedächtnis zuständige Gehirnregion.[53] **So wie der Besuch eines Fitnessstudios Muskeln aufbaut, so ist es auch mit unserem Gehirn, wenn wir bestimmte Teile davon nutzen.**

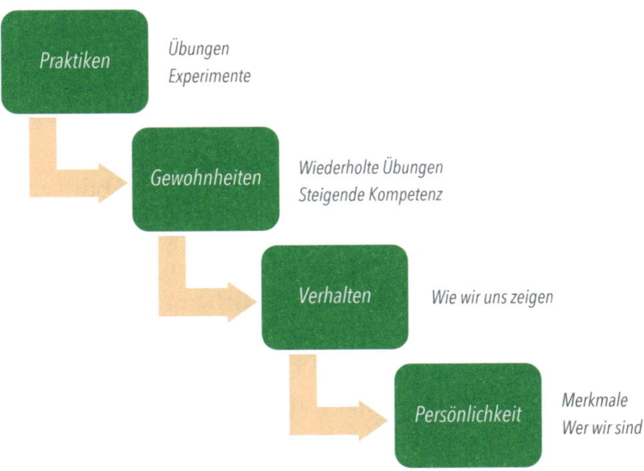

Die Beherrschung einer geistig-körperlichen Fähigkeit wie Entspannung oder Emotionsregulation erfordert Gewahrsein, Einsicht und dann regelmäßige Übung. Dies führt dann zu tatsächlichen neuroplastischen Veränderungen in unserem Gehirn. An diesem Punkt können wir davon sprechen, dass ein Verhalten zu einem Persönlichkeitsmerkmal wird – es wird Teil dessen, was wir sind, wie in der Abbildung unten dargestellt.

Wir werden später auf dieses Konzept zurückkommen, da das Verständnis und die Auswahl der Übungen entscheidend für die Veränderung des Einzelnen, des Teams und der gesamten Organisation sind. Die Zeit, die benötigt wird, um Fähigkeiten auszubilden und zu integrieren, kann von Person zu Person sehr unterschiedlich sein und hängt von mehreren Faktoren ab. Dazu gehören die individuelle Begabung, das Engagement und die Komplexität der Fähigkeit. Beherrschung ist ein kontinuierlicher Prozess – wir müssen die Fähigkeit ständig üben. In der ‚Tik-Tok'-Generation, die auf sofortige Befriedigung aus ist und in der die Aufmerksamkeitsspanne mit alarmierender Geschwindigkeit abnimmt, ist das vielleicht nicht das, was manche hören wollen.

Aber es ist die Wahrheit. Um es noch einmal mit dem Fitnessstudio zu vergleichen: Niemand kann erwarten, fit zu sein, wenn er aufhört zu trainieren. Seine Muskeln werden schwächer, wenn er nicht regelmäßig trainiert. Entscheidend ist aber, dass es einfacher wird, wenn wir Fitness als eine Fähigkeit betrachten. Wenn wir eine Fähigkeit ständig anwenden, bleibt sie erhalten und trägt dazu bei, unsere Resilienz zu stärken, anstatt ungenutzt zu verkümmern. Sie wird zu einem Teil von uns. Es gibt zahlreiche Belege dafür, wie schnell Menschen ihr Fitnessniveau verändern können. Beispielsweise können Menschen, die mit dem Training beginnen, abhängig von verschiedenen Faktoren eine Zunahme ihrer Fitness feststellen:

- **Anfängliche Verbesserungen:** Untrainierte oder relativ trainingsunerfahrene Personen erleben oft schnelle Verbesserungen in den ersten Phasen des Trainings. Dieses Phänomen wird als „Anfängergewinn" bezeichnet. Innerhalb weniger Wochen nach Beginn eines strukturierten Trainingsprogramms können Anfänger eine deutliche Zunahme ihrer Kraft, ihrer kardiovaskulären Ausdauer und ihrer allgemeinen Fitness feststellen.
- **Spezifität des Trainings:** Die Art des Trainings und die angestrebte spezifische Fitnesskomponente beeinflussen die Geschwindigkeit der Verbesserung. Beispielsweise kann regelmäßiges aerobes Training (z. B. Laufen, Radfahren) zu einer schnelleren Verbesserung des Herz-Kreislauf-Systems führen als Krafttraining.
- **Dauer und Intensität:** Häufigkeit, Dauer und Intensität des Trainingsprogramms spielen eine entscheidende Rolle für die Geschwindigkeit der Fitnessverbesserung. Ein regelmäßiges und angemessen intensives Training ist unerlässlich, um signifikante Veränderungen zu erzielen.
- **Alter:** Jüngere Menschen können aufgrund ihres höheren natürlichen Niveaus an Wachstumshormonen und ihrer allgemeinen Anpassungsfähigkeit schnellere Verbesserungen erzielen. Aber auch ältere Menschen können mit einem geeigneten Training, das auf ihre Fähigkeiten und Bedürfnisse zugeschnitten ist, deutliche Fortschritte erzielen.
- **Fortschrittsüberwachung:** Die Überwachung von Fitnessfortschritten anhand von Indikatoren wie Ausdauer, Kraft oder körperlichen Veränderungen kann wertvolles Feedback und Motivation liefern. Eine steigende Kurve auf einem Diagramm zu sehen, kann ausreichen, um motiviert zu bleiben und weiterzumachen.

Wir glauben, dass für die Entwicklung jeder Fähigkeit die gleichen Übungsprinzipien gelten. Die Zeit, die benötigt wird, um eine neue Gewohnheit oder eine Resilienzfähigkeit zu entwickeln, kann sehr unterschiedlich sein und hängt von verschiedenen Faktoren ab, wie z. B. der Komplexität der Fähigkeit, individuellen Unterschieden, der Kontinuität der Übung und der Lernmethode. Für die Ungeduldigen unter Ihnen: Wir sprechen hier von Wochen, Monaten, Jahren und mehr. Leider nicht von Tagen. Es gibt keine Patentlösung, aber hier sind einige allgemeine Richtlinien und Beispiele für verschiedene Arten von Fähigkeiten:

- **Einfache Gewohnheiten:** Einfache Gewohnheiten wie das Trinken eines Glases Wasser nach dem Aufwachen oder eine kurze Achtsamkeitsübung können etwa 21 Tage brauchen, um automatisiert zu werden. Dieses 21-Tage-Konzept wurde durch das Buch *Psychokybernetik* von Dr. Maxwell Maltz bekannt.[54] Komplexere Gewohnheiten brauchen länger, aber einfache Fähigkeiten, wie das Nervensystem entspannen zu lernen oder 7.000 Schritte am Tag zu gehen, sind in drei Wochen erlernbar.
- **Körperliche Fähigkeiten:** Die Entwicklung körperlicher Fähigkeiten, wie das Spielen eines Musikinstruments, oder das Ausüben einer neuen Sportart, nimmt in der Regel mehr Zeit in Anspruch. Dies liegt daran, dass Muskelgedächtnis und Koordination erforderlich sind. Es gibt unterschiedliche Schätzungen, aber im Allgemeinen geht man davon aus, dass etwa 3.000 bis 10.000 Stunden bewussten Übens erforderlich sind, um eine komplexe Fähigkeit vollständig zu beherrschen. Resilienzfähigkeiten wie bewusstes Atmen sind jedoch einfacher und können viel schneller erlernt werden. Unsere Beobachtungen zeigen, dass es Menschen zunehmend leichter fällt, mit ihrer Atmung zu arbeiten, wenn sie mindestens zwei Wochen lang dabeibleiben.
- **Verhaltensänderungen:** Die Dauer von Verhaltensänderungen, wie z. B. die Steigerung der Aufmerksamkeitsregulation, die Verbesserung der Kommunikation oder die Einführung eines gesünderen Lebensstils, kann sehr unterschiedlich sein. Einigen Quellen zufolge dauert es durchschnittlich 66 Tage, um eine Verhaltensänderung zu erreichen, aber die Dauer kann von einigen Wochen bis zu mehreren Monaten reichen. Viele Lebensstilkurse dauern drei bis vier Wochen, da dies ein ausreichender Zeitraum für Menschen ist, die mit etwas Engagement üben, um einige neue Lebensgewohnheiten zu etablieren.
- **Achtsamkeit und Meditation:** Die Entwicklung einer konsequenten Achtsamkeits- oder Meditationspraxis kann einige Wochen bis Monate in Anspruch nehmen, bevor sich erste signifikante Ergebnisse einstellen. Die Forschung zeigt, dass Menschen nach etwa acht Wochen konsequenter Praxis Verbesserungen in den Bereichen Aufmerksamkeit, Stressreduktion und Emotionsregulation feststellen können. Wenn wir mit Unternehmen arbeiten, können wir in der Regel innerhalb von sechs bis zehn Wochen deutliche Verbesserungen in diesen Bereichen feststellen.
- **Kognitive Fähigkeiten**: Die Entwicklung kognitiver Fähigkeiten, wie z. B. das Erlernen einer neuen Sprache oder die Beherrschung eines komplexen Softwareprogramms, kann je nach Übungsintensität und Vorkenntnissen mehrere Monate bis zu mehreren Jahren dauern. Die Forschung legt nahe, dass das Erlernen einer neuen Sprache zwischen 600 und 2.200 Lernstunden in Anspruch nehmen kann.

Was haben wir aus der Zusammenarbeit mit Unternehmen gelernt?

Wir haben auch Daten aus unseren Interventionen mit Unternehmen gesammelt. Dabei haben wir eine Reihe klarer Muster in Bezug auf das Erlernen von Resilienzfähigkeiten festgestellt. **Das Erste ist, dass modulare, wiederholte Interventionen eine größere Wirkung haben als einmalige Interventionen.** Dieser Aspekt ist aus dem Bereich der Interventionen zur Stärkung des Wohlbefindens bekannt und taucht in allen Metastudien auf, die die Auswirkungen von solchen Maßnahmen untersuchen. In unseren Daten, die wir über einen Zeitraum von vier Jahren bei mehr als 2.000 Personen erhoben haben, ist die Wirkung dieser Interventionen stark, wie die folgende Abbildung zeigt.

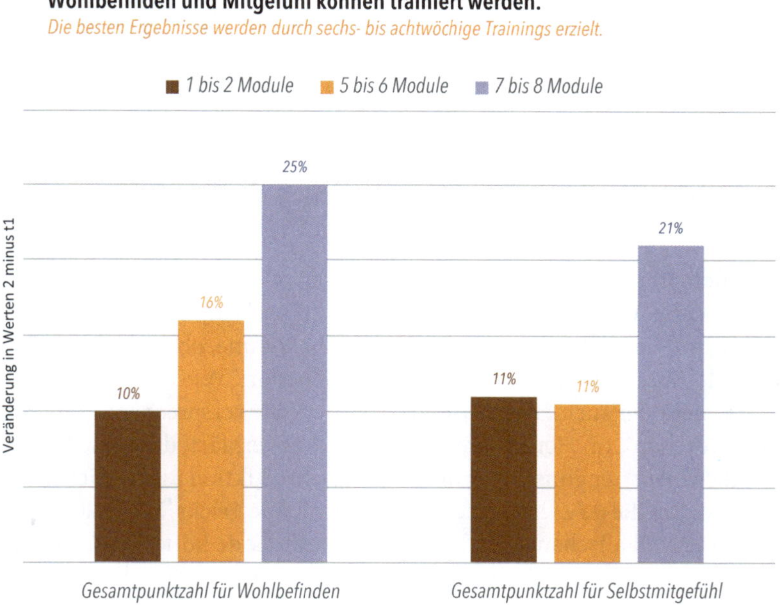

Die Menschen müssen üben. Die Teilnahme an einem längeren Trainingsprogramm mit mehreren Modulen über acht Wochen führt nur dann zu besseren Ergebnissen, wenn die Menschen *tatsächlich üben*. Das wissen wir aus dem Sport. Das Gleiche gilt für jedes Training einer körperlich-geistigen Fähigkeit, wie z. B. die von uns vermittelten Resilienzfähigkeiten. Das Engagement, mit dem man übt, macht den Unterschied! Die folgende Abbildung veranschaulicht dies auf einfache Weise. Je häufiger Sie zum Beispiel Achtsamkeit üben, desto weniger Stress empfinden Sie. Wenn Sie einmal pro Woche üben, sinkt Ihr Stressempfinden um durchschnittlich 6 %. Wenn Sie mehr als dreimal pro Woche üben, sinkt der empfundene Stress sogar um 33 %. Müssen wir noch mehr sagen? Hoffentlich nicht.

Übungshäufigkeit korreliert mit der Wirksamkeit.

Je häufiger Teilnehmende pro Woche praktizierten, umso deutlicher war ihr Stressniveau gesunken.

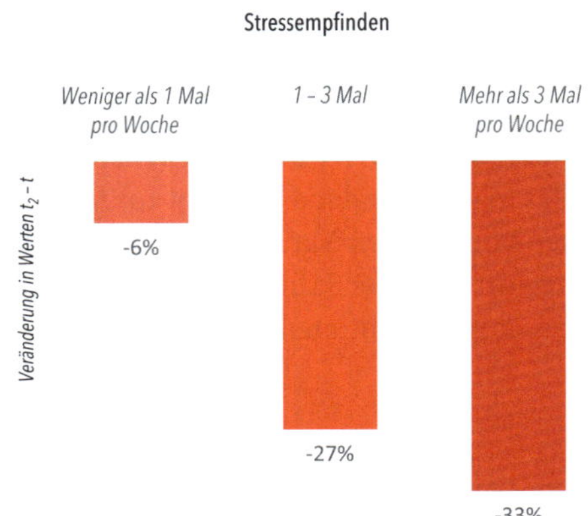

Übung steigert den Nutzen des Trainings

Wenn die Teilnehmenden mindestens ein- bis dreimal pro Woche geübt haben, erfahren sie einen höheren Nutzen der Achtsamkeit, wie z.B.:

- *stärkere mentale Agilität,*
- *höheres Wohlbefinden einschließlich menschlicher Entfaltung,*
- *verbesserte Fähigkeit, konzentriert zu bleiben und Ablenkungen auszublenden (objektiv gemessen),*
- *höhere Selbstwirksamkeit und (selbst eingeschätzte) Leistung.*

Der geheime Hack – alle Vorteile ohne Aufwand?

Die Menschen, mit denen wir arbeiten, fragen uns oft nach dem Cheat. Der geheime mentale Hack, die Abkürzung für all die mühsamen und langwierigen Übungen. „Was ist der Hack, mit dem ich die sofortigen Vorteile bekomme, ohne mich zu bemühen?" „Es gibt keine Abkürzungen", ist immer unsere Antwort. Wie bei den Fitnessmagazinen für Männer oder auch Frauen, die auf der Titelseite versprechen: „Bauchmuskeln im Handumdrehen". Im Heftinneren wird dann aber erklärt, dass eine konsequente, kontinuierliche Anstrengung in Form von Kalorienreduktion und täglichem Training notwendig ist, um dieses Ziel zu erreichen. Es gibt keine Tricks. Wenn unsere Kunden uns erwartungsvoll anschauen und auf einen Cheat-Code hoffen, erklären wir stattdessen, dass das „Geheimnis" Engagement, Konsequenz und bewährte Trainingsmethoden sind. Und vor allem: Spaß. Meistens sind sie von dieser Antwort enttäuscht, obwohl sie wissen, dass es stimmt. So ist das Leben.

Es ist wichtig, dies im Zusammenhang mit der Verbesserung des Wohlbefindens und der Resilienz der Menschen zu betonen. Viele Angebote zur Verbesserung des Wohlbefindens konzentrieren sich darauf, ein Problem oder Symptom zu erkennen, es zu benennen, das Bewusstsein dafür zu schärfen und ein paar gute Tipps zu geben. Das ist zwar lobenswert, aber nicht realistisch in Bezug auf den tatsächlichen Aufwand und die Zeit, die es braucht, um eine Fähigkeit zu erlernen. Es ist unrealistisch. Wir sollten uns auf die zugrunde liegende Fähigkeit konzentrieren, mit Mut, Disziplin und Entschlossenheit. Wir sollten uns immer wieder vor Augen führen, wie nützlich sie im Zusammenhang mit neuen Herausforderungen ist. Nur dann können wir als

Individuen resilient werden. Und das ist natürlich auch der Grundstein, um unsere Teams und Unternehmenskulturen resilienter zu machen. Wir-Resilienz basiert letztlich auf der grundlegenden Wahrheit, dass wir nicht in Isolation leben. Wir sind soziale Wesen. Und nun wollen wir uns der Frage zuwenden, wie wir Resilienz von der Ich-Ebene auf die Wir-Ebene übertragen können.

KERNAUSSAGEN DIESES KAPITELS

- Die Coronavirus-Pandemie (COVID-19) hat die Aufmerksamkeit auf eine Reihe von Herausforderungen am Arbeitsplatz gelenkt.
- Dazu gehören Einsamkeit, Ängste und schlechte psychische Gesundheit, Bewegungsmangel, hybride Arbeitsformen, steigende Lebenshaltungskosten und ein verstärktes Streben nach Diversität und Inklusion.
- Auch wenn Technologien einen Teil des Weges weisen können, betrachten wir Resilienzfähigkeiten als den grundlegendsten Weg, um diese Probleme anzugehen.
- Die Vermittlung von Resilienzfähigkeiten kann zu Empowerment und Eigenverantwortung, zur Anpassungsfähigkeit an widrige Situationen und zur Verbesserung der Unternehmenskultur beitragen. Sie stellen einen kosteneffektiven, präventiven Ansatz zur Bewältigung von Herausforderungen im Bereich des Wohlergehens dar.
- Resilienzfähigkeiten werden in fünf Phasen erworben:
  1. Phase – Neugier: sich der Fähigkeit bewusst werden
  2. Phase – Einsicht: der Aha-Moment, in dem man erkennt, dass man sich ändern muss
  3. Phase – Exploration: experimentieren mit dieser Einsicht und Fähigkeit
  4. Phase – Praxis: regelmäßiges Üben der Fähigkeit
  5. Phase – Gewohnheit: die Fähigkeit wird zu einem automatischen und angenehmen Teil des Lebens
- Es gibt keine schnellen Lösungen. Es braucht Zeit, regelmäßiges Üben über Wochen, Monate und in den meisten Fällen Jahre, um wirklich kompetent zu werden. Einige Resilienzfähigkeiten benötigen weniger Zeit als andere.

KAPITEL 7: VOM ICH ZUM WIR – DIE BEDEUTUNG DER UNTERNEHMENS-KULTUR

Menschen sind soziale Wesen. Wir wachsen im sozialen Kontext der Familie auf, werden in Schulen in Gruppen unterrichtet, und fast jedes Produkt, das wir konsumieren, ist von Menschen, die zusammenarbeiten, hergestellt. Unternehmen sind, wie wir gesehen haben, soziale Gebilde, die im Wesentlichen auf Zusammenarbeit beruhen. Aber es ist leicht, das zu vergessen. Schließlich können viele von uns heute weitgehend isoliert von zuhause aus arbeiten. Wer sein Essen „jagen" will, braucht nur einen Knopf auf seinem Smartphone zu drücken, und 30 Minuten später wird es nach Hause geliefert. Selbst das Einkaufen ist keine Ausrede mehr, das Haus zu verlassen. Wir glauben, dass „sozial sein" bedeutet, Bilder von Freunden in sozialen Netzwerken anzuschauen, während wir allein auf dem Sofa sitzen. Im Westen leben mehr Menschen allein als je zuvor.

Trotz dieser modernen Veränderungen bleibt der Mensch in erster Linie ein soziales Wesen. Das sagt sich leicht, aber was bedeutet das? Aus evolutionärer Sicht sind wir erfolgreich, weil wir kooperieren. Kooperation hat für unser Überleben und unsere Entwicklung als Spezies immer eine größere Rolle gespielt als Konkurrenz (im Gegensatz zu der hartnäckigen Annahme, dass wir überleben, weil wir konkurrieren). Betrachten wir einen einzelnen Menschen. Er ist körperlich schwach (Gorillas sind vier- bis neunmal stärker). Wir haben eine dünne Haut, erbärmlich stumpfe Zähne, zerbrechliche Finger und eine begrenzte Sinneswahrnehmung. Wenn man uns im Dschungel aussetzen würde, würden wir in einer Umgebung mit Schlangen, Gorillas, Schimpansen, Löwen, Leoparden und vielen anderen Gefahren nicht lange überleben. Aber wenn man 20 von uns im Dschungel aussetzt, haben wir eine große Chance, mit den Gefahren besser zurechtzukommen – und hätten wahrscheinlich innerhalb von zehn Jahren die Gefahren des Dschungels ausgemerzt. Leider sieht es wirklich so aus, als wären wir auf dem besten Weg dahin, dies auf den ganzen Planet zu vollbringen.

Es ist unsere Fähigkeit zur Kooperation, die es uns – einer fragile Affenart – ermöglicht hat, Gebäude zu errichten, die so hoch sind wie Berge, Staudämme zu bauen, das Aussehen der Erde so weit zu verändern, dass es vom Weltraum aus erkennbar ist, und die Geheimnisse des Universums durch unseren unglaublichen technologischen Fortschritt, insbesondere in den letzten 100 Jahren, zu entschlüsseln. Aufgrund der enormen evolutionären Vorteile der Kooperation sind unsere Gehirne in viel stärkerem Maße auf Zusammenarbeit ausgerichtet und geformt, als uns bewusst ist. Werfen wir zum Beispiel einen Blick auf einige der komplexen sozialen Prozesse, die unser Gehirn beherrschen muss:

- **Kommunikation und Sprache:** Der Mensch hat ein ausgeklügeltes Kommunikationssystem entwickelt, das gesprochene Sprache und nonverbale Zeichen umfasst. Effektive Kommunikation ist entscheidend für den Austausch von Informationen, den Ausdruck von Emotionen, die Koordination von Handlungen und den Aufbau von Beziehungen.
- **Emotionsregulation:** Soziale Interaktionen hängen von einer subtilen Emotionsregulation ab. Wenn man die Emotionsregulation einer Gruppe von Löwen beobachtet, wird schnell klar, wie subtil unsere Emotionsregulation im Vergleich zu der der Löwen ist. Selbst Schimpansen, die 99 % unserer DNA teilen, schreien, streiten

und bewerfen sich eher mit Fäkalien, als dass sie einen Streit friedlich beilegen, wie es Menschen tun (oder was man sich eigentlich wünschen würde).

- **Soziales Lernen:** Menschen lernen von anderen durch Beobachtung, Nachahmung und Kommunikation. Soziales Lernen erfordert die subtile Wahrnehmung vieler Signale und die Fähigkeit, sich in andere hineinzuversetzen und sie wahrzunehmen.
- **Theory of Mind:** Der Mensch verfügt über eine einzigartige kognitive Fähigkeit, die ‚Theory of Mind'. Sie ermöglicht uns, uns in die mentale Zustände, Überzeugungen, Wünsche und Absichten anderen Menschen hineinzuversetzen. Diese Fähigkeit erlaubt es uns, das Verhalten anderer zu verstehen und vorherzusagen, was für erfolgreiche soziale Interaktionen entscheidend ist.
- **Empathie und Altruismus:** Dank der Spiegelneuronen können Menschen Empathie und Verständnis empfinden und an den Emotionen anderer teilhaben. Diese Fähigkeit fördert prosoziales Verhalten wie Hilfe, Kooperation und Altruismus gegenüber anderen, was soziale Bindungen stärkt und zum Zusammenhalt von Gemeinschaften beiträgt.
- **Kooperatives Problemlösen:** Menschliche Gesellschaften stehen oft vor komplexen Herausforderungen, die kooperatives Problemlösen erfordern. Soziale Gehirne ermöglichen es uns, zusammenzuarbeiten, Ressourcen zu bündeln und Probleme gemeinsam zu lösen, was zu Innovation und Fortschritt führt.

All diese Beispiele zeigen, wie das Gehirn durch und für soziale Interaktion buchstäblich geformt wird. Wir haben sogar Gehirnregionen mit ‚Spiegelneuronen', die es uns ermöglichen, zu fühlen und subtil zu kopieren, was andere tun. Wir spüren und beobachten, um ein Gefühl dafür zu bekommen, was die andere Person durchmacht, um es zu interpretieren, zu verstehen und von ihr zu lernen.

Ein Beispiel für unser soziales Gehirn am Arbeitsplatz

Stellen Sie sich folgende Situation vor: Sie gehen durch die Kantine Ihres Büros und unterhalten sich mit einer Kollegin namens Eleonora. Auf der anderen Seite der Kantine sehen Sie Juan. Sie winken ihm zu und lächeln, als er zurückwinkt.

Lassen Sie uns einen Blick in Ihr Gehirn werfen, wenn etwas so scheinbar Einfaches geschieht. Ihr Gehirn sagt die Bewegungen von 20 bis 30 Menschen voraus, die sich in Ihrem Blickfeld befinden. Es findet heraus, wie man am besten geht, ohne mit jemandem zusammenzustoßen, und berücksichtigt dabei Hunderte von impliziten sozialen Bewegungshierarchien. Gehen Sie zum Beispiel zwischen zwei Personen hindurch, die sich gerade unterhalten? Gehen Sie links oder rechts von jemandem mit einem Tablett in der einen und einer Tasse in der anderen Hand? Vielleicht versuchen Sie, Ihren Kollegen ein Gefühl von Kompetenz zu vermitteln. Wie sollten Sie Ihre Körperhaltung und Ihren Gang gestalten, um dies zu erreichen?

Während Ihr Gehirn die Bewegungen der Menschen um Sie herum vorhersagt, führen Sie gleichzeitig das Gespräch mit Eleonora. Sie spüren an ihrem leichten Zögern und ihren Pausen, dass sie vielleicht nicht darüber sprechen möchte, wie es ihrem Mann geht. Könnte es sein, dass sie Schwierigkeiten in ihrer Beziehung haben?

Gleichzeitig hat Ihr Gehirn die Gesichter aller Personen in Ihrem Blickfeld gescannt (was eine enorme Menge an Informationsverarbeitungsressourcen erfordert) und Sie erkennen Juan, mit dem Sie sprechen sollten. Sie winken ihm zu, während Sie noch mit Eleonora sprechen, um ihm zu signalisieren, dass Sie ihn gesehen haben und gleich mit ihm sprechen werden. Er winkt zurück und Sie lächeln, um zu bestätigen, dass Sie sich erkannt haben und auch um Ihre Erleichterung zu signalisieren, dass Sie ihn gesehen haben. Sie erklären Eleonora, dass Sie mit Juan sprechen wollen und verabschieden sich. Sie bemerken, dass sie ein wenig zögert, als ob sie etwas sagen wollte. Aber Sie haben sich schon zu Juan umgedreht. Sie merken sich, dass Sie Eleonora morgen wieder ansprechen und sich mehr Zeit für das Gespräch nehmen werden.

Oberflächlich betrachtet, erscheint dieses Beispiel so einfach, so normal. Das Beispiel zeigt jedoch, dass wir uns weniger bewusst sind, wie sehr unser Gehirn mit sozialer Verarbeitung beschäftigt ist. Es geschieht sozusagen „unter der Haube", unbewusst. Diese zumeist unbewusste Verarbeitung unzähliger sozialer Geschehnisse führt leicht zu der Annahme, dass unser Gehirn kein soziales Gehirn ist.

Auch unser Nervensystem ist sozial

Da unser Überleben von Kooperation abhängt, ist nicht nur unser Gehirn sozial. Auch das gesamte Nervensystem ist darauf ausgerichtet, unser Überleben in einem sozialen Umfeld zu sichern. Wir haben bereits über das sympathische und das parasympathische Nervensystem gesprochen, aber jetzt müssen wir noch etwas tiefer gehen und über die drei Zweige unseres Nervensystems sprechen. **Die Interaktion zwischen unserem Nervensystem und unserem sozialen Umfeld wird in der Polyvagal-Theorie erklärt.** Diese von Dr. Stephen Porges entwickelte Theorie ist ein neurobiologischer Rahmen, der uns hilft zu verstehen, wie unser Nervensystem mit unserer sozialen Umgebung interagiert. Und das sollten wir verstehen, bevor wir uns ansehen können, wie es sich auf den Arbeitsplatz und den Aufbau resilienter Unternehmenskulturen im Allgemeinen auswirkt.

Das autonome Nervensystem (ANS), über das wir bereits gesprochen haben, ist für die Regulierung unwillkürlicher Körperfunktionen verantwortlich. Dazu gehören die Herzfrequenz, die Atmung, die Verdauung und das Erregungsniveau. Das ANS besteht aus drei Zweigen: dem ventralen vagalen und dem dorsalen vagalen Nervensystem (die zusammen das parasympathische Nervensystem bilden) und dem sympathischen Nervensystem.

- **Ventrales vagales System:** Dieses System ist mit der „Ruhe- und Verdauungsreaktion" zur Wiederherstellung der Homöostase verbunden. Entscheidend ist, dass es

auch soziale Aktivierung sowie Gefühle von Sicherheit und Entspannung fördert und reguliert. Die Aktivierung des ventralen vagalen Systems unterstützt positive soziale Interaktionen und emotionale Bindungen zu anderen. Die Aktivierung dieses Zweigs fällt auch mit unserem Toleranzfenster zusammen – dem Fenster unserer Erfahrung, in dem wir in der Lage sind, uns selbst zu regulieren.
- **Dorsales vagales System:** Das dorsale vagale System ist ebenfalls Teil des parasympathischen Nervensystems. Es steht im Zusammenhang mit der „Erstarrungs- oder Immobilisierungsreaktion" in extremen Situationen von Gefahr, Hilflosigkeit oder Erschöpfung. Die Aktivierung des dorsalen vagalen Systems kann zu Gefühlen von Unverbundenheit, Dissoziation und sozialem Rückzug führen. Wir befinden uns dann außerhalb unseres Toleranzfensters und sind nicht mehr in der Lage, unsere Aufmerksamkeit und unsere Emotionen zu regulieren.

Diese beiden Systeme bilden zusammen das parasympathische Nervensystem.

- **Das sympathische Nervensystem** ist nicht mit dem ventralen vagalen und dem dorsalen vagalen System (d. h. dem kombinierten parasympathischen Nervensystem) verbunden. Es ist für die „Kampf-oder-Flucht-Reaktion" verantwortlich, wenn der Körper Stress oder Gefahr wahrnimmt. Die Aktivierung des sympathischen Nervensystems führt zu einer Erhöhung der Herzfrequenz, des Blutdrucks und der Wachsamkeit und bereitet den Körper auf das Handeln vor. Sie bringt uns ebenfalls aus unserem Toleranzfenster heraus.

Unser Nervensystem ist also sehr gut auf soziale Kontexte und Signale eingestellt. Wir nennen dies **Neurozeption**. Sie beschreibt, wie unser Nervensystem Sicherheit oder Gefahr in unserer sozialen Umgebung erkennt, ohne dass wir uns dessen bewusst sind. Sie beeinflusst unsere Reaktionen auf soziale Signale und Interaktionen und prägt unser soziales Verhalten und emotionales Erleben. Dies ist für uns überlebenswichtig, vor allem als Kinder. Als Kinder sind wir völlig hilflos und abhängig von den Erwachsenen um uns herum, sodass wir sehr gut gelernt haben, sie (meist unbewusst) zu lesen. Wir passen unser Verhalten den subtilen emotionalen und sozialen Signalen unserer Bezugspersonen an.

Auf dieselbe Art und Weise lernen wir. Viele Fähigkeiten oder auch Verhaltensweisen, die wir als Kinder lernen, geschehen dadurch, dass wir die Erfahrungen anderer spiegeln und mit ihnen in Resonanz gehen. Wir lernen nicht durch das gesprochene Wort, sondern durch das Verhalten und die emotionalen Signale anderer. Und das ist auch die Art und Weise, wie wir sie als Erwachsene unterrichten. Wir bemühen uns, mit den Kindern in eine positive Resonanz zu gehen, ihnen zuzuhören, ihre Erfahrungen zu reflektieren und einfühlsam neue Handlungsmöglichkeiten vorzuschlagen. Manchmal findet sich ein übereifriger Vater auf allen Vieren auf dem Boden wieder und bellt wie ein Hund. Es ist interessant, darüber nachzudenken. Warum tun wir das? Und wie haben wir überhaupt gelernt, wie ein Hund zu bellen? Haben wir jemals geübt?

Die Evolution hat uns also gelehrt, dass Neurozeption und Spiegelung entscheidend sind, um sich anzupassen, zu lernen und die vielen ungeschriebenen sozialen Regeln und Hierarchien in unserem sozialen Umfeld zu meistern. Und in der modernen Welt ist das vielleicht wichtigste soziale Umfeld, in dem sich die meisten Menschen aufhalten, der Arbeitsplatz. Menschen verbringen in der Regel fünf von sieben Tagen in einem sozialen Arbeitsumfeld, das all die komplexen Hierarchien und Machtstrukturen aufweist, wie sie auch ein umherziehender Stamm unserer Jäger- und Sammlervorfahren hatte.

Wie funktioniert die Neurozeption im Arbeitsumfeld?

Was haben das ventrale vagale, das dorsale vagale und das sympathische Nervensystem mit dem modernen Arbeitsplatz zu tun? Als soziale Wesen scannen wir ständig unsere Umgebung nach Signale für unser Verhalten. Im Arbeitsumfeld können solche Signale eine positive und unterstützende Arbeitskultur, eine respektvolle Kommunikation, klare Erwartungen und ein Zugehörigkeitsgefühl im Team sein. Selbst eine Kleinigkeit wie die Erinnerung der Kollegen an den Geburtstag kann entscheidend sein. Wenn unser Nervensystem diese Sicherheitssignale wahrnimmt, aktiviert es das ventrale vagale System, das Gefühle von Sicherheit und Entspannung fördert. Sicherheitssignale können uns unbewusst in einen selbstregulierenden Zustand versetzen.

Umgekehrt ist die Neurozeption auch wachsam gegenüber Anzeichen von Gefahren am Arbeitsplatz. Solche Bedrohungen können feindselige Interaktionen, wahrgenommene Kritik, ungerechte Behandlung oder ein Mangel an psychologischer Sicherheit sein. Vielleicht haben Sie einen Fehler gemacht und wurden in das Büro Ihres Chefs gerufen. Sie kennen ihn. Und Sie wissen, dass man Ihnen gleich richtig Ärger gibt. Wenn unser Nervensystem diese Gefahrensignale wahrnimmt, kann es die Kampf-oder-Flucht-Reaktion des sympathischen Nervensystems auslösen, bei der Sie sich erregt fühlen und am liebsten aus dem Büro weglaufen würden. Ebenso können Bedrohungen das dorsale vagale System aktivieren, was zu Gefühlen der Unverbundenheit und des Rückzugs führt. Als Reaktion auf eine Bedrohung fühlen Sie sich wie gelähmt. Sie sitzen vielleicht wie erstarrt an Ihrem Schreibtisch, in einem Zustand der Immobilität.

Das Arbeitsumfeld ist in vielerlei Hinsicht ein moderner Dschungel, unser moderner Stamm. Soziale Signale, Resonanz und Kommunikation haben einen starken Einfluss auf unser Nervensystem. Sie können uns schnell in unser Toleranzfenster hinein- und wieder herausbringen. Es ist auch wichtig zu wissen, dass wir diese Signale unterschiedlich wahrnehmen können. Jemand, der traumatische Erfahrungen gemacht hat, erschöpft ist oder einer Minderheit angehört, kann viel empfindlicher auf Anzeichen von Machtungleichgewicht oder Ungerechtigkeit reagieren.

Fühlen wir uns dagegen sicher, unterstützt oder ausgeruht, wird unser ventrales vagales System aktiviert. Dies fördert ein positives Sozialverhalten. Das ist der Grund für den starken Zusammenhang zwischen Wohlbefinden und sozialem Verhalten am Arbeitsplatz – was sich letztlich dann auch positiv auf die Funktionsfähigkeit der Organisation auswirkt. Es ist wahrscheinlicher, dass wir uns auf eine offene Kommunikation, Kooperation und Empathie mit unseren Kollegen einlassen. Wir sind eher in der Lage, resilienzfördernde Verhaltensweisen zu praktizieren, die alle eine Form der Selbstregulation beinhalten. Der Arbeitsplatz wird zu einem sichereren, glücklicheren und kreativeren Ort. Und es wird Sie vielleicht nicht überraschen, dass wir glauben, dass **die Kultivierung einer solchen psychologisch sicheren Arbeitsplatzkultur eine entscheidende Komponente für den Aufbau eines wirklich wir-resilienten Unternehmens ist**. Wir behaupten sogar, dass es ohne eine solche Kultur schwierig sein wird, Wir-Resilienz zu erreichen. Selbst die Durchdringung individueller Resilienz in einer Organisation wird nicht ausreichen, um ein psychologisch unsicheres und unharmonisches soziales Umfeld am Arbeitsplatz zu überwinden.

Das soziale Gefüge der Arbeit: eine entscheidende Komponente der Wir-Resilienz

Wenn wir einmal verstanden haben, dass wir ständig soziale Signale wahrnehmen, können wir die Bedeutung des sozialen Gefüges unseres Arbeitsumfelds oder der Unternehmenskultur erkennen. Ein Arbeitsplatz, an dem sich die Menschen sicher fühlen, miteinander auskommen und respektiert werden, führt zu einem Kreislauf positiver Effekte, die sich in einem kontinuierlichen Verbesserungsprozess selbst verstärken. Dieser Arbeitsplatz muss kein Ort sein, an dem fröhlich gesungen und harmonisch Händchen gehalten wird oder sich alle Blumen ins Haar stecken. Es muss nur ein sicherer Ort sein, an dem sich Mitarbeitende wertgeschätzt und respektiert fühlen. Dann werden sie wahrscheinlich konzentrierter und effektiver arbeiten.

Ein dystopischer Arbeitsplatz mit angespannten oder ungeduldigen Chefs, Verleumdungen und Zickereien im Büro und unrealistischen Anforderungen bewirkt hingegen das Gegenteil. Dies kann zu einem Teufelskreis führen, in dem sich die negativen Effekte selbst verstärken. Leider sind dystopische Arbeitsplätze in der modernen Welt immer häufiger anzutreffen. Und das oft trotz bester und erklärter gegenteiliger Absichten.

Viele Führungskräfte verstehen nicht die sozialen Signale, die sie ständig aussenden – Signale der Irritation, des Mangels an Sicherheit und Respekt und der Missachtung menschlicher Grundbedürfnisse. Ein Umfeld, in dem die menschlichen Grundbedürfnisse nach Fürsorge, Sicherheit, Respekt und Wertschätzung nicht erfüllt werden, ist ein soziales Chaos, eine soziale Wunde, egal wie gut es finanziell läuft. Obwohl also immer häufiger von menschengerechten Arbeitsplätzen die Rede ist, erleben wir stattdessen immer mehr unsichere Arbeitsplätze.

Wir sollten uns also bewusst sein, wie sehr uns das soziale Gefüge in unserer Arbeit beeinflusst. Ein gutes Beispiel dafür ist das Spiegeln. In sozialen Interaktionen imitieren sich Menschen unbewusst in Gesten, Körperhaltungen, Manierismen und anderen Verhaltensweisen, insbesondere wenn sie sich sympathisch sind. Dies lässt sich leicht an Gesten oder Körperhaltungen beobachten. Menschen nehmen unbewusst ähnliche Körperhaltungen ein, wie z. B. das Verschränken der Arme oder das Zurücklehnen als Reaktion auf die Körperhaltung der Person, mit der sie interagieren. Sie können auch beobachten, wie sie Gesichtsausdrücke wie Lächeln, Nicken oder hochgezogene Augenbrauen imitieren, um Empathie und Verbundenheit zu zeigen. Interessanterweise hat die Forschung gezeigt, dass Menschen in einigen Fällen ihre Atemmuster synchronisieren, insbesondere in Momenten tiefer Verbundenheit oder emotionaler Bindung. Angesichts der Realität des Spiegelns ist es leicht zu verstehen, wie sich eine negative soziale Kultur am Arbeitsplatz schnell auf ein Unternehmen und seine Mitarbeitenden ausbreiten kann – und umgekehrt.

Chris machte diesbezüglich eine interessante Erfahrung, als er einmal zu einem Treffen mit dem CEO eines Unternehmens eingeladen wurde. Der CEO leitete ein globales Chemieunternehmen mit mehr als 10.000 Mitarbeitenden in 40 Ländern. Chris bemerkte es zunächst nicht, aber es wurde schnell klar, dass der Mitarbeitende, der das Treffen arrangiert hatte, den CEO weder mochte noch sich bei ihm sicher fühlte. Der Mitarbeitende war sehr technisch orientiert und sozial etwas unbeholfen, was auch bedeutete, dass er nicht wirklich wusste, wie er sich verhalten sollte. Er saß etwas steif und lehnte sich ständig vom Tisch zurück, unabhängig davon, was der CEO tat.

Der CEO war an die unbewusste Machtdynamik gewöhnt, dass die Mitarbeitenden seine Körperhaltung, seine Stimme und sein Sprechtempo spiegelten. Er wurde im Laufe des Treffens immer gereizter, obwohl er mit der Idee einverstanden war. Es gab zwar eine hohe kognitive Zustimmung zu dem Thema, was eindeutig eine gute Sache war, aber die gefühlte Resonanz war nicht vorhanden. Letztendlich wurde die Idee nicht weiterverfolgt. Chris fand das interessant zu beobachten. Obwohl der Mitarbeitende dem CEO eine gute Idee präsentierte und der CEO im Wesentlichen zustimmte, wurde die Idee nicht umgesetzt, weil die emotionale Resonanz und das gefühlte Einverständnis fehlten. Der CEO hatte keine emotionale Zustimmung zu der Idee und war von dem Treffen sogar genervt. Wahrscheinlich war er zu lange im Stressbereich gefangen, was seine Fähigkeit, mit anderen in Kontakt zu treten, beeinträchtigte.

Chris bemerkte auch, dass viele Mitarbeitende Angst vor dem CEO hatten. Das bedeutete höchstwahrscheinlich, dass sie jedes Mal, wenn sie mit ihm interagieren mussten, in eine dorsale vagale oder sympathische Erregung gerieten. In einem Zustand der Flucht oder Erstarrung kehrten sie demotiviert und wahrscheinlich verärgert oder aufgebracht an ihren Schreibtisch zurück. Wie wir bereits besprochen haben, kann sich diese Negativität in einem Büro in einer negativen Rückkopplungsschleife oder einem Teufelskreis ausbreiten, wie es hier der Fall war. Selbst in den Sitzungen, die Chris ohne den CEO beobachtete, war die Atmosphäre oft angespannt. In jedem Meeting, an dem Chris teilnahm, meldeten sich nur eine Handvoll Leute zu Wort, während jüngere Mitarbeiter oder introvertierte Personen kaum etwas sagten.

Im Grunde genommen war das kein psychologisch sicherer Ort zum Arbeiten. Das führte dazu, dass die Menschen ihre Vorgesetzten, ihre Kollegen und ihre Arbeit nicht mehr mochten. Chris konnte das an der Körpersprache und der Körperhaltung der Mitarbeitenden ablesen. Und es war eindeutig ersichtlich, wie sich das auf die Leistung und Kreativität des Unternehmens auswirkte.

Führungskräfte spielen eine entscheidende Rolle bei der Gestaltung der Unternehmenskultur

Das obige Beispiel zeigt, wie wichtig die sozialen Kompetenzen von Führungskräften und Managern in einem Unternehmen sind. Emotionale Konvergenz ist die Vorstellung, dass wir uns gegenseitig in unserer Körperhaltung und Sprache spiegeln. Es gibt auch eine innere Angleichung, bei der die Emotionen von Menschen innerhalb von zwei bis drei Minuten konvergieren, wenn sie sich im selben Raum befinden, auch wenn sie nicht miteinander sprechen. Führungskräfte haben eine größere emotionale Wirkung auf andere und verursachen mehr emotionale Konvergenz als sie selbst erhalten. Dies ist auf verschiedene Faktoren zurückzuführen:

- Führungskräfte und Manager sprechen oft zuerst. Sie bestimmen den Ton des Gesprächs und geben den Themen eine Bedeutung.
- Sie sprechen immer noch häufiger als andere und beeinflussen das Gespräch stärker.
- Wenn sie sprechen, hören die anderen ihnen aufmerksamer zu und achten genauer auf ihre Signale.
- Die Gruppenmitglieder halten die emotionale Reaktion der Führungskraft oder des Managers im Allgemeinen für die gültigste Reaktion. Insbesondere in unklaren Situationen, in denen verschiedene Gruppenmitglieder unterschiedlich reagieren, orientieren sie sich an diesen Emotionen.
- Einfacher ausgedrückt: Ein brüllender, wütender Chef führt zu einem brüllenden, wütenden Arbeitsplatz.

Emotionale Übertragung ist eine Tatsache. Führungskräfte und Manager, wie der CEO im vorherigen Beispiel, setzen die emotionalen Standards für eine Organisation. Es gibt verschiedene Studien zu diesem Thema. Eine davon, „The Ripple Effect: Emotional Contagion and Its Influence on Group Behaviour" von Sigal G. Barsade, beschreibt Folgendes.[55] In seiner Studie teilte er Wirtschaftsstudenten in vier Gruppen ein, die von einem Leiter (einem Schauspieler) geführt wurden. Jeder fiktive Leiter vermittelte unterschiedliche Stimmungen: fröhlichen Enthusiasmus, heiteres Wohlwollen, feindselige Gereiztheit und depressive Trägheit. Die Ergebnisse zeigten die Auswirkungen der emotionalen Übertragung. Die Gruppe mit dem positiven Leiter hatte eine bessere Stimmung, zeigte mehr Kooperation, weniger Konflikte und hatte das Gefühl, ihre Aufgaben gut zu erfüllen.

Sie können dies bei Ihrem nächsten Meeting selbst ausprobieren. Schauen Sie, wie Sie sich nach einem Treffen mit einem warmherzigen und positiven Vorgesetzten fühlen oder wie Sie mit einem gereizten oder gestressten Vorgesetzten zusammenarbeiten. Oder um zu beurteilen, wie Sie Ihren Vorgesetzten und die Unternehmenskultur im Allgemeinen einschätzen, erinnern Sie sich einfach an diese Momente aus Ihrer eigenen Erfahrung:

> *Sie sind gerade um 6:30 Uhr morgens von einem fantastischen zweiwöchigen Urlaub mit Ihrer Familie in (Frankfurt, Heathrow, JFK, Shanghai Pudong … fügen Sie hier den Namen Ihres Flughafens ein) gelandet. Um 7:45 Uhr sitzen*

Sie in der U-Bahn, die Sie in die Stadt und wieder nach Hause bringt. Aber Sie sind umgeben von Menschen, die zur Arbeit pendeln. Wie fühlen Sie sich nach 30 Minuten in dieser Umgebung? Wenn Sie schon einmal mit der U-Bahn in London oder New York gefahren sind, wissen Sie, wovon wir sprechen. Totenstille. Gläserne Augen. Eine Atmosphäre wie bei einer Beerdigung, vor allem, wenn es ein Montag ist. Das sagt viel darüber aus, was für Gefühle die meisten Menschen hinsichtlich ihre Unternehmenskultur haben. Und auch darüber, wie sich die Gefühle anderer auf das eigene Befinden auswirken können, wenn man Angst hat, am nächsten Tag wieder zur Arbeit zu gehen.

Oder wie wäre es mit diesem Moment?

Sie sind gerade nach einer sehr inspirierenden morgendlichen Schulung über positive Emotionen und Dankbarkeit an Ihren Schreibtisch zurückgekehrt. Sie spüren ein warmes Nachglühen. Die meisten Ihrer Kollegen starren auf ihre Bildschirme, einige telefonieren. Sie sind allgemein angespannt und niemand bemerkt Sie. Sie sind allein mit Ihrem Nachglühen. Wie lange hält es an?

Wir sehen, wie wichtig die emotionale Übertragung sein kann. Wir haben die folgende Tabelle zusammengestellt, um zu zeigen, welche Auswirkungen dies auf das soziale und emotionale Gefüge einer Organisation oder eines Teams haben kann.

	Negative Übertragung	**Positive Übertragung**
Arbeitsanforderungen	Eine überwältigende Arbeitsbelastung oder unrealistische Erwartungen können zu chronischem Stress und einem Gefühl der Überforderung führen, sodass der Einzelne sein Toleranzfenster verlässt.	Ein überschaubares Arbeitspensum und angemessene Ressourcen und Fähigkeiten sorgen dafür, dass Menschen innerhalb ihres Toleranzfensters bleiben.
Work-Life-Balance	Eine schlechte Work-Life-Balance bedeutet, dass die Arbeit in das Privatleben eindringt. Dies kann eine unvorhersehbare Arbeitsbelastung, Schichtarbeit und lange Arbeitszeiten umfassen. Wenn Menschen nicht genügend Zeit haben, sich zu erholen, fällt es ihnen schwer, ihr Nervensystem zu regenerieren oder auszugleichen. Dies kann sich schnell auf das gesamte Unternehmen auswirken.	Flexiblere Arbeitszeiten oder Work-Life-Balance-Richtlinien können Stress reduzieren und das Wohlbefinden verbessern. Das Respektieren persönlicher Grenzen und die Schaffung von Freiräumen für den Umgang mit Emotionen können ebenfalls zu einem Gefühl der Sicherheit beitragen.

	Negative Übertragung	**Positive Übertragung**
Autonomie am Arbeitsplatz	Geringe Autonomie und Freiräume. Dazu können knappe, drängende Terminvorgaben, von Vorgesetzten geforderter Perfektionismus und komplexe Arbeitssysteme gehören. Dies führt häufig zu einer deutlich erhöhten Neurozeption von Stress und Gefahr, die sich in der Arbeitsplatzkultur ausbreitet.	Mehr individuelle Wahlmöglichkeiten und Flexibilität. Die Möglichkeit, Aspekte der Arbeit selbst zu gestalten, unter anderem Zeitplanung, Leistung, Arbeitsstil usw. Dies kann ein Gefühl von Autonomie und Selbstwirksamkeit vermitteln.
Emotionale Belastung	Ein Arbeitsumfeld, in dem es an psychologischer Sicherheit mangelt, kann zu einem Gefühl der Bedrohung und Unsicherheit führen. Ein solches Szenario entsteht, wenn Mitarbeitende sich nicht in der Lage fühlen, ihre Meinung zu äußern, ohne negative Konsequenzen befürchten zu müssen. Arbeit mit hoher emotionaler Belastung. Dies kann den Umgang mit kranken oder hilfsbedürftigen Menschen oder mit Konflikten einschließen, oder es kann sich um Tätigkeiten handeln, die ein hohes Maß an emotionaler Unterdrückung erfordern, um „professionell" oder „hart" zu erscheinen. Die Erfahrung von Mobbing oder Belästigung kann sehr bedrohlich sein und zu einer erheblichen emotionalen Belastung führen.	Ein Arbeitsplatz, der Diversität und Inklusion fördert, schafft ein Gefühl der Akzeptanz und Zugehörigkeit. Eine psychologisch sichere Unternehmenskultur entsteht, wenn den Menschen zugehört wird und ihre Ansichten in das Unternehmen integriert werden. Dies trägt dazu bei, dass sich die Menschen stärker verbunden und sicherer fühlen, was sich auf das gesamte Unternehmen übertragen kann.
Unsicherheit und Wandel	Die Sorge um die Arbeitsplatzsicherheit oder der Verlust des Arbeitsplatzes kann die Kampf-oder-Flucht-Reaktion des sympathischen Nervensystems auslösen und zu chronischem Stress führen, der sich im Unternehmen ausbreitet.	Arbeitsplatzsicherheit in Zeiten des Wandels kann den gegenteiligen Effekt haben. Menschen haben Sicherheit in Bezug auf ihren Arbeitsplatz oder ihre Beteiligung an großen Veränderungen. Sie haben eine hohe Beziehungssicherheit zu ihrem Team in Zeiten des Wandels, was sie weniger anfällig für Stress macht.
Rollenklarheit	Das Gefühl, isoliert zu sein oder von Kollegen oder Vorgesetzten nicht unterstützt zu werden, kann zu einem Gefühl der Unverbundenheit beitragen und zu emotionaler Dysregulation in Teams führen.	Unterstützende Beziehungen zu Kollegen und Vorgesetzten können ein Gefühl der Zugehörigkeit und Sicherheit fördern und so zu einem breiteren emotionalen Wohlbefinden und einer stärkeren Aktivierung des ventralen Vagussystems im gesamten Unternehmen beitragen.

	Negative Übertragung	Positive Übertragung
Unterstützung durch Vorgesetzte	Hartes oder übermäßig negatives Feedback von Vorgesetzten, Kollegen oder Mitarbeitenden kann als bedrohlich empfunden werden. Es kann Gefühle der Unzulänglichkeit oder Angst vor Ablehnung auslösen.	Ermutigendes und unterstützendes Feedback kann die Motivation und das Selbstvertrauen steigern, was sich auf das gesamte Team überträgt.
Wachstumschancen	Ein Mangel an Möglichkeiten zur persönlichen oder beruflichen Weiterentwicklung führt dazu, dass Menschen die Verbundenheit zu ihrem Lebensinn verlieren, und reduziert auch die positiven Aussichten.	Möglichkeiten zur persönlichen oder beruflichen Weiterentwicklung können ein Gefühl der Hoffnung, des Optimismus und der Verbundenheit zu ihrem Lebenssinn fördern, das sich auf die gesamte Unternehmenskultur auswirkt.
Soziales Umfeld	Die Erfahrung von Feindseligkeit, Konflikten oder aggressivem Verhalten von Kollegen oder Vorgesetzten kann ein Gefühl der Bedrohung hervorrufen und eine Kampf-oder-Flucht-Reaktion auslösen. Subtile, oft unbeabsichtigte, abwertende Mikroaggressionen oder Handlungen, die auf der ethnischen oder nationalen Herkunft, dem Geschlecht oder anderen persönlichen Merkmalen basieren, können ein feindseliges Arbeitsumfeld schaffen. Im Unternehmen kann sich ein Gefühl der Bedrohung sowie ungleicher Behandlung ausbreiten.	Positives Feedback oder Anerkennung für die eigenen Bemühungen, können das Selbstwertgefühl stärken und ein Gefühl der Kompetenz vermitteln. Eine respektvolle und konstruktive Kommunikation kann ein vertrauensvolles Umfeld schaffen. In einem solchen Umfeld fühlt man sich willkommen, seine Gedanken und Gefühle auszudrücken. Humor und gemeinsames Lachen können eine positive und entspannte Atmosphäre schaffen. Dies kann Stress abbauen und den sozialen Zusammenhalt innerhalb und zwischen Teams fördern. Kleine freundliche Gesten von Kollegen, wie Hilfe anbieten oder Wertschätzung ausdrücken, können eine positive emotionale Wirkung haben. Auch Kleinigkeiten können hier zählen, wie z. B. das Wort „Danke“.

Die Macht der Arbeitsplatzkultur

Alle oben genannten Faktoren beeinflussen und prägen das soziale Gefüge am Arbeitsplatz. **Sie bestimmen die Unternehmenskultur.** Wie Peter Drucker, der Pionier der Managementtheorie, einmal schrieb: „Kultur verspeist Strategie zum Frühstück“. Wir sind zutiefst soziale Wesen, unser soziales Gehirn ist ausgeprägter als unser logisches Gehirn. Deshalb hat die Realität unserer sozialen Erfahrungen bei der Arbeit – das soziale Gefüge unserer Arbeit – einen großen Einfluss darauf, wie wir und das gesamte Unternehmen funktionieren.

Die Stärke unserer sozialen Beziehungen spielt eine entscheidende Rolle für unser Wohlbefinden. Das haben wir immer wieder festgestellt. Wo virtuelles Arbeiten und hybride Arbeitsformen zugenommen haben, kann ohne angemessene Bemühungen um die Entwicklung einer Teamkultur ein Gefühl der Unverbundenheit innerhalb des Unternehmens entstehen. Viele Geschäftsführer von Unternehmen, mit denen wir gesprochen haben, haben diesbezüglich ihre Hilflosigkeit zum Ausdruck gebracht. Sie haben Gutscheine für Wohlbefindensmaßnahmen an ihre Mitarbeitenden verschickt und in viele digitale Angebote investiert. Aber all diese Investitionen sind wie das jährliche Geschenk eines abwesenden Vaters. Wenn er nicht anruft, fragt, wie es einem geht, seine Liebe und Fürsorge ausdrückt, sind die Geschenke wertlos. Führungskräfte, die das tiefe Netz sozialer Bindungen nicht verstehen, die nicht fühlen, was andere fühlen, werden das nur schwer begreifen oder in der Tiefe verstehen.

Gerade für Neueinsteiger und jüngere Mitarbeitende, die noch nicht so viel Zeit hatten, ihre Kollegen und Vorgesetzten persönlich kennen zu lernen, ist die eine Kultur wie die andere – nur der Hintergrund von Microsoft Teams ist ein anderer. Unternehmen, denen es nicht gelingt, eine effektive und unterstützende Arbeitskultur zu entwickeln, die es den Mitarbeitenden ermöglicht, Freunde oder zumindest geschätzte Bekannte und nicht nur Kollegen zu werden, werden nicht in der Lage sein, ihr Leistungspotenzial zum Leben zu wecken.

Zahlreiche Studien haben unsere eigenen Beobachtungen bestätigt. So heißt es in einem Kommentar von Sonia Lyubomirsky im World Happiness Report 2022: „Soziale Unterstützung ist bei Weitem einer der besten Wege, um Menschen zu helfen, jede Art von Schwierigkeiten, Stress oder Rückschlägen zu bewältigen."[56]

Und der leitende Forscher einer der weltweit am längsten laufenden Studien zu Glück und Wohlbefinden erklärte: „Anders als man vermuten könnte, geht es nicht um beruflichen Erfolg, Geld, Sport oder gesunde Ernährung. Die wichtigste Erkenntnis, die wir in den 85 Jahren dieser Studie gewonnen haben, ist: Positive Beziehungen machen uns glücklicher, gesünder und lassen uns länger leben. Punkt. Der wichtigste Schlüssel zu einem glücklichen Leben: Soziale Fitness."[57]

Die Bedeutung sozialer Beziehungen für unser Wohlbefinden wird am Arbeitsplatz bei Weitem nicht ausreichend gewürdigt. Und das, obwohl einige Führungskräfte die Bedeutung der Unternehmenskultur zunehmend erkennen. Eine Umfrage von Heidrick and Struggles aus dem Jahr 2023 ergab, dass 82 % der befragten CEOs die Unternehmenskultur als eine der wichtigsten Prioritäten der letzten drei Jahre bezeichneten, weit vor der Strategie oder der Digitalisierung.[58] **Doch obwohl das Thema Kultur immer wichtiger wird, unterschätzen Führungskräfte seine Bedeutung wahrscheinlich immer noch.** Eine Studie der MIT Sloan School of Management hat gezeigt, dass eine toxische Arbeitsplatzkultur einen zehnmal stärkeren Einfluss auf die Kündigungsabsichten von Mitarbeitenden hat als die Vergütung.[59]

Arbeitsplatzkultur ist wichtiger als Strategie, um Mitarbeiter zu halten.
Die wichtigsten Gründe für Fluktuation im Verhältnis zur Vergütung.

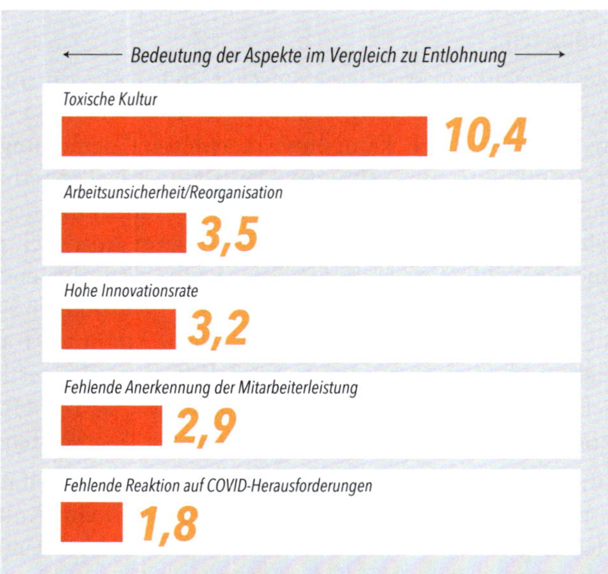

Jeder Balken zeigt den Grad der Bedeutung des jeweiligen Themas für die Fluktuation im Vergleich zur Vergütung der Mitarbeitenden. Eine toxische Kultur trägt 10,4-mal eher zur Fluktuation bei als die Vergütung.

Die meisten Unternehmen haben jedoch bis heute das Thema Arbeitsplatzkultur und Fürsorge nicht in ihren Strategien mit integriert. Sie tun vielleicht alles in ihrer Macht Stehende, um 1 % der Unternehmenskosten einzusparen. Aber gleichzeitig erkennen sie nicht, dass ihre eigene toxische Kultur sie viel Geld kostet. Sowohl in Bezug auf die Mitarbeiterfluktuation als auch in Bezug auf die Notwendigkeit, unzufriedenen und überarbeiteten Mitarbeitern (die trotzdem eines Tages gehen werden) Gehaltserhöhungen zu geben. Sie glauben, dass höhere Gehälter automatisch zu besserer Leistung führen. Die Daten zeigen jedoch, dass dies nicht der Fall ist. Es ist ein viel nuancierteres Zusammenspiel von Faktoren, das zur Leistung beiträgt. Und vielleicht ist keiner davon so wichtig wie die Unternehmenskultur.

Bei der Auswertung unserer Daten von 110 Teams aus dem Jahr 2022-3 zeigte sich, dass **die psychologische Sicherheit der größte Einzelfaktor war, der mit der Teamleistung korrelierte** (siehe die folgende Abbildung). Die Korrelation mit der Teamleistung betrug 0,7, was bedeutet, dass 70 % der Varianz der Teamleistung durch den Grad der psychologischen Sicherheit im Team erklärt werden konnte. Unserer Meinung nach ist das Gefühl der psychologischen Sicherheit eines der wichtigsten Merkmale einer positiven Arbeitsplatzkultur. Und wie Daniel Goleman argumentiert, wird die Arbeitsplatzkultur zum Nachteil eines Unternehmens vernachlässigt: „Der emotionale Zustand eines Teams ist der wichtigste Faktor, der seine Produktivität beeinflusst. Positive Emotionen verbreiten sich wie ein Lauffeuer und entfachen Motivation und Kreativität, während negative Emotionen selbst die besten Talente ersticken können".

Es gibt nie zu viel psychologische Sicherheit.

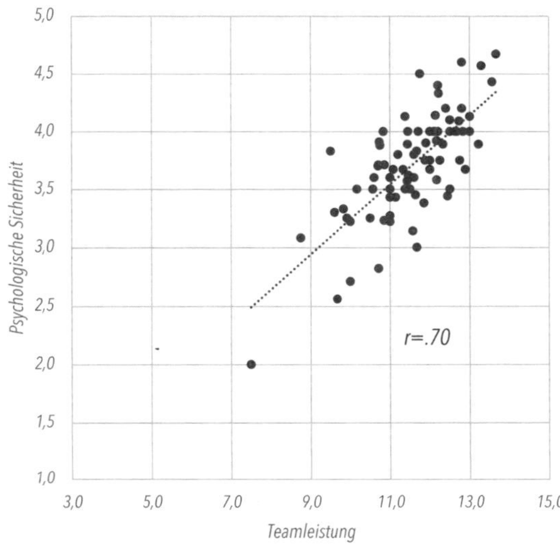

Es gibt kein ›zu viel‹, wenn es um den Zusammenhang zwischen psychologischer Sicherheit und Teamleistung geht.

Unsere Daten zeigen: Je höher die psychologische Sicherheit, desto höher die Teamleistung.

Die Unternehmenskultur ist ein wesentlicher Aspekt der Wir-Resilienz

An dieser Stelle ist es sinnvoll, das bisher Gesagte kurz zusammenzufassen. Wir fühlen, was andere fühlen. Wie andere sich fühlen, beeinflusst, wie wir uns fühlen. Die Arbeitsplatzkultur einer Organisation beeinflusst, wie wir uns fühlen – und unsere Resilienz. Wie sich Führungskräfte fühlen, beeinflusst die Resilienz ihrer Mitarbeitenden. Wenn wir uns besser fühlen möchten, ist es schwieriger, dies zu erreichen, wenn sich alle anderen schlecht fühlen. Wenn wir in unserem denkenden Gehirn gefangen sind, sind wir blind für diese Tatsache. Viele Führungskräfte und Organisationen können zu einer großen sozialen Wunde werden, das alle spüren, aber nur wenige benennen können. Dieses soziale Loch wirkt sich sowohl auf die Resilienz als auch auf die Leistung aus. **Wir können Resilienz oder Leistung nicht verbessern, ohne uns mit dem sozialen Gefüge und der Unternehmenskultur einer Organisation zu befassen.** So einfach ist das.

Mit anderen Worten, wir sind eng miteinander verbunden. Wir können unsere Resilienz nicht grundlegend verändern, ohne an andere zu denken und die sozialen „Wir"-Aspekte von Unternehmen zu berücksichtigen. Selbst wenn es uns insgesamt gut geht, wirkt sich der Zustand anderer auf uns aus. Und wenn es uns nicht gut geht, kann sich die Unternehmenskultur noch stärker auf uns auswirken. Wir bleiben in der Aktivierung des Sympathikus (Flucht) oder des dorsalen Vagus (Erstarrung) stecken.

Mit einem kleineren Toleranzfenster und einem Mangel an Selbstregulierung außerhalb dieses Fensters verlassen wir uns mehr auf andere. Wir brauchen die Hilfe von Freunden, Kollegen, Chefs, Personalverantwortlichen oder Coaches, um wieder in unser eigenes Toleranzfenster zu gelangen, in dem wir uns selbst regulieren können.

Chris hat das am eigenen Leib erfahren. Er erinnert sich an einen Sonntagnachmittag, nachdem er seit etwa sechs Monaten bei der Boston Consulting Group (BCG) in München arbeitete. In den letzten sechs Wochen hatte er sechs (oder manchmal sieben) Tage die Woche gearbeitet, mindestens 12 Stunden am Tag. Chris hatte wirklich zu kämpfen, um es vorsichtig auszudrücken.

Er dachte, dass es nicht nur an BCG lag – es lag an ihm. Es fiel ihm schwer, sich selbst zu regulieren und Grenzen zu setzen, und so war er zu dieser Zeit völlig erschöpft. An diesem Sonntag musste er ins Büro gehen, um eine ganz einfache Aufgabe zu erledigen. Einer seiner Partner musste am nächsten Tag einen Artikel für eine Zeitschrift abgeben. Er musste nur geschrieben werden. Höchstens zwei Seiten, und Chris kannte den Inhalt. Also keine schwierige Aufgabe. Zumindest dachte er das. Aber Chris war einfach außerhalb seines Toleranzfensters. Er konnte nicht mehr klar denken (geschweige denn vernünftig tippen). Er steckte in der dorsalen vagalen Aktivierung fest und war praktisch erstarrt.

Schließlich rief Chris seine Bürokollegin und gute Freundin Veronika an, die ins Büro kam und sich zu ihm setzte. Sie tat nicht viel, aber ihre Anwesenheit half Chris sehr. Sie besprachen die Argumentation, skizzierten den Artikel in 45 Minuten und Chris konnte ihn dann in weiteren 45 Minuten fertigstellen. Die Aufgabe war einfach, aber zu diesem Zeitpunkt überstieg sie seine Fähigkeiten für sich allein. Als Chris älter wurde, hatte er Kinder und eine Familie. Er erkannte, wie sehr ihre Unterstützung und die Zeit, die er mit ihnen verbrachte, ihm halfen, mit dem Stress der Arbeit fertig zu werden. Wie sie ihm halfen, in die Aktivierung des ventralen Vagus zurückzukehren, in den Ruhe- und Verdauungsmodus, der es ihm ermöglichte, sich zu erholen. Um sich dann wieder den Herausforderungen des Arbeitslebens stellen zu können.

Seitdem Chris und Liane bei Awaris zusammenarbeiten, haben sie erkannt, **dass für Resilienz das „Ich" allein nicht ausreichend ist, und dass Unternehmen Resilienz auf der sozialen „Wir"-Ebene angehen müssen**. Sie haben Interventionen entwickelt, die darauf abzielen, die vielen Vorteile zu nutzen, die uns soziale Unterstützung bieten kann, um eine positive Unternehmenskultur zu entwickeln.

Der Aufbau einer positiven und psychologisch sicheren Unternehmenskultur ist ein entscheidender Aspekt der Wir-Resilienz für jedes Unternehmen. Es ist wirklich wichtig, die Bedeutung des sozialen Gefüges für den Einzelnen und das Unternehmen als Ganzes nicht zu unterschätzen. Wir würden sogar sagen, dass Sie jede Chance auf Wir-Resilienz in Ihrem Unternehmen zunichte machen können, wenn sich Ihre Mitarbeitenden bei der Arbeit nicht sicher und sozial unterstützt fühlen.

Wir haben uns also bereits angesehen, was Resilienz ist und wie wichtig es ist, unsere innere Landschaft zu verstehen. Wir haben die wichtigsten individuellen Resilienzfähigkeiten, -kompetenzen und -profile untersucht und die Bedeutung der Achtsamkeit für das Zusammenspiel all dieser Faktoren hervorgehoben. Nun werden wir diese

Bausteine nutzen, um zu sehen, wie wir Resilienzfähigkeiten auf der Wir-Resilienz-Ebene des gesamten Unternehmens aufbauen können. Dort, wo resiliente Kulturen entstehen. Hier wird es wirklich interessant.

Aber bevor wir das tun, sollten wir einen Schritt zurücktreten. Es gibt etwas, das viele Menschen nicht sehen und das sie sehen müssen, bevor eine wirkliche Transformation der Resilienz in einer Organisation stattfinden kann. Anhand einiger Fallstudien werden wir aufzeigen, warum so viele Maßnahmen zur Verbesserung des Wohlbefindens zu kurz greifen. Wir hoffen, dass Sie diese Erkenntnisse nach der Lektüre für sich und Ihr Unternehmen mitnehmen können.

KERNAUSSAGEN DIESES KAPITELS

- Der Mensch ist von Natur aus sozial veranlagt.
- Die Wechselwirkung zwischen unserem Nervensystem und unserem sozialen Umfeld wird in der Polyvagal-Theorie erklärt.
- Sie besagt, dass das autonome Nervensystem (ANS) aus folgenden Komponenten besteht:
  - Das ventrale vagale System: die „Ruhe- und Verdauungsreaktion“, die mit sozialem Wohlbefinden verbunden ist.
  - Das dorsale vagale System: „Erstarrungs- oder Immobilisierungsreaktion“, u. a. als Reaktion auf soziale Unverbundenheit.
  - Das sympathische Nervensystem: „Kampf-oder-Flucht-Reaktion“.
- Neurozeption: Unser Nervensystem ist also außerordentlich gut auf soziale Kontexte und Signale eingestellt.
- Ein Mangel an psychologischer Sicherheit am Arbeitsplatz kann die „Kampf-oder-Flucht-Reaktion“ des sympathischen Nervensystems oder die „Erstarrungsreaktion“ des dorsalen vagalen Systems aktivieren.
- Aus diesem Grund ist die Schaffung einer psychologisch sicheren Arbeitsplatzkultur von entscheidender Bedeutung für den Aufbau wir-resilienter Unternehmen.
- Führungskräfte und Manager geben den Ton an und spielen bei der Gestaltung der Unternehmenskultur eine besonders wichtige Rolle.
- Eine positive oder negative soziale Übertragung kann sich über die Arbeitsplatzkultur verbreiten.
- Eine positive Unternehmenskultur ist der Schlüsselfaktor für die Mitarbeitendenbindung.
- Wir können nicht über Resilienz oder Leistung sprechen, ohne das soziale Gefüge eines Unternehmens zu berücksichtigen.

INTERMEZZO:
Ein frischer Blick auf unser Verständnis von Wohlbefinden und Resilienz am Arbeitsplatz

Wir werden oft blind für Dinge, an die wir uns gewöhnt haben. Trotz guter Absichten sind die Ansätze vieler Unternehmen in Bezug auf Resilienz und Wohlbefinden zutiefst unrealistisch. Aber anstatt die Fakten zu wiederholen, möchten wir lieber zwei Geschichten erzählen. Indem wir sie einander gegenüberstellen, wollen wir den Mangel an Fokus und realistischer Ursachenanalyse aufzeigen, der hinter den derzeit gescheiterten Initiativen zur Verbesserung des Wohlbefindens am Arbeitsplatz steckt. Wenn das Ziel darin besteht, eine wirklich resiliente Arbeitsplatzkultur zu schaffen, müssen wir zunächst verstehen, warum die Dinge derzeit nicht so laufen, wie wir uns das wünschen.

Eine Maßnahme zur Qualitätsverbesserung

Um zu verstehen, wie Organisationen die Fähigkeit entwickeln, mit Qualitätsproblemen umzugehen, lassen Sie uns einem Gespräch lauschen, das in Unternehmen häufig zu hören ist. Es handelt sich um ein Gespräch zwischen Sarah, einer erfahrenen Werksleiterin, und ihrem Montageteamleiter Mark über einen kürzlichen Anstieg der Fehlerquote im Produktionsprozess. Dieses Beispiel zeigt, wie eine Vielzahl von Fähigkeiten, eine gute Ursachenanalyse sowie kohärente Maßnahmen die Dinge wirklich verändern können.

Sarah, Werksleiterin: „Guten Morgen, Mark. Ich habe in letzter Zeit einen Anstieg der Fehlerquote bei der Montage festgestellt. Unsere Qualitätskennzahlen haben sich verschlechtert. Kannst du mir sagen, was die Ursache für dieses Problem ist?“

Mark, Montageteamleiter: „Guten Morgen, Sarah. Ja, wir haben die Fehlerquote genau beobachtet. Ich weiß deine Sorge zu schätzen. Nachdem wir die Situation analysiert haben, sind wir auf mehrere Faktoren gestoßen. Einer davon scheint die neue Charge von Komponenten zu sein, die wir letzten Monat erhalten haben. Die Abmessungen einiger Komponenten wichen leicht von den Spezifikationen ab, was zu Schwierigkeiten bei der Montage führte. Das führte zu Ausrichtungsfehlern und Defekten, die meiner Meinung nach zu der höheren Fehlerquote beigetragen haben.“

Sarah: „Das ist ein wichtiger Hinweis, Mark. Hast du das Einkaufsteam auf dieses Problem hingewiesen?“

Mark: „Ja, ich habe mich bereits an das Einkaufsteam gewandt und unsere Erkenntnisse mitgeteilt. Sie werden die Angelegenheit mit dem Lieferanten klären. In der Zwischenzeit haben wir die Verwendung dieser Komponentencharge gestoppt und sind zur vorherigen genehmigten Charge zurückgekehrt, um eine bessere Konsistenz zu gewährleisten.“

Sarah: „Eine gute Initiative. Gibt es neben den Rohstoffen noch andere Faktoren, die zur Erhöhung der Fehlerquote beitragen?“

Mark: „Nun, ein weiterer Faktor, den wir festgestellt haben, ist die Zunahme der Neueinstellungen in letzter Zeit, was auf die gestiegenen Produktionsanforderungen zurückzuführen ist. Wir haben zwar gründliche Schulungen durchgeführt, aber einige der neuen Teammitglieder müssen sich noch an die Feinheiten unseres Montageprozesses gewöhnen. Wir haben 95 % der neuen Mitarbeitenden geschult. Jetzt arbeiten wir daran, sie mit erfahrenen Mitarbeitenden zusammenzubringen, um ihre Fähigkeiten und ihr Verständnis zu verbessern. Sie sind jetzt alle vermittelt."

Sarah: „Ich schätze deinen proaktiven Ansatz, Mark. Training und Mentoring sind der Schlüssel zur Aufrechterhaltung der Konsistenz. Was ist mit unseren Anlagen und Maschinen? Arbeiten sie innerhalb der Spezifikationen?"

Mark: „Wir haben festgestellt, dass die Kalibrierung einiger Maschinen leicht abweichen könnte. Wir haben eine Wartung geplant, um diese Maschinen neu zu kalibrieren und sicherzustellen, dass sie optimal funktionieren."

Sarah: „Nun, regelmäßige Wartung ist wichtig, um solche Probleme zu vermeiden. Wie sieht jetzt der Aktionsplan aus?"

Mark: „Wir gehen das Problem auf mehreren Wegen an. Wir überwachen die Fehlerquote täglich und führen gründliche Inspektionen an jeder Montagelinie durch. Wir werden weiterhin eng mit dem Einkaufsteam zusammenarbeiten, um das Komponentenproblem zu lösen. Außerdem investieren wir mehr Zeit in die Schulung unserer neuen Teammitglieder und stellen sicher, dass unsere Anlagen richtig kalibriert sind. Ich werde auch einen Bericht vorbereiten, in dem ich dich über unsere Fortschritte und eventuelle weitere Empfehlungen informieren werde. In vier Wochen werden wir zu unserem normalen Rhythmus zurückkehren."

Sarah: „Vielen Dank, Mark. Deine gründliche Analyse und dein proaktives Handeln sind lobenswert. Bitte halte mich über die Entwicklungen auf dem Laufenden und lass es mich wissen, wenn du zusätzliche Ressourcen oder Unterstützung benötigst".

Dieses Gespräch zeigt eine positive Reaktion auf ein Qualitätsproblem bei der Arbeit. Mark nutzt seine Fähigkeiten zur Datenerfassung und -analyse in Echtzeit, um das Problem zu bewerten. Beide zeigen ein tiefes Verständnis des Problems, das eine Ursachenanalyse ermöglicht. Es zeigt, wie Unternehmen Ressourcen und andere Abteilungen mobilisieren und Abhilfemaßnahmen in anderen betroffenen Abteilungen ergreifen können, die zu 100 % befolgt werden. Bei den gezielten Schulungen liegt die Teilnahmequote bei 90 %, was großartig ist, und es gibt ein Follow-up am Arbeitsplatz, das sich auf 100 % der Betroffenen auswirkt. Sarah und Mark zeigen auch, dass sie das Problem kontinuierlich verfolgen und vorhersagen können, wann es gelöst sein wird. Mit einem solchen Ansatz ist die Wahrscheinlichkeit hoch, dass sich das Qualitätsproblem verbessert. Dieser systematische Ansatz, der auf vielen Fähigkeiten der Organisation und der beteiligten Personen beruht, ermöglicht realistische Veränderungen.

Sorge um das Wohlbefinden in einer Umgebung mit normalen Stressfaktoren

Stellen wir uns vor, dass Sarah jetzt für eine Marketingabteilung verantwortlich ist und sich Sorgen um das Wohlbefinden ihrer Mitarbeiter macht, während sie sich an ihre neue Rolle gewöhnt. Hören wir uns an, wie sie versucht, das gleiche Gespräch zu führen, um dieses Problem zu lösen.

Sarah, Marketing: „Guten Morgen, James. Bei Umfragen in unserer Abteilung habe ich im letzten Jahr einen Anstieg der Stressbelastung festgestellt. Ich befürchte, dass dies Auswirkungen auf den Krankenstand, Burn-out, das Engagement und das allgemeine Wohlbefinden der Mitarbeitenden haben könnte. Gute Marketingmitarbeitende sind schwer zu finden. Ich möchte sicher sein, dass wir auf diesem Team aufbauen können. Kannst du mir sagen, was die Ursache für dieses Problem sein könnte?“

James, Personalabteilung: „Guten Morgen, Sarah. Ja, ich habe gehört, wie die Leute darüber gesprochen haben. Das ist auch mein Eindruck. Wir glauben, dass die Arbeitsbelastung zu hoch ist, aber wir sind uns nicht sicher“.

Sarah: „Hm. Das ist interessant. Was können wir dagegen tun?“

James: „Nun, wir hatten im Juni einen positiven Workshop zum Thema Workload Management …“

Sarah: „Tolle Initiative. Was war das Ergebnis? Wie viele haben teilgenommen? Was haben sie gelernt?“

James: „Leider haben von den 150 Eingeladenen nur etwa 18 teilgenommen. Vielleicht war es der falsche Zeitpunkt. Ich weiß nicht genau, was sie gelernt haben, aber die Leute haben gesagt, dass es ihnen gefallen hat“.

Sarah: „Toll, und wie haben sie die erlernten Fähigkeiten angewendet? Was hat sich verändert oder verbessert?“

James: „Das wissen wir nicht genau. Subjektiv scheint es nicht wirklich besser geworden zu sein. Das werden wir im November sehen, wenn die jährliche Stressumfrage zurückkommt. Bis dahin haben wir keine Daten und wissen nichts.“

Sarah: „Das klingt nicht gut. Was haben wir außer dem Workshop noch gemacht? Haben wir eine Ursachenanalyse gemacht? Haben wir Arbeitszeiten, Arbeitsbelastung, Meetingdichte und Auftragsvolumen analysiert?“

James: „Nun, was die eigentliche Ursache betrifft, so glauben wir, dass es die Arbeitsbelastung ist. Das muss es sein. Das sagen viele Leute.“

Sarah: „Was ist mit Folgemaßnahmen? Haben wir irgendwelche Maßnahmen zur internen Weiterbildung ergriffen?“

James: „Ähm, wir haben darüber gesprochen, aber auch hier sagen die Mitarbeitenden, dass sie zu beschäftigt sind, um daran teilzunehmen. Die Manager haben mir immer wieder gesagt, dass wir in der zweiten Jahreshälfte nichts mehr unterbringen können“.

Sarah: „Was ist mit den digitalen Systemen? Funktionieren sie gut?“

James: „Wir führen neue Personalverwaltungs- und Projektmanagementsysteme ein, aber sie befinden sich noch in der Entwicklung. In der Zwischenzeit müssen die Mitarbeitende mit arbeitsintensiven Zwischenlösungen zurechtkommen".

Sarah: „Wie viel Prozent ihrer Arbeitszeit verbringen sie mit diesen Systemen? Wie wirkt sich das auf ihre Arbeitszeit aus?"

James: „Keine Ahnung, wir haben das noch nie analysiert".

Sarah: „Okay, also bist du zuversichtlich, dass sich die Situation verbessern wird?"

James: „Ehrlich gesagt? Ich denke, es könnte schlimmer werden."

In dieser Situation würden wir sagen, dass die Antwort auf dieses Problem – freundlich ausgedrückt – suboptimal ist. Es gibt keinen wirklichen geschäftlichen Fokus auf das Problem und keine Nutzung von brauchbaren Echtzeitdaten. Es fehlt das Verständnis für die tieferen Ursachen und der Wille, diese im Detail zu untersuchen. Infolgedessen gelingt es nicht, Prioritäten zu setzen, die Teilnahme an Schulungen sicherzustellen und Ressourcen in anderen Abteilungen zu mobilisieren, um das Problem zu lösen. Wenn man nur 10 % der Belegschaft erreicht, und das auch nur mit einer kurzfristigen Intervention, wird man wahrscheinlich keine guten Ergebnisse erzielen. Vor allem, wenn die Personalabteilung nicht weiß, wie sich die Schulung auf die Mitarbeitenden ausgewirkt hat. Vor diesem Hintergrund und ohne ein kontinuierliches Follow-up würden wir erwarten, dass das Problem so gut wie gar nicht behoben wird.

Das ist die Realität, wenn Unternehmen versuchen, ihre Stressprobleme zu lösen oder ihre Resilienz zu stärken. Es wird nicht funktionieren. Wenn wir von organisationaler Resilienz sprechen, meinen wir einen systematischen Ansatz, wie wir ihn bei der Lösung von Qualitätsproblemen oder vielen anderen Problemen, mit denen Unternehmen konfrontiert sind, anwenden.

Probleme des Wohlbefindens in einer toxischen Umgebung

Wir wollen dieses Gespräch noch einen Schritt weiterführen. Stellen wir uns ein Gespräch mit Sarah vor, die einige Jahre später Teamleiterin in einem Finanzdienstleistungsunternehmen wird. In diesem Unternehmen herrschen toxische Arbeitsbedingungen in dem Sinne, dass die meisten Mitarbeitenden bei der Arbeit mehr als fünf Stressoren ausgesetzt sind.

Sarah, Managerin: „Guten Morgen, Anne. Im letzten Jahr habe ich bei Umfragen in unserer Abteilung beunruhigend hohe Stresswerte festgestellt. Ich habe mir unser Team angesehen. Ich würde sagen, von den 45 Mitarbeitenden sind acht langfristig krankgeschrieben und der andere Teamleiter auch. Neun sind also arbeitsunfähig. Die anderen sehen müde aus. Kannst du mir sagen, woran das liegen könnte?"

Anne, Personalabteilung: „Guten Morgen, Sarah. Ja, das Burn-out-Niveau ist hoch. Und das ist noch nicht alles. Ich persönlich glaube, dass weitere sechs bis acht Mitarbeitende so nahe am Burn-out sind, dass sie nicht mehr voll arbeitsfähig sind. Sie haben sich nicht krankgemeldet, vielleicht aus Loyalität zu den anderen Teammitgliedern, aber um ehrlich zu sein, sie sehen krank aus“.

Sarah: „Das ist schockierend, Anne. Was können wir dagegen tun?“

Anne: „Nun, das Problem besteht schon seit einem Jahr. Als vier von ihnen krank wurden, haben wir vor etwa zehn Monaten zusätzliche Aushilfskräfte beantragt. Der Antrag wurde sechs Monate später bewilligt und in der Zwischenzeit sind vier weitere Mitarbeitende krank geworden“.

Sarah: „Nun, ich bin froh, dass wenigstens das genehmigt wurde. Aber ideal ist es trotzdem nicht. Was war das Ergebnis?“

Anne: „Es gibt vier Aushilfskräfte, aber die Geschäftsleitung hat die Investitionskosten für ihre effektive Ausbildung nicht genehmigt. Sie können nur die einfachsten Aufgaben erledigen, und die meisten Engpassaufgaben müssen von den älteren Mitarbeitenden übernommen werden. Von den verbleibenden 40 Mitarbeitenden und Aushilfskräften haben diese vier Aushilfskräfte nur begrenzte Einsatzmöglichkeiten. In Wirklichkeit erledigen also 36 Mitarbeiter die Arbeit von 45. Und von diesen 36 stehen etwa 8 kurz vor dem Burn-out“.

Sarah: „Wie können wir die Aushilfskräfte schneller qualifizieren?“

Anne: „Nun, nach ein paar Wochen hier fanden die meisten Aushilfskräfte die komplexen Aufgaben zu stressig. Sie waren der Meinung, dass es sich nicht lohnen würde, sich ausbilden zu lassen, wenn sie nur für kurze Zeit im Unternehmen bleiben würden. Sie schienen sich mit einigen der einfacheren Aufgaben wohler zu fühlen. Und wir haben sowieso kein Budget, um sie zu schulen“.

Sarah „Wie können wir der Stammbelegschaft helfen? Können wir sie unterstützen?“

Anne: „Wir haben einen Workshop mit ihnen gemacht, aber dann ist einer von ihnen weinend zusammengebrochen. Das hat die Stimmung sehr gedrückt. Der andere Teamleiter hatte das Gefühl, dass es zu emotional und etwas negativ wurde. Also schlug er vor, den Workshop vorzeitig zu beenden.“

Sarah: „Wie haben die anderen darauf reagiert?“

Anne: „Einige fanden das Training gut, andere nicht. Viele zogen es vor, einfach weiterzuarbeiten. Etwa elf Personen mussten den Workshop vorzeitig verlassen, um dringende Aufgaben zu erledigen. So waren wir am Ende nur noch 18.“

Sarah: „Was ist mit den digitalen Systemen? Funktionieren die Systeme und Tools?“

Anne: „Das ist ein Teil des Problems. Eines der Systeme ist so kompliziert geworden, dass es die Bearbeitungszeit für einige unserer Kernaufgaben um etwa 25 % verlängert hat.“

Sarah: „Kann das schnell behoben werden?“

Anne: „Darüber dürfen wir nicht sprechen, oder zumindest fühlen wir uns dabei nicht sicher. Die Systemfunktion, die die Probleme verursacht, wurde vom Finanzdirektor des Bereichs entwickelt. Er ist der Meinung, dass wir den Stress des Personals übertreiben und weigert sich, einen Änderungsantrag zu unterstützen.“

Sarah: „Will er nicht, dass die Probleme gelöst werden?“

Anne: „In gewisser Weise muss er es wollen. Aber er hat mit der Personalabteilung vereinbart, dass vier der Krankgeschriebenen jetzt aus dem Budget der Personalabteilung bezahlt werden und nicht aus seinem. Der andere Teamleiter war ziemlich teuer, und da er selbst gegangen ist, hat das auch Kosten gespart. Er hat jetzt 18 % weniger Kosten pro Arbeitseinheit für seine Abteilung und kann immer noch die gleiche Arbeit erledigen. Das war sein wichtigster KPI für dieses Jahr. Es wird gemunkelt, dass er in drei Monaten befördert wird. Ich nehme also an, dass er keine Probleme haben will, bis die Beförderung steht."

Sarah: „Aber die Dinge werden bald auseinander fallen …"

Anne: „Ja, aber wenn das in den nächsten drei Monaten nicht passiert, dann ist das in Ordnung. Zumindest für ihn. Und selbst wenn es Berichte über Missstände gibt, gilt er im Managementteam als hart, aber effektiv und in der Lage, Dinge kostengünstig zu erledigen. Das ist genau das, was die Geschäftsleitung sucht."

Sarah: „Wie fühlen sich die Mitarbeitenden …?"

Anne: „Nun, das ist kein KPI, oder? Also ist es für die da oben nicht so wichtig."

Sarah: „Das klingt, als ob es ihm an menschlichem Mitgefühl fehlt, um ehrlich zu sein."

Anne: „Das stimmt nicht wirklich, ich kenne ihn gut. Er ist im Allgemeinen zugänglich und nicht zu unfreundlich. Er kommt aus einem anderen Bereich des Unternehmens und hat viel zu viel Verantwortung. Er wurde mit der Aufgabe betraut, die Kosten zu senken, und hat wenig Zeit für andere Dinge. Er ist viel zu sehr mit einer anspruchsvollen Umstrukturierung in einem anderen Teil des Unternehmens beschäftigt. Er ist logisch sehr begabt, aber vielleicht hat er weniger Geduld für emotionale Geschichten. Er erwartet, dass man diese emotionalen Probleme selbst löst, und er glaubt, dass die Leute einfach resilienter sein müssen, so wie er es sein muss."

Wir sind sicher, dass einige von Ihnen Situationen wie die oben beschriebene in ihrem Berufsleben schon einmal erlebt haben. Dieses Beispiel zeigt, dass toxische Bedingungen entstehen können, wenn es an echten Daten, relevanten KPIs oder Interesse und Verständnis für den kausalen Zusammenhang zwischen Wohlbefinden, nachhaltigem Leistungsengagement und kooperativem Verhalten fehlen. Entscheidend ist jedoch auch, dass dieser Mangel an Daten, Verständnis und Praktiken zu einem Mangel an organisationalen Resilienzfähigkeiten beiträgt, der hier eine Rolle spielt. Es mangelt an der Sichtbarkeit der Dimensionen menschlicher Leistung und an der Fähigkeit, die damit verbundenen Herausforderungen zu bewältigen. Wenn eine Organisation über diese Fähigkeiten verfügt, würde sie eine solche Situation niemals zulassen.

In den nächsten Kapiteln werden wir uns mit der organisationalen Seite der Gleichung befassen: Warum auch Organisationen Fähigkeiten entwickeln sollten und wie die gemeinsame Verantwortung für Resilienz die Grundlage für einen echten Wandel hin zu einer resilienteren Arbeitskultur sein wird.

KAPITEL 8: WIE MAN RESILIENZ-FÄHIGKEITEN AUF UNTERNEHMENSEBENE AUFBAUT

„Stress ist eine Kopfsache."

„Ich verstehe, dass Sie das Gefühl haben, viel zu tun zu haben. Aber wir sitzen alle im gleichen Boot. Sie sollten Ihr Arbeitspensum besser einteilen."

„Wir müssen Fristen einhalten, das ist die Realität, wenn man in einem Unternehmen wie diesem arbeitet."

„Geben Sie einfach etwas mehr Gas, nur für die nächsten Monate, dann wird sich die Situation beruhigen. Wahrscheinlich."

Diese oder ähnliche Aussagen haben Sie wahrscheinlich schon von Vorgesetzten oder Managern gehört. Kein Zweifel. Die Arbeitsbelastung nimmt ständig zu. Die Fristen rücken immer näher. Und Sie haben das Gefühl, dass der Tag nicht genug Stunden hat, um das Arbeitspensum zu bewältigen. Die Komplexität, alle Beteiligten einzubeziehen, die endlosen Besprechungen, die sich ständig ändernden Ziele – all das trägt zu diesem Tempo und dieser Belastung bei. Selbst wenn Sie nach Hause kommen, verschlingen Sie Ihr Abendessen, während Sie Ihre E-Mails checken, dann machen Sie sich wieder an die Arbeit und können nur schwer einschlafen (weil Ihnen das unmögliche und wachsende Arbeitspensum der nächsten Tage im Kopf herumschwirrt).

Wenn der Wecker klingelt, steigt Ihr Puls sofort in die Höhe, und die Panik vor den anstehenden Aufgaben macht sich breit. Sie machen sich auf den Weg zur Arbeit, machen das Ganze noch einmal, und dieser Prozess wiederholt sich ständig. Sie arbeiten am Wochenende und haben keine Zeit für soziale Aktivitäten. Ihre Work-Life-Balance gerät aus dem Gleichgewicht, und Sie verlieren Ihre sozialen Kontakte. Und wenn Sie ehrlich zu sich selbst sind, haben Sie Momente, in denen Sie denken: „Ist das alles? Ist es das wirklich, worum es im Leben geht?" Es scheint kein Ende in Sicht zu sein. Sie rackern sich ab und leiden. Und Sie können sich nicht daran erinnern, wann Sie das letzte Mal „Spaß" hatten oder etwas aus reiner Freude getan haben. Es ist ein trostloses Leben.

Aber wenn Sie dann nach Monaten der Nichtexistenz in das Büro Ihres Vorgesetzten gerufen werden, hören Sie Dinge wie: „Sie machen das großartig." „Ich gratuliere Ihnen zu dem, was Sie für das Team und das Unternehmen geleistet haben." „Ich kann sehen, dass Sie gestresst waren, aber Sie haben das hervorragend gemeistert. Das wird in Ihrer Leistungsbeurteilung und in Ihrem Gehaltspaket für das nächste Jahr entsprechend vermerkt werden." Während Sie wie betäubt dasitzen und sich fragen, warum Ihr trostloses Dasein mit 65-Stunden-Wochen ein Grund zum Feiern sein soll, fügt Ihr Chef noch etwas hinzu. „Eine Sache noch. Ich weiß, dass es in den letzten Monaten viel zu tun gab, aber wir haben eine wöchentliche Yogastunde am Donnerstag organisiert. Wenn Sie sich also wieder gestresst fühlen, können Sie jederzeit daran teilnehmen."

Innerlich zweifeln sie daran, dass 45 Minuten Vinyasa einen 12-Stunden-Arbeitstag an sieben Tagen in der Woche ausgleichen können. Etwas sprachlos murmeln Sie nur: „Oh, das ist eine brillante Idee" und gehen zurück an Ihren Schreibtisch.

Persönliche Resilienzfähigkeiten haben ihre Grenzen

Dieses Missverständnis von Resilienz als Durchhaltevermögen ist der Ausgangspunkt für die negative Einstellung gegenüber Resilienz, die in vielen Unternehmen weltweit immer noch vorherrscht. Wenn Resilienz wie Durchhaltevermögen ist und Felsen durchhalten, dann sollten auch Sie eher wie ein Felsen sein. Kalt und unbeweglich im Angesicht der Schwierigkeiten. Aber wir haben festgestellt, dass Resilienz eine Fähigkeit ist, die täglich, wöchentlich, monatlich geübt und angewendet werden muss, und dass wir als Einzelpersonen tatsächlich eine individuelle Verantwortung haben, resilienter zu werden.

Tatsache ist, dass die persönliche Resilienz Grenzen hat. Sie können der resilienteste Mensch der Welt sein, aber wenn Sie bei der Arbeit einer Reihe von Stressoren ausgesetzt sind, werden Ihre Resilienzfähigkeiten wahrscheinlich nicht ausreichen. Sie funktionieren nur, wenn man sie trainiert. Die folgende Abbildung basiert auf Daten von 1.200 Befragten und zeigt den Anteil der Menschen, die sich selbst als „resilient" oder „wenig resilient" bezeichnen, in Abhängigkeit von der Anzahl der Stressoren, denen sie ausgesetzt sind.

Persönliche Resilienz hat ihre Grenzen.

Prozent der Personen, die sich selbst als resilient einschätzen, bezogen auf die Anzahl der Stressoren am Arbeitsplatz.

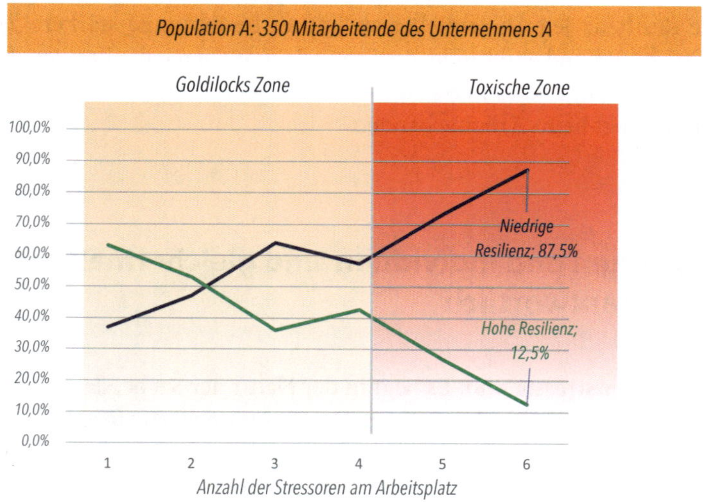

Vereinfacht ausgedrückt: **Je mehr Stressoren am Arbeitsplatz auftreten, desto geringer ist der Anteil der Personen, die sich als „hoch resilient" bezeichnen. Gleichzeitig steigt die Zahl derer, die sich als „wenig resilient" bezeichnen. Diese Tendenzen sind besonders ausgeprägt, sobald ein toxischer „Kipppunkt" von Stressoren am Arbeitsplatz überschritten wird (interessanterweise variiert diese Zahl je nach Art der Stressoren**

und der Personengruppe). Dies ist nicht überraschend. Wenn die Stressoren zunehmen, nimmt die Fähigkeit der Mitarbeitenden ab, sich resilient zu verhalten. Wer ständig unter Arbeitsstress steht, kann nicht mehr so oft mit dem Hund spazieren gehen, gesunde Mahlzeiten kochen, sich abends mit Freunden treffen, die Kinder ins Bett bringen oder am Mittwochabend Tennis spielen. Es ist schwierig, Zeit zum Meditieren zu finden, wenn man von 7 Uhr morgens bis zum Schlafengehen auf Abruf steht. Aus Mangel an Energie oder Zeit sind die Arbeitnehmenden weniger in der Lage, Resilienzfähigkeiten und -verhaltensweisen anzuwenden, die ihnen helfen, ihren inneren Zustand zu regulieren.

Schauen wir uns die Daten im Zusammenhang mit unseren bisherigen Ausführungen zu den Resilienzfähigkeiten etwas genauer an. Werfen wir einen Blick auf die „Goldilocks-Zone", den Bereich des normalen Stresses im Arbeitsleben. Nicht zu viel, nicht zu wenig, gerade richtig. In dieser Zone, in der Menschen mit bis zu drei starken Stressoren am Arbeitsplatz konfrontiert sind, wirken Resilienzfähigkeiten am effektivsten und am deutlichsten. Hier gibt es eine starke Korrelation zwischen den Resilienzfähigkeiten der Personen und ihrem empfundenen Stressniveau. Eine schwächere Korrelation besteht zwischen der Anzahl der Stressoren und der Resilienz bzw. dem Stressniveau. Einfach ausgedrückt: Resilienzfähigkeiten helfen mehr als Stressoren schaden.

In der Goldilocks-Zone ist es daher am effektivsten, Menschen bei der Entwicklung ihrer persönlichen Resilienzfähigkeiten zu unterstützen (außer vielleicht bei Menschen mit anderen Herausforderungen oder einer traumatischen Vorgeschichte). In der toxischen Zone (ab drei oder vier stark ausgeprägten Stressoren am Arbeitsplatz) nimmt die Resilienz jedoch schneller ab und es besteht eine stärkere Korrelation zwischen Stressoren und empfundenem Stress. Hier verlieren die Resilienzfähigkeiten also an Wirksamkeit, und es muss von außen eingegriffen werden. Und die Verantwortung dafür liegt beim Arbeitgebenden.

Organisationen und Individuen sind gleichermaßen für Resilienz verantwortlich

Arbeit wird immer stressig sein. Es liegt in der Natur der Sache, dass sie viel Energie erfordert und uns herausfordert. Wenn Organisationen ein förderliches Arbeitsumfeld schaffen und toxische Umgebungen erfolgreich reduzieren, der Einzelne aber keine Resilienzfähigkeiten besitzt, werden sie weiterhin Schwierigkeiten haben. Umgekehrt werden Menschen, die ihre Resilienzfähigkeiten gut beherrschen und von anderen umgeben sind, die Schwierigkeiten haben oder sich in einem toxischen Umfeld befinden, ihre Resilienzbatterien trotzdem entladen. Und zwar schnell. **Resilienz hängt also sowohl vom Individuum als auch seinem Umfeld ab, denn beide sind miteinander verbunden.**

Mit anderen Worten: Damit ein Unternehmen wir-resilient werden kann, muss der Einzelne resilienter werden. Es liegt aber auch in der Verantwortung der Arbeitgebenden, ihre Mitarbeitenden nicht mit zu vielen Stressfaktoren zu überlasten. Resilienz ist auch eine organisationale Aufgabe, vor allem in den toxischen Zonen, in denen die Resilienzfähigkeiten des Einzelnen weniger wirksam werden.

So wie der Einzelne Fähigkeiten braucht, um seine Stressoren und inneren Zustände zu regulieren, brauchen auch Organisationen diese Fähigkeiten. Unternehmen verfügen bereits über viele Fähigkeiten, z. B. in der Finanzplanung oder der Personalrekrutierung. Es besteht jedoch auch ein Bedarf an organisationsweiten Fähigkeiten zum Aufbau von Resilienz, die im Mittelpunkt dieses Kapitels stehen. Wir werden kurz erläutern, was unter Resilienzfähigkeiten von Organisationen zu verstehen ist. Einfach ausgedrückt haben wir festgestellt, **dass es den meisten Organisationen im Allgemeinen nicht gelingt, menschenzentrierte organisationale Resilienzfähigkeiten aufzubauen.** Es gibt viel zu tun, um diese Fähigkeiten zu entwickeln und toxische Umgebungen zu verändern.

Wenn wir mit Unternehmen zusammenarbeiten, besteht ein erster Schritt darin, einige wichtige Fragen zu klären. Wie viele Stressfaktoren vertragen unsere Mitarbeitenden? Wo liegt die Grenze zu einem toxischen Umfeld? Wie groß ist die Goldilocks-Zone der Stressoren? Um den Unternehmen bei der Beantwortung dieser Fragen zu helfen, zeigen wir ihnen in der Regel zunächst einige Abbildungen, die wir im Folgenden erläutern.

Es gibt verschiedene Resilienzprofile hinsichtlich der Stressfaktoren.

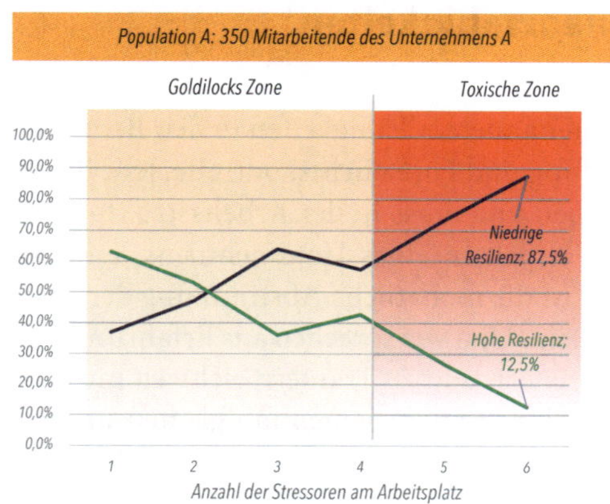

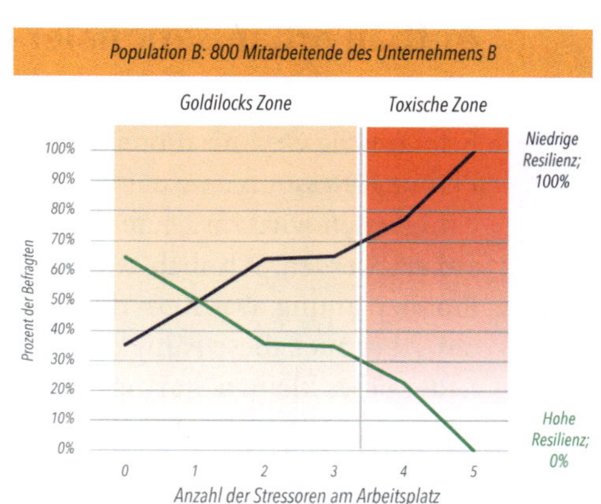

Die obige Abbildung zeigt Daten von zwei unserer Kunden. Unternehmen A hatte eine resilientere Belegschaft als Unternehmen B. 40 % der Beschäftigten gaben an, bei vier starken Stressoren sehr resilient zu sein, 20 % bei fünf starken Stressoren und 12,5 % bei sechs starken Stressoren. Im Vergleich dazu betrug die selbstberichtete hohe Resilienz in Unternehmen B nur 20 % bei vier Stressoren und 0 % bei fünf Stressoren. Es ist klar, dass es keinen Sinn machen würde, die gleichen Richtlinien auf beide Unternehmen anzuwenden.

Wie können solche Unterschiede erklärt werden? Das hängt zum Teil davon ab, wie viele Beschäftigte resilientes Verhalten zeigen und wie resilient sie von Natur aus sind. Es hängt auch vom Durchschnittsalter und der demografischen Zusammensetzung der Belegschaft in den Unternehmen ab. Es hängt auch davon ab, was die wichtigsten Stressoren am Arbeitsplatz sind. Im obigen Beispiel war Unternehmen A resilienter, weil viele seiner Beschäftigten im Ausland arbeiteten und sich in ihrem Leben schon mehrmals an neue Umgebungen angepasst hatten. Außerdem waren sie weniger mit toxischen Stressoren wie mangelnder Autonomie oder der Betreuung von Familienmitgliedern mit gesundheitlichen Problemen konfrontiert. Unternehmen B hatte eine eher global verteilte Belegschaft. Seine Beschäftigten waren jünger. Sie waren mit schnelleren Veränderungen am Arbeitsplatz, weniger Autonomie und somit mehr Stressfaktoren konfrontiert. Auch der Einsatz von resilientem Verhalten war in Unternehmen B im Durchschnitt geringer.

Bevor wir daran arbeiten, wirklich resiliente Arbeitskulturen zu schaffen, muss jedes Unternehmen sein allgemeines Stress- und Resilienzprofil der Mitarbeitenden untersuchen. Erst dann können sie diskutieren, wie viel Stress ihre Mitarbeitenden ihrer Meinung nach aushalten können, was wiederum das letztendliche Niveau der unternehmensweiten Wir-Resilienz bestimmt, das sie erreichen können. Für die meisten Unternehmen ist dies eine völlig neue Herangehensweise, da sie bisher nur auf der Grundlage von Vermutungen entschieden haben, wie viel Stress sie in ihrer Organisation zulassen sollten.

Aufbau organisationaler Resilienzfähigkeiten

Erfolgreiche Organisationen benötigen unter anderem Fähigkeiten in den Bereichen Planung, Ressourcen-Zuteilung, Überprüfung und Fortschrittskontrolle. Jede dieser Fähigkeiten wird im Laufe der Zeit erworben und muss in der Arbeitsstruktur verankert werden. Ähnlich wie bei anderen Aspekten eines Unternehmens, z. B. der Finanzplanung. Der Kern dieser Fähigkeit ist die monatliche Abstimmung der Konten. Aber auch diese Fähigkeit will gelernt sein. Und wir sprechen aus Erfahrung. Als Leiter eines kleinen Startups mit 30 Mitarbeitern und 70 Trainern weltweit mussten wir auf die harte Tour lernen, wie wir die Finanzmanagementfähigkeiten unserer Organisation aufbauen können. Dazu gehören Abteilungsbudgets, Pläne und vierteljährliche Überprüfungen. Wie viele wachsende Organisationen befinden wir uns noch mitten in dieser Lernphase.

Wir sind auch der Meinung, dass Unternehmen, die Resilienz als übergreifende organisationale Fähigkeit aufbauen wollen – um wirklich wir-resilient zu werden –, mehrere resilienzbezogene Teilfähigkeiten kultivieren müssen. **Wir nennen sie menschenzentrierte Wir-Resilienz-Fähigkeiten.** Organisationen müssen sich auf einen Rahmen und Gewohnheiten einigen, die die Grundlage dafür schaffen, dass ihre Mitarbeitenden mehr Resilienzfähigkeiten praktizieren können. Auch wenn dies im Unternehmenskontext ungewöhnlich erscheinen mag, wo Menschen manchmal als bloße Zahnräder in einem gewinnbringenden Unternehmen erscheinen können, unterstreichen wir damit einen wichtigen Punkt: dass diese Fähigkeiten gemeistert werden müssen, damit Menschen – und nicht Systeme – resilienter werden. Sie sollen den Mitarbeitenden helfen, einige der Herausforderungen zu meistern, mit denen sie als Menschen bei der Arbeit konfrontiert sind, und die, wenn sie richtig eingesetzt werden, dem gesamten Unternehmenssystem zugutekommen. Lassen Sie uns einige Beispiele für solche Resilienzfähigkeiten durchgehen und sehen, wie moderne Unternehmen unserer Erfahrung nach diese Fähigkeiten erreichen.

Unternehmensweite Resilienzfähigkeit	**Beschreibung**	**Beispiele**
Körperliche Gesundheit	Die Fähigkeit einer Organisation, die körperliche Gesundheit und Mobilität ihrer Mitarbeitenden zu schützen und positiv zu beeinflussen.	Organisationen haben große Fortschritte beim Schutz ihrer Mitarbeitenden vor körperlichen Schäden und arbeitsbedingten Unfällen gemacht. Viele Unternehmen verfügen über eigene Fitnesszentren, bieten Mitgliedschaften in Fitnessclubs an, nehmen an Step Challanges teil und bieten körperliche Gesundheitsuntersuchungen an. Sie haben Sportmannschaften, unterstützen körperliche Betätigung und verfügen über ergonomische Einrichtungen.
Gesunde Ernährung	Die Fähigkeit einer Organisation, ihren Mitarbeitenden eine gesunde Ernährung anzubieten.	Organisationen haben in diesem Bereich *gute Fortschritte* gemacht. In den Betriebskantinen gibt es eine Vielzahl gesunder Angebote wie Salate, Obst und fett- und zuckerarme Mahlzeiten. Die Meeting-Kultur (Kekse, Kaffee etc.) hat sich verbessert. Alkohol ist in den meisten Geschäftsräumlichkeiten nicht erhältlich.

Unternehmensweite Resilienzfähigkeit	Beschreibung	Beispiele
Ruhe und Erholung	Die Fähigkeit einer Organisation, ihren Mitarbeitenden ausreichende Ruhe- und Erholungszeiten zu gewähren.	Die Entwicklung ist uneinheitlich. In den letzten 50 Jahren hat sich die Arbeitszeit insgesamt verkürzt. Im Westen arbeiten die Menschen im Durchschnitt weniger und es gibt flexiblere Arbeitszeitmodelle. In Produktionsbetrieben und vielen anderen Branchen werden Höchstarbeitszeiten und Ruhezeiten eingehalten und durchgesetzt. Wissensarbeit hat damit jedoch zu kämpfen. Hier ist das Verständnis und die Unterstützung für Ruhe- und Erholungszeiten gering und die Wahrscheinlichkeit einer ständigen Unterbrechung der arbeitsfreien Zeit hoch. In manchen Unternehmen herrscht eine Kultur, die den Mangel an Ruhezeiten verherrlicht, mit der Folge von hohen Krankenständen.
Resilienzbewusstsein	Die Fähigkeit einer Organisation, den Grad des Wohlbefindens ihrer Mitarbeitenden so genau zu kennen, dass sie angemessen darauf reagieren kann.	Die Situation hat sich verbessert, aber es gibt noch viel zu tun. Die meisten Unternehmen führen in der einen oder anderen Form jährliche Umfragen zum Wohlbefinden durch. Einige gehen noch einen Schritt weiter und bieten Gesundheitsscreenings an, die in Bezug auf geistige und körperliche Gesundheit sehr detailliert sind. Die meisten dieser Daten sind jedoch begrenzt, langsam und nicht umsetzbar und haben keinen wirklichen Bezug dazu, wie sich die Menschen *fühlen*.
Entspannung	Die Fähigkeit einer Organisation, ihr kollektives Nervensystem zu regulieren und angemessen auf Situationen zu reagieren.	Dies ist einer der schwächsten Bereiche in vielen Organisationen. Die Häufigkeit von E-Mails, die als dringend eingestuft werden, regelmäßige Richtungswechsel und Überreaktionen, ein angespannter Ton in der Kommunikation und die Betonung unrealistischer Reaktionszeiten sind weit verbreitet. Unternehmen gehen davon aus, dass alles dringend ist, was es in Wirklichkeit nicht ist. Dies führt dazu, dass viele Unternehmen und ihre Mitarbeitenden unserer Meinung nach ein dysreguliertes Nervensystem haben.

Unternehmensweite Resilienzfähigkeit	Beschreibung	Beispiele
Aufmerksamkeitsregulation	Die Fähigkeit einer Organisation, eine gute Aufmerksamkeitsregulation zu unterstützen und den Mitarbeitenden zu helfen, ihre Aufmerksamkeit mit dem richtigen Maß an Anstrengung und ohne Ablenkung auf die richtigen Dinge zu richten.	Dies ist ein weiterer Schwachpunkt in vielen Organisationen. Viel Multitasking, zu viele laufende Projekte und E-Mails, häufige Unterbrechungen, zahlreiche Ziele, zu viele KPIs und schlechte Ressourcenplanung sind Merkmale von Unternehmen mit schlechter Aufmerksamkeitsregulation. Und das sind, wie wir festgestellt haben, die meisten Unternehmen. Viele Unternehmen sind in den letzten zehn Jahren zunehmend in Zustände der Aufmerksamkeitsstörung geraten. Einige Softwareentwicklungsunternehmen haben erhebliche Fortschritte bei der Förderung von Konzentration und Deep Work gemacht, mit positiven Ergebnissen.
Emotionsregulation	Die Fähigkeit einer Organisation, die emotionale Belastung ihrer Mitarbeitenden wahrzunehmen und angemessen damit umzugehen.	Dies ist eine Herausforderung für viele Organisationen, insbesondere für technische, administrative oder Finanz-Organisationen. Anzeichen für eine schlechte Emotionsregulation sind u. a.: ungelöste Konflikte, mangelndes Interesse an Emotionen, es gilt als unprofessionell, emotional zu sein, hohe emotionale Belastung der Mitarbeitenden, schlechte Arbeitsmoral, hohe Fluktuation, häufig toleriertes toxisches Verhalten und schlechter Ruf der Mitarbeitenden. Einige Unternehmen haben damit begonnen, dieses Problem anzugehen, aber es ist noch ein langer Weg.
Positive Sichtweise	Die Fähigkeit einer Organisation, eine positive Arbeitsatmosphäre zu schaffen und die Leistungen und Beiträge aller anzuerkennen.	Auch dies ist für einige Organisationen schwierig, obwohl einige daran arbeiten, dieses Problem zu lösen. Anzeichen für einen Mangel an positiven Sichtweisen sind u. a. ein negativer Kommunikationsstil, mangelnder Teamgeist, ungesunder Wettbewerb, Schuldzuweisungen, mangelnde Wertschätzung und fehlende Wachstumsorientierung.

Unternehmensweite Resilienzfähigkeit	Beschreibung	Beispiele
Sinnhaftigkeit	Die Fähigkeit einer Organisation, sich über ihren Purpose im Klaren zu sein und ihre Mitarbeitenden dabei zu unterstützen, mit ihrem Purpose verbunden zu bleiben.	Einige Fortschritte wurden bereits erzielt. Es wurde viel an Purpose Statements und Purpose Communication gearbeitet. Organisationen, die damit Probleme haben, leiden oft unter mangelnder Klarheit über die Ziele und den Purpose, Zielkonflikten, fehlendem Engagement, sinkender Reputation am Markt, Zynismus, Burn-out der Mitarbeitenden und möglicherweise Innovationsstagnation.
Soziale Verbundenheit	Die Fähigkeit einer Organisation, ein positives soziales Gefüge am Arbeitsplatz zu erkennen und aufrechtzuerhalten und gute soziale Verbindungen unter den Mitarbeitenden zu fördern.	In diesem Bereich haben einige Unternehmen große Fortschritte gemacht, insbesondere seit der Pandemie. In unseren Augen haben aber ebenso viele Rückschritte gemacht. Unternehmen mit schwachen sozialen Verbindungen kämpfen mit geringem Engagement und Zugehörigkeitsgefühl, einem transaktionalen Charakter der Beziehungen, geringer Loyalität der Mitarbeitenden, geringer Innovations- und Anpassungsfähigkeit, verstärkten Silos, mangelnder Teambildung und sogar physischen Räumen, die die Kommunikation behindern.
Mitgefühl und Fürsorge	Die Fähigkeit einer Organisation, ihren Mitarbeitenden und anderen Stakeholdern Mitgefühl und Fürsorge entgegenzubringen.	In den letzten 20 Jahren haben Organisationen in diesem Bereich Fortschritte gemacht, indem sie ihren Mitarbeitenden verschiedene Formen der Fürsorge entgegenbringen. Viele engagieren sich ehrenamtlich, um anderen zu helfen. Aber bei vielen Unternehmen und Führungskräften klafft hier noch eine Lücke. Dies zeigt sich in kühler oder unsensibler Kommunikation, mangelnder Unterstützung durch das Management, autoritären Kulturen, Missachtung von Kunden oder Umwelt und mangelnder Unterstützung der Mitarbeitenden.

Unternehmens-weite Resilienz-fähigkeit	Beschreibung	Beispiele
Synchronisation	Die Fähigkeit einer Organisation, ihre menschlichen Ressourcen so zu synchronisieren, dass ein Gefühl von Energie und Verbundenheit entsteht.	Diese Fähigkeit hat sich erst in jüngster Zeit als wichtig erwiesen. Viele Organisationen arbeiten mit verteilten Teams und haben Schwierigkeiten, ein empfundenes Gefühl des Vorankommens zu erreichen. Das liegt daran, dass Veränderung und Innovation nur möglich sind, wenn es eine kognitive *und* eine emotionale Angleichung gibt. Die emotionale Synchronisation findet ganz natürlich in gemeinsamen Besprechungen, Aufgaben und Projekten statt. Aber mit verteilten Mitarbeitenden, virtuellen Meetings und Mikroaufgaben ohne klare Ergebnisse, ist es viel schwieriger, die gefühlte Synchronisation zu erreichen, die Unternehmen brauchen. Unternehmen, denen es an Synchronisation mangelt, haben Schwierigkeiten, Fortschritte zu erzielen, sich an Veränderungen anzupassen, handeln oft inkohärent und es mangelt ihnen an Vertrauen und Engagement.
Integration	Die Fähigkeit einer Organisation, unterschiedliche Menschen, Stile und Arbeitsorte zu integrieren.	In den letzten zehn Jahren wurden in diesem Bereich Verbesserungen erzielt, insbesondere bei der Schaffung von Arbeitsplätzen, die ethnisch und geschlechtlich ausgewogener sind. Es bleibt jedoch noch viel zu tun, insbesondere im Hinblick auf die psychologische Sicherheit, die zur Integration der Vielfalt beiträgt. Darüber hinaus wird in einigen Unternehmen die Vielfalt nicht gefördert, sondern es herrschen Top-down-Entscheidungsstrukturen vor.

Das war wahrscheinlich viel Information, und die Vorstellung von organisationalen Resilienzfähigkeiten mag auf den ersten Blick seltsam erscheinen. Dennoch hoffen wir, dass Sie beim Lesen der obigen Tabelle eine Regung in Ihrem Herzen verspürt haben. Eine innere Zustimmung, weil Sie diese Merkmale in Unternehmen wiedererkennen, für die Sie gearbeitet haben oder noch arbeiten. Auf uns trifft das auf jeden Fall zu. Hoffentlich haben Sie jetzt das Gefühl, dass es Sinn macht, Resilienzfähigkeiten auch auf der organisationalen Wir-Ebene zu entwickeln. Für uns trifft dies zu, wenn das Ziel der Aufbau resilienter Kulturen ist.

Eine entscheidende Komponente dabei sind **organisationsweite Praktiken**, die zum **Aufbau dieser Fähigkeiten** beitragen. Praktiken sind Rituale oder Übungen, die Teams oder Organisationen regelmäßig durchführen und die mit der Zeit eine Fähigkeit aufbauen. Ein einfaches Beispiel ist agiles Arbeiten. Wenn Teams oder Organisationseinheiten agil arbeiten wollen, beginnen sie damit, Praktiken in ihre Arbeit zu integrieren. Dazu gehören Praktiken wie tägliche Stand-ups, Scrum (ein Rahmen für das Projektmanagement), Retrospektiven und Sprints (ein begrenzter Zeitraum für die Erledigung einer Aufgabe). Durch die Anwendung dieser Praktiken wird das Team immer versierter im agilen Arbeiten.

Es ist wichtig, den Aufbau von Fähigkeiten auf diese Weise anzugehen. Wenn jemand ein guter Tennisspieler werden will, muss er Vorhand, Rückhand, Aufschlag, Volley und Lob üben. Erst wenn man sich eine Reihe von Praktiken angeeignet hat, kann man sie kombinieren, um ein guter Tennisspieler zu werden. Ausgehend von diesem Prozess haben wir die oben genannten 14 Fähigkeitsbereiche untersucht und fünf Praktiken identifiziert, die unserer Meinung nach für jede Fähigkeit entscheidend sind.

Aufbau eines unternehmensweiten Aufmerksamkeitsmanagements

Betrachten wir die Fähigkeit des organisationsweiten Aufmerksamkeitsmanagements, eine Schlüsselkomponente beim Aufbau einer resilienten Arbeitskultur. Das Ziel dieser Fähigkeit ist es, den Menschen zu helfen, konzentriert und ohne zu viele Unterbrechungen zu arbeiten. Diese Fähigkeit wird an modernen Arbeitsplätzen dringend benötigt, jedoch haben sowohl einzelne Mitarbeitende als auch Unternehmen damit zu kämpfen. Unsere Erfahrung in der Zusammenarbeit mit Organisationen hat gezeigt, dass es fünf Praktiken für Einzelpersonen, Teams und Abteilungen gibt, die den größten Einfluss auf das Aufmerksamkeitsmanagement haben.

- **Besprechungsfreie Tage oder Zeiten:** Vereinbarungen über besprechungsfreie Zeiten oder sogar Tage sind entscheidend, damit Mitarbeitende konzentriert arbeiten können. Untersuchungen, die im *MIT Sloan School of Management Journal* veröffentlicht wurden, haben gezeigt, dass Unternehmen, die besprechungsfreie Tage einführen, einen tiefgreifenden positiven Einfluss auf ihre Geschäftsergebnisse haben. Die Einführung von ein oder zwei Tagen pro Woche ohne Besprechungen verbesserte die Autonomie, die Kommunikation, das Engagement und die Zufriedenheit der Mitarbeitenden. Dies führte zu weniger Mikromanagement und Stress, wodurch die wahrgenommene Produktivität um bis zu 70 % gesteigert werden konnte.[60]
- **Individuelle oder gemeinsame Fokuszeiten:** Individuelle oder gemeinsame Fokuszeiten sind ebenfalls entscheidend. Fokuszeiten sind mehr als besprechungsfreie Zeiten. Sie helfen den Teams, sich nicht von Geräten und E-Mails ablenken zu lassen. So können sie in einem bestimmten Zeitfenster intensiv an wichtigen Projekten arbeiten, manchmal auch gemeinsam. Microsoft hat Daten von eigenen Mitarbei-

tenden veröffentlicht, die zeigen, dass Mitarbeitende, die zweistündige Blöcke mit Fokuszeiten einrichteten, eine um 30 % bessere Work-Life-Balance empfanden, weil sie ihre Arbeit erledigen konnten und nicht abends arbeiten mussten.

- **Einschränkung der Entsperrung von Mobiltelefonen:** Wir werden zunehmend von unseren Mobiltelefonen gestört. Beschäftigte, die konzentriert arbeiten wollen, müssen ihre Geräte in den Stand-by-Modus schalten. Außerdem müssen sie die Nutzung ihrer Geräte auf eine bestimmte Anzahl von Minuten pro Tag beschränken und Benachrichtigungen für eine bestimmte Zeit ausschalten. Wenn man bedenkt, dass Nutzer ihre Geräte zwischen 80- und 110-mal am Tag entsperren, benötigen die Mitarbeitenden Unterstützung bei der Umsetzung dieser Änderungen durch Anleitung vom Management. In einigen sicherheitskritischen Umgebungen schränken Unternehmen natürlich bereits die Nutzung von Mobiltelefonen ein, aber diese Praxis, unsere Geräte beiseitezulegen, um uns zu konzentrieren und nachzudenken, wird mit der Zeit immer wichtiger werden.
- **E-Mail-Vereinbarungen:** Die Vereinbarung von E-Mail-Antwortzeiten und die Häufigkeit, mit der E-Mails abgerufen werden, sind entscheidend. Die meisten Menschen glauben, dass sie ihre E-Mails ständig abrufen müssen. Dies führt zu mehr Hektik und erschwert es, sich zu entspannen oder fokussiert zu arbeiten. Außerdem ist es nicht effektiv. Untersuchungen haben gezeigt, dass das häufige Abrufen von E-Mails die Zeit, die wir mit E-Mails verbringen, um mehr als 15 % erhöht. Tatsächlich erwarten die Absender nur in den seltensten Fällen eine so schnelle Antwort. Die Realität ist, dass Menschen ihre E-Mails häufig abrufen, weil sie süchtig danach sind oder weil sie glauben, es tun zu müssen.
- **Ruhezonen am Arbeitsplatz:** Ergänzend dazu gibt es Arbeitsbereiche, die ein ruhiges oder konzentriertes Arbeiten ermöglichen. Diese sind ebenfalls beliebt und nützlich für diejenigen, die vertieft arbeiten möchten.

Diese fünf Praktiken können, wenn sie in einer Organisation verankert werden, die Fähigkeit des organisationalen Aufmerksamkeitsmanagements aufbauen.

Ein weiteres Beispiel ist die positive Sichtweise. Auch hier gibt es einige zentrale Praktiken, die unserer Beobachtung nach einem wirklichen Unterschied machen. Diese sind:

- **Positive Stimmung in Besprechungen/mit dem Positiven beginnen:** Viele Besprechungen finden unter Zeitdruck statt, und am Ende konzentriert man sich auf Probleme, kritische Fragen, Konflikte – alles Dinge, die eine negative Stimmung erzeugen. Aber bei der Arbeit passiert auch viel Positives, es läuft mehr gut als schlecht, und die Menschen tragen auf vielfältige Weise dazu bei. Wenn Sie Besprechungen mit positiven Kommentaren beginnen, schaffen Sie eine konstruktive Atmosphäre, in der Vertrauen und Offenheit herrschen. Es verschiebt die Perspektive der Menschen von einer problemorientierten Haltung hin zur Anerkennung des Guten. Positive Emotionen erweitern die Wahrnehmung und den Denkstil der Menschen und ermutigen zu explorativem Denken und Handeln. Wenn Besprechungen positiv beginnen, sind die Teammitglieder wahrscheinlich kreativer und kooperativer, was zu einem besseren Arbeitsklima beiträgt.

- **Positives Feedback:** Regelmäßiges positives Feedback – während Besprechungen, am Ende des Arbeitstages oder der Arbeitswoche – verbessert die Arbeitsmoral und die Arbeitszufriedenheit erheblich. Untersuchungen von Gallup haben ergeben, dass Beschäftigte, die regelmäßig positives Feedback erhalten, engagierter sind. Dies deutet darauf hin, dass ein solches Feedback zu einem positiveren Arbeitsumfeld führen kann.[61]
- **Positives anerkennen und Erfolge feiern:** Die regelmäßige Anerkennung und Wertschätzung positiver Ergebnisse und Verhaltensweisen am Arbeitsplatz kann zu einem positiveren Arbeitsklima führen. Darüber hinaus trägt es zu einem positiven Klima bei, wenn man sich die Zeit nimmt, Ereignisse wie Geburten, Geburtstage und Jahreszeiten mit allen Beteiligten zu feiern oder jährliche gesellschaftliche Ereignisse zu begehen.
- **Wertschätzung der Menschen und ihrer Beiträge/positive Anerkennung:** Die Anerkennung der individuellen Beiträge ist entscheidend für die Förderung eines Gefühls der Zugehörigkeit und Bedeutsamkeit unter den Mitarbeitenden. Unternehmen, die sich die Zeit nehmen, positives organisationales Verhalten zu würdigen oder die Beiträge ihrer Mitarbeitenden anzuerkennen, tragen ebenfalls zur Schaffung einer positiven Arbeitskultur bei. Die Anerkennung und Belohnung von Leistungen und Beiträgen der Mitarbeitenden kann die Arbeitsmoral, die Motivation und die Leistung erheblich steigern. Der 2018 Global Culture Report des O.C. Tanner Institute fand heraus, dass die Anerkennung von Mitarbeitenden mit einer um 29 % höheren Rentabilität und einer um 22 % höheren Produktivität einhergeht.
- **Eine Kultur ohne Schuldzuweisungen:** Eine Kultur ohne Schuldzuweisungen fördert eine offene Kommunikation und das Lernen aus Fehlern ohne Angst vor Bestrafung. In einer Kultur ohne Schuldzuweisungen sind die Mitarbeitenden eher bereit, sich an kreativen Problemlösungen und Innovationen zu beteiligen, was ein positives und produktives Arbeitsumfeld fördert.

Diese Praktiken, die ihre Wurzeln in der Psychologie und der Organisationsforschung haben, tragen gemeinsam zur Schaffung eines positiven, unterstützenden und produktiven Arbeitsklimas bei.

Wie alle Fähigkeiten müssen diese Praktiken jedoch geplant, geübt und gemessen werden, bevor sie zu echten organisationalen Fähigkeiten werden können.

- **Planung** ist wichtig und wird oft vergessen. Welche Art von Arbeit verrichten die einzelnen Mitarbeitenden? Wie viel Zeit verbringen sie in Besprechungen? Wie viele E-Mails erhalten sie? Was sind realistische Ziele für Fokuszeiten, besprechungsfreie Zeiten oder die Häufigkeit des E-Mail-Abrufs?
- **Übung:** Über einen Zeitraum von beispielsweise vier Wochen muss das Team oder die Abteilung nun diese Fähigkeiten üben. Sie müssen beobachten, wie sie sich auswirken und sie auf der Grundlage der Ergebnisse anpassen. Viele Menschen halten es zunächst für unrealistisch, über positive Dinge zu sprechen. Aber wenn sie es einmal ausprobiert und regelmäßig geübt haben, positives Feedback zu geben, werden sie feststellen, dass es tatsächlich funktioniert und einen Unterschied macht.
- **Messung**: Dies ist oft ein entscheidender Punkt, der fehlt. Wenn ein Team zum Beispiel beschließt, einen besprechungsfreien Tag pro Woche einzulegen, sich acht

Stunden lang zu konzentrieren und E-Mails nur noch viermal am Tag abzurufen, muss es messen, ob das funktioniert hat. Man sollte sich fragen: Wie ist es gelaufen? Wie haben sich die Mitarbeitenden angepasst? Wie hat es sich auf das Geschäftsergebnis ausgewirkt?

Diese Veränderungen voranzutreiben, kann schwierig sein. Wir haben die Erfahrung gemacht, dass reife Mitarbeitende und Führungskräfte, die komplexe Prozesse, Budgets oder Technologien verwalten, sich eher wie Teenager verhalten, wenn es darum geht, ihr Verhalten am Arbeitsplatz anzupassen. Gespräche wie das folgende haben wir schon unzählige Male geführt.

Liane (fröhlich): „Wie lief es letzte Woche mit den Fokuszeiten?"

Mitarbeiterin eins: „Oh, ich habe vergessen, sie in der Woche davor einzuplanen, und als es dann Montag war, war mein Tag zu voll."

Liane: Schweigen.

Mitarbeiterin zwei: „Ich habe die Änderungen umgesetzt, aber es hat nicht funktioniert. Die Leute haben einfach Besprechungen in meinen Kalender eingetragen. Sie haben die besprechungsfreien Zeiten nicht respektiert."

Liane (geduldig): „Wie viele Stunden Fokuszeit haben Sie geplant?"

Mitarbeiterin zwei: „12 Stunden, wie besprochen."

Liane: „Das ist ja toll. Und wie viele konnten Sie umsetzen?"

Mitarbeiterin zwei: „Acht Stunden in der einen Woche, neun in der anderen."

Liane: „Okay. Und wie ist das gelaufen?"

Mitarbeiterin zwei: „Nun, es war großartig, wenn wir uns an die Fokuszeit gehalten haben. Aber wie ich schon sagte, die Führungskräfte haben mir Besprechungen in den Kalender geschrieben, sodass es irgendwie aus dem Ruder gelaufen ist."

Liane (etwas weniger geduldig): „Also lassen Sie mich das verstehen. Sie hatten acht oder neun Stunden in zwei Wochen, um sich zu konzentrieren, und Sie haben sich daran gehalten. Sie haben eine Menge Arbeit erledigt. Und Sie sagen, dass es nicht geklappt hat, weil Sie nur etwa 70 % der geplanten Fokuszeit geschafft haben?"

Mitarbeiterin eins: „Ja."

Liane: „Das ist ja eine große Verbesserung im Vergleich zu der Situation, bevor wir die Fokuszeit eingeführt haben …"

Mitarbeiterin zwei: „Ja, ich denke das stimmt. Entschuldigung."

Es ist wichtig, die Umsetzung dieser Praktiken zu messen, sich daran zu halten und gegebenenfalls eine Ursachenanalyse durchzuführen. Dabei könnten Fragen gestellt werden wie: „Wer hat die Besprechungen in meinen Kalender eingetragen? Wie können wir vermeiden, nächste Woche die gleichen Fehler zu machen? Wie können wir alle daran erinnern, Fokuszeiten einzuplanen?" So, wie man es bei jedem geschäftlichen Problem tun würde. Dies erfordert die Unterstützung des Managements und Diskussionen auf Team- oder Unternehmensebene. Sie müssen helfen, Ziele zu setzen, Prioritäten zu vereinbaren und diese unternehmensweiten Initiativen zum Aufbau von Fähigkeiten weiterzuverfolgen. Es braucht Zeit und Engagement, um diese Praktiken zum Erfolg zu führen.

Aber wenn sie funktionieren, zahlen sie sich wirklich aus. Unserer Erfahrung nach machen Unternehmen, denen dies gelingt, einen entscheidenden Schritt auf dem Weg zu einem resilienteren Unternehmen. Indem sie diese Praktiken team- und unternehmensweit anwenden, verringern sie das Risiko, dass ihre Mitarbeitenden zu lange unter Stress stehen. Sie unterstützen ihre Fähigkeit, Resilienzfähigkeiten zu entwickeln, indem sie sie nicht zu vielen Stressoren aussetzen. Auf diese Weise helfen sie ihren Mitarbeitenden, ihre Resilienzbatterien während der Arbeit wieder aufzuladen und zu zufriedeneren, weniger gestressten Mitarbeitenden zu werden, die besser in der Lage sind, ihren Zustand an die aktuellen Herausforderungen anzupassen. Es ist nicht schwer zu verstehen, warum solche Unternehmenskulturen grundsätzlich resilienter werden. (Im Anhang finden Sie die fünf bis acht Praktiken pro Fähigkeit, die zum Aufbau organisationsweiter Resilienzfähigkeiten beitragen.)

Gezielte Interventionen sind notwendig

Zahlreiche Quellen weisen darauf hin, dass toxische Arbeitspraktiken – oder wie wir es nennen: ein Mangel an menschenzentrierten Fähigkeiten – in einigen wenigen Abteilungen, Geschäftsbereichen oder Standorten die Hauptursache für Burn-out, mangelndes Engagement, Fluktuation und andere Anzeichen für mangelndes Wohlbefinden sind. Eine Studie von McKinsey aus dem Jahr 2022 zeigt beispielsweise, dass ein hoher Prozentsatz dieser Werte auf Toxizität zurückzuführen ist, wie die folgende Abbildung zeigt.

Toxisches Verhalten am Arbeitsplatz ist die größte Ursache für negative Folgen am Arbeitsplatz, wie Burn-out und Kündigungsabsichten.

Faktoren, die zu den Ergebnissen am Arbeitsplatz beitragen (prozentualer Anteil der Varianz in der Ergebnismessung, der auf den Faktor zurückzuführen ist).

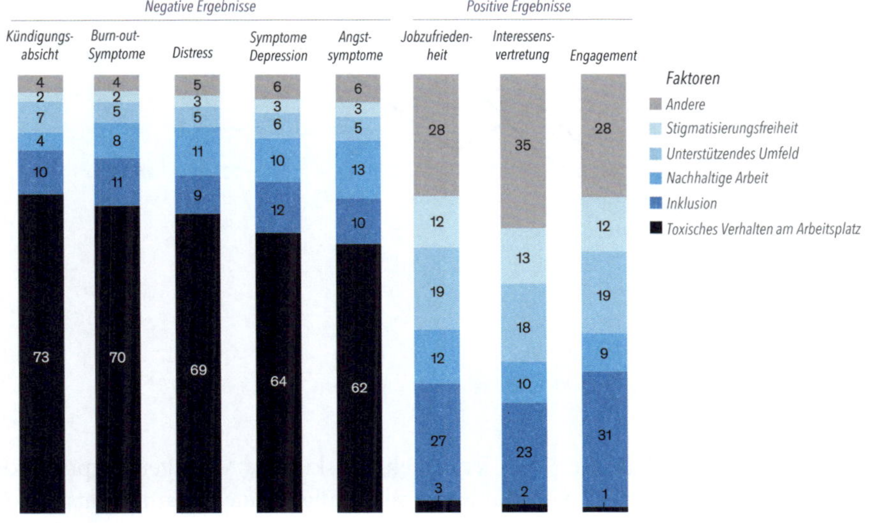

Quelle: McKinsey & Company,
https://www.mckinsey.com/mhi/our-insights/addressing-employee-burnout-are-you-solving-the-right-problem

Unsere Daten bestätigen auch, wie wichtig es ist, sich auf Abteilungen zu konzentrieren, im Vergleich zu allgemeinen, organisationsweiten Maßnahmen. Die Daten zeigen, dass **abteilungsspezifische Faktoren einen mehr als doppelt so großen Einfluss auf Wohlbefinden und Engagement haben wie unternehmensweite Faktoren**.

Zu den abteilungsspezifischen Faktoren gehören die Interaktion mit Kollegen, die Teamdynamik, die Kommunikation und der Führungsstil innerhalb eines Teams oder einer Abteilung. Diese Faktoren sind entscheidend für das Wohlbefinden. Ein unterstützendes Team mit positiven Beziehungen kann zu einem Zugehörigkeitsgefühl beitragen und Stress reduzieren. Umgekehrt kann ein toxisches oder nicht unterstützendes Teamumfeld zu mehr Stress, Konflikten und geringerer Arbeitszufriedenheit führen.

Organisationale Faktoren beeinflussen Engagement und Wohlbefinden ebenso.

Weniger starker Einfluss als abteilungsspezifische Faktoren.

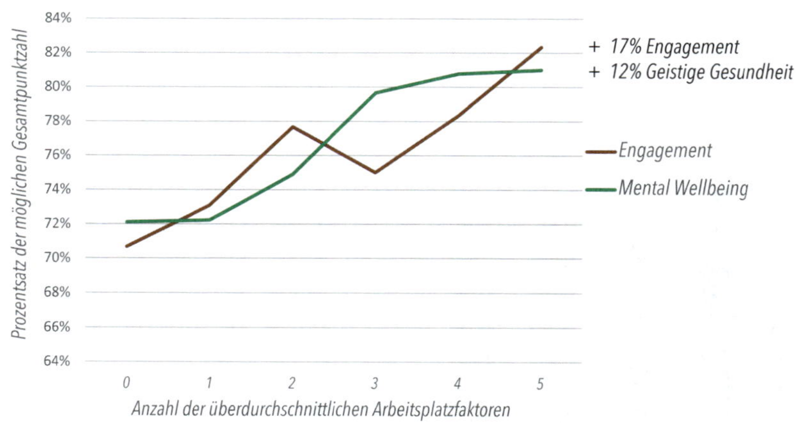

Unternehmensweite Faktoren wie Unternehmenskultur, Managementpraktiken, Richtlinien, Work-Life-Balance-Initiativen und die allgemeine Organisationsstruktur und -strategie können sich ebenfalls auf das Wohlbefinden auswirken, jedoch in der Regel in geringerem Maße als abteilungsspezifische Faktoren.

Organisationen müssen die Verantwortung für den Aufbau von Fähigkeiten und gesunden Verhaltensweisen übernehmen.

Organisationale Fähigkeiten erfordern nicht nur organisationale Verantwortung, sondern auch die Bereitschaft, das Verhalten der Mitarbeitenden zu beeinflussen. Sowohl Führungskräfte als auch Mitarbeitende, die ein mangelhaftes Resilienzverhalten zeigen, sind häufig mit Multitasking beschäftigt und schauen ständig auf ihr Mobiltelefon. Diese Bereitschaft, das Verhalten am Arbeitsplatz zu thematisieren, ist entscheidend – und stößt oft auf Widerstand. Chris erinnert sich an ein besonders aufschlussreiches Gespräch mit dem globalen Personaldirektor eines Chemieunternehmens, in dem er einen umfassenderen Ansatz für Wohlbefinden und Resilienz vorschlug.

Patrick, Personaldirektor: „Chris, schlagen Sie vor, dass wir anfangen, den Mitarbeitenden vorzuschreiben, wie sie sich verhalten sollen?"

Chris: „Nein, Training ist kein Diktat. Es soll ihnen helfen, die richtigen Verhaltensweisen zu kultivieren."

Patrick: „Aber im Ernst: Ihnen vorzuschreiben, wie sie mit ihrem Handy umgehen sollen oder ob sie spät abends noch E-Mails beantworten sollen oder nicht, ist kindisch. Das sind Erwachsene."

Patrick dachte einen Moment nach und lehnte sich dann zurück. Er fühlte sich unwohl. Er dachte an sein Führungsteam und hatte das Gefühl, dass sie diese Richtlinien nicht mögen würden. Nach einigem Nachdenken sagte er folgendes.

Patrick: „Nein, Chris, das ist nichts, worüber wir wirklich nachdenken können. Im Grunde genommen schlagen Sie vor, dass wir Menschen wie Kinder behandeln. Das tun wir nicht. Wir behandeln die Leute wie Erwachsene."

Chris: „Patrick, ich bin etwas erstaunt über Ihre Antwort. Sie behandeln die Menschen doch die ganze Zeit wie Kinder."

Patrick: „Was meinen Sie, das tun wir nie. Wir geben den Leuten Ziele und Budgets und erwarten dann, dass sie damit zurechtkommen!"

Chris: „Warum lassen Sie sie dann wöchentlich über ihre Ziele berichten? Und monatlich über ihre Budgets? Warum geben Sie ihnen 20 KPIs, an denen sie sich messen müssen? Warum bombardieren Sie sie mit Berichten? Wenn Sie dieses unerschütterliche Vertrauen in die Mündigkeit Ihrer Mitarbeiter hätten, würden Sie sie nicht ständig mit Berichten bombardieren. Und in der Produktion? Sie zwingen sie, Helme und bestimmte Schuhe zu tragen, Sie lassen sie um bestimmte Linien herumlaufen und ständig bestimmte Rituale durchführen."

Patrick: „Nun, das ist etwas anderes, das ist das Kerngeschäft ... Das ist das, was sie zu leisten haben."

Chris: „Also, weil es wichtig ist, kann man die Leute wie Kinder behandeln? Ist das Wohlbefinden nicht wichtig? Wir wollen die Mitarbeiter nicht wie Kinder behandeln. Wir helfen ihnen, Resilienzfähigkeiten zu entwickeln und diese in Ihrer Unternehmenskultur zu verankern. Genauso wie Sie Fähigkeiten für das Finanzmanagement entwickeln und diese in wöchentlichen, monatlichen, vierteljährlichen und jährlichen Überprüfungen verankern, müssen Sie auch diese Fähigkeiten in der Arbeitswelt verankern."

Im nächsten Kapitel werden wir zeigen, wie dies auf Teamebene geschehen kann.

KERNAUSSAGEN DIESES KAPTITELS

- Persönliche Resilienzfähigkeiten sind nur ein Teil der Wir-Resilienz-Gleichung.
- Wenn ein „toxisches" Niveau von Stressoren am Arbeitsplatz überschritten wird, werden die Resilienzfähigkeiten weniger wirksam und die Resilienz nimmt ab.
- Dies gilt auch für Personen, die normalerweise sehr resilient sind.
- Das bedeutet, dass Wir-Resilienz sowohl eine persönliche als auch eine organisationsweite Verantwortung ist, die sich gegenseitig bedingen.
- Den meisten Unternehmen, mit denen wir arbeiten, mangelt es an menschenzentrierten Resilienzfähigkeiten. Sie verstehen weder die Resilienzprofile ihrer Mitarbeitenden noch wie viel Stress sie verkraften können.
- Erfolgreiche Unternehmen benötigen nicht nur Fähigkeiten in den Bereichen Planung, Kontrolle und Ressourcenzuteilung, sondern müssen auch menschenzentrierte Resilienzfähigkeiten implementieren.
- Ein kompetenzbasierter Ansatz ist weitaus erfolgversprechender als ein enger Fokus auf das Wohlbefinden.
- Ein solcher Ansatz erfordert einen grundlegenden Wandel:
  - Fokus, Reaktionsmuster, Interventionsarten, Stressreaktionen, Mitarbeiterbeteiligung, Recruiting, Mitarbeiterabdeckung, Führungsrollen, langfristige Wirkung, Unternehmenskultur, Ermächtigung der Mitarbeitenden, präventiver Fokus und allgemeine Ziele.
- Diese Interventionen sollten auf Abteilungsebene und nicht nur auf Unternehmensebene durchgeführt werden, um eine maximale Wirkung auf das Engagement und das psychische Wohlbefinden der Mitarbeitenden zu erzielen.

KAPITEL 9: RESILIENZFÄHIGKEITEN IM TEAM

Es ist immer interessant zu beobachten, was in den Momenten passiert, bevor eine Sitzung beginnt, wenn viele schon eingeloggt haben, oder auch wenn die Sitzung in Person stattfindet, wenn viele schon im Sitzungsraum sind. In manchen Unternehmen bleibt jeder für sich. Die Leute starren mit glasigen Augen auf ihre Geräte oder Mobiltelefone. Sie erledigen irgendwelche Aufgaben oder tun zumindest so (während sie auf dem Bildschirm scrollen, um sich nicht zu langweilen oder mit Tom aus der Finanzabteilung belanglosen Smalltalk führen zu müssen). In diesen Teams wirken die Menschen oft angespannt und etwas verschlossen, auch wenn sie sich schon lange kennen. Das Gespräch kommt nicht in Gang. Außer der unangenehmen Stille ist nur das Schlürfen von Kaffee und das Rascheln von Papier zu hören. Wenn die Sitzung vorbei ist, gehen die Leute schnell wieder. Wenn Teams sich so verhalten, wissen wir relativ schnell, dass es ein längerer Weg sein wird, bis diese auf einer tieferen Ebene miteinander verbunden sind.

Bei anderen Teams, mit denen wir arbeiten, sieht es anders aus. Die Leute lassen sich auf echte, herzliche Gespräche ein, bevor die Sitzung beginnt. Entweder in kleinen Gruppen oder, was noch bedeutsamer ist, in der gesamten Gruppe. In solchen Teams gibt es oft Zeit, menschliche Bindungen aufzubauen, und wenn es nur drei Minuten sind. Wir haben beobachtet, dass solche Teams oft kooperativer arbeiten und sowohl die Leistung ihres Unternehmens als auch das Wohlbefinden und die Verbundenheit ihrer Mitarbeitenden fördern.

Die obigen Beispiele zeigen, dass Teams sehr unterschiedliche Kulturen haben und wie sich dies direkt auf die Gewohnheiten der Verbundenheit auf Teamebene auswirkt. Diese Gewohnheiten der Verbundenheit und andere Interaktionsgewohnheiten sind wichtiger, als man gemeinhin annimmt, da moderne Wissensarbeit hauptsächlich in Teams stattfindet. Wir haben selbst erlebt, wie moderne Arbeit die Zusammenarbeit in einer Vielzahl von Teamformen und -strukturen erfordert. Das reicht von abteilungsbezogenen Teams über projektbasierte Teams bis hin zu funktionsübergreifende Teams und vielem mehr.

Auch das, was wir früher als klassische Arbeit in Produktionsbetrieben oder in der Logistik bezeichnet haben, basiert zunehmend auf soziale Fähigkeiten. So steigt der Anteil der Arbeit, die soziale Fähigkeiten erfordert (siehe die folgende Abbildung). Ebenso nimmt der Anteil kollaborativer Arbeit und damit die Bedeutung von Teamarbeit zu. So hat die Gensler US Workplace Survey 2019 ergeben, dass sich der Anteil der Zeit, die in den USA mit Teamarbeit verbracht wird, zwischen 2013 und 2019 *verdoppelt* hat.[62] Vor diesem Hintergrund war das Verständnis der Teamdynamik noch nie so wichtig wie heute.

Arbeit wird immer kooperativer.

Die US-Wirtschaft erlebt einen Anstieg in Arbeitsplätzen, die soziale Fähigkeiten verlangen.

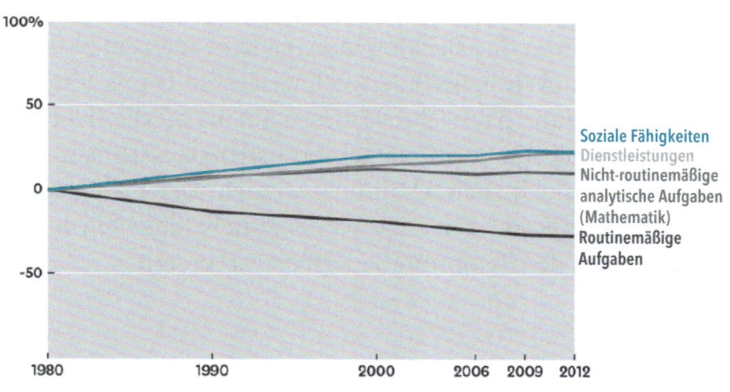

Während das Wachstum von Arbeitsplätzen, die mathematische Fähigkeiten verlangen, sich verlangsamt hat.

Veränderung in den Aufgaben, die von US-Arbeitnehmern ausgeführt werden (im Vergleich zu 1980)

Quelle: *The Growing Importance of Social Skills in the Larbor Market von David J. Deming, NBER Working Paper 21473, 2015.*

Erfolgreiche Teams definieren sich über ihre Fähigkeiten und Gewohnheiten

Die meisten Teams, mit denen wir gearbeitet haben, gingen davon aus, dass sich die Effektivität der Teamarbeit wie von selbst einstellt, wenn sie sich über Ziele, Rollen und Prozesse im Klaren sind. Die Entwicklung von Teams in den letzten zwei Jahrzehnten hat jedoch gezeigt, dass diese Ansicht einer genauen Überprüfung nicht standhält. Viele Teams haben klare Ziele, Rollen und Prozesse, sind aber dennoch ineffektiv. Eine Reihe von Studien hat gezeigt, dass es den meisten Teams an Kernfähigkeiten wie geteilter Aufmerksamkeit, emotionalem Gewahrsein und Lernbereitschaft[63] mangelt, und dass 45 % der Meetingzeit aufgrund nicht-inklusiver Kommunikationsmuster unproduktiv vergeudet wird.[64]

Es gibt viele Antworten auf diese Herausforderungen, eine davon ist die agile Transformation von Teams. Das 2001 veröffentlichte **Agile Manifest** hat eine weitreichende agile Revolution und einen tiefgreifenden Wandel in der Denkweise von Teams ausgelöst. Für unsere Betrachtung ist es wichtig, darauf hinzuweisen, dass ein zentraler Bestandteil der agilen Arbeitsweise spezifische agile Praktiken sind. Zu den agilen Praktiken gehören tägliche Stand-ups, Scrum, Sprints, Extreme Programming, wöchentliche Demos, Sit-togethers, Fehler-Ursachen-Analysen, Retrospektiven und Backlog Management. Zusammengenommen werden diese Praktiken eingesetzt, um den Teams agile Fähigkeiten und eine agile Arbeitsweise zu vermitteln.

Agile Teamarbeit nutzt diese Methoden, um agile Fähigkeiten in Teams zu kultivieren und eine insgesamt agile Arbeitsweise zu entwickeln. Teams, die auf diese Weise zusammenarbeiten, wenden bestimmte Praktiken *während ihrer gesamten Arbeitszeit* an, nicht nur während der Teambesprechungen. Diese tragen zur Effektivität ihrer Teamarbeit bei und wirken sich in der Regel auch auf ihren Zusammenhalt aus. In unserer Arbeit haben wir zum Beispiel festgestellt, dass agile Teams dazu neigen, ihre Aufmerksamkeit besser zu regulieren als viele andere Teams (durch Praktiken wie klares Anforderungsmanagement, Sprints und regelmäßige Kundendemos). Sie scheinen durch Praktiken wie Retrospektiven und Backlog Management auch ein besseres metakognitives Gewahrsein zu haben. Wir haben aber auch viele agile Teams gesehen, die sich schwertaten. Unserer Erfahrung nach fehlten diesen Teams oft die richtigen Interaktionsgewohnheiten – im Sinne von Positivität, emotionalem Gewahrsein und Verbundenheit – auf die wir später noch zurückkommen werden. Der Erfolg agiler Teams zeigt jedoch, wie wichtig es ist, Praktiken anzuwenden, um Fähigkeiten aufzubauen und die Interaktion zwischen den Teammitgliedern zu verbessern.

Aufbau emotionaler Intelligenz und psychologischer Sicherheit im Team durch regelmäßige Interaktionspraktiken und -gewohnheiten

Auch in der Welt der sogenannten „normalen" Teams, die nicht nach agilen Methoden arbeiten, wächst das Verständnis für die Bedeutung von Teamresilienz und Interaktionsgewohnheiten. Die Teamforschung zeigt, dass die bloße Zusammenstellung von Teams und die Klärung von Rollen, Aufgaben und Prozessen oder die Sicherstellung der richtigen Mischung von Mitarbeitenden nicht zu einer hohen Leistung führen. Es sind nicht nur diese messbaren konkreten Faktoren, die den Teamerfolg bestimmen. Ein Forschungsprojekt von Google hat gezeigt, dass Interaktionsgewohnheiten entscheidend für den Aufbau von Vertrauen und psychologischer Sicherheit in Teams sind:

> *„Das Aristoteles-Projekt dauerte mehrere Jahre und umfasste Interviews mit Hunderten von Mitarbeitern und die Analyse von Daten über die Menschen in mehr als 170 aktiven Teams des Unternehmens. Die Google-Mitarbeiter waren auf der Suche nach einer Zauberformel – der perfekten Mischung von Menschen, die ein hervorragendes Team bilden. „Wir lagen völlig falsch", sagt das Unternehmen. Googles datengetriebener Ansatz brachte schließlich ans Licht, was Führungskräfte in der Wirtschaft schon lange wussten: Die besten Teams respektieren die Emotionen der anderen und achten darauf, dass alle Mitglieder gleichermaßen zum Gespräch beitragen. Es hat weniger damit zu tun, wer in einem Team ist, als damit,* ***wie*** *die Teammitglieder miteinander umgehen."*[65]

In einem anderen Forschungsprojekt des Massachusetts Institute of Technology wurden objektive Marker verwendet, wie z. B. die gleichmäßige Verteilung von Redebeiträgen in Sitzungen. Diese Ergebnisse wurden dann mit der Teamleistung in Verbindung gebracht, gemessen an der Fähigkeit von Teams, gemeinsame Probleme zu lösen. Die Forscher bezeichneten diese Fähigkeit als ‚kollektive Intelligenz' von Teams. Es stellte sich heraus, dass die besten Prädiktoren für die Teamleistung in der *Interaktion* zwischen den Teammitgliedern lagen.[66] In hochinnovativen Teams trugen die Teammitglieder gleichermaßen zu Diskussionen und Lösungen bei, sie tauschten sich auch außerhalb von Sitzungen aus und erzielten höhere Werte bei einer Messung der sozial-emotionalen Intelligenz.

Teamgewohnheiten bestimmen die kollektive Intelligenz.

Durchschnittliche soziale Sensibilität ist ein wichtiger Prädiktor für kollektive Intelligenz.

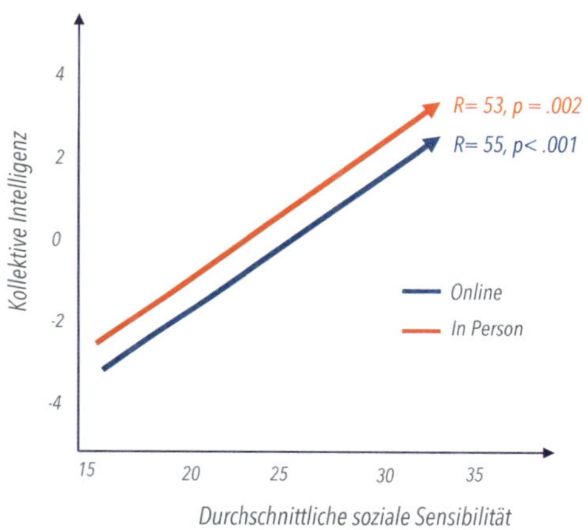

Prädiktoren für kollektive Intelligenz

1. *Gleichberechtigte Kommunikation: Sie tragen gleichermaßen zu Gesprächen im Team bei.*
2. *Höhere soziale Sensibilität/Intelligenz: Sie haben ein höheres durchschnittliches emotionales Gewahrsein .*
3. *Unterstützendes Teamklima, in dem neue Ideen aktiv gesucht, integriert und gefördert werden .*

Quelle: Woolley-Williams, Pentland & Malone, Evidence of Collective Intelligence Factor in the Performance of Teams (2010). Engel, Theory of Mind predicts collective intelligence (2014).

Bei unserer Arbeit mit Teams haben wir immer wieder festgestellt, dass **soziale Faktoren, insbesondere psychologische Sicherheit, die besten Prädiktoren für Teamleistung sind**. Diese Faktoren sind schwer zu messen, aber sie können als Verhaltensweisen beobachtet werden und zeigen sich in Teams, die sie als Fähigkeiten beherrschen.

Genauso wie wir als Einzelpersonen Gewohnheitstiere sind, haben wir gesehen, dass **ein großer Teil der Teamarbeit von beobachtbaren, aber oft nicht wahrgenommenen Gewohnheiten bestimmt wird**. Und wie wir bereits erwähnt haben, führt die kontinuierliche Ausübung bestimmter Rituale und Praktiken zu Fähigkeiten. Diese Dinge können trivial erscheinen: Zum Beispiel, wie Mitarbeitende zu einer Teamsitzung kommen. Wie sie ihre Plätze einnehmen, sei es in einem Raum oder vor einer Kamera. Wie sie die Sitzungen beginnen (mit den Problemen und allen kritischen Fragen, die sofort angesprochen werden müssen, oder mit einer Diskussion darüber, was in letzter Zeit gut gelaufen ist). Wie die Teammitglieder einander zuhören (oder auch nicht). Wie sie Meinungsverschiedenheiten beilegen. Wie sie mit Tagesordnungspunkten umgehen und vieles mehr. All dies sind Ausdrucksformen von Interaktionsgewohnheiten, und die sind viel wichtiger als man denkt.

Wir haben mit Teams in der Automobilindustrie gearbeitet, die mit den Folgen des Dieselskandals zu kämpfen hatten, und wir haben mit Teams in der Halbleiterindustrie gearbeitet, die versucht haben, die Auswirkungen der Halbleiterkrise von 2021 bis 2023 zu bewältigen. Dabei haben wir das gleiche Muster festgestellt: Es waren zwar sehr effektive Einzelpersonen und Teams – sie waren fokussiert und sich den Herausforderungen bewusst. Aber sie waren auch gestresst, isoliert, ängstlich und von Burn-out bedroht. Kurzfristig waren sie wirksam. Aber es war nicht klar, ob sie auch langfristig effektiv sein würden oder ob sie in der Lage sein würden, die transformativen Herausforderungen zu meistern, mit denen sie konfrontiert waren.

Bei der Arbeit mit diesen Teams haben wir uns auf ihre Interaktionen konzentriert, wie sie sprechen und wie sie zuhören. Wir haben uns Zeit genommen, damit sie uns sagen konnten, wie sie sich fühlten. Das brachte einige der leitenden Ingenieure zunächst auf die Palme, als ob wir sie aufforderten, über Feen oder etwas anderes Bizarres zu sprechen. Aber als wir weiter mit ihnen arbeiteten, merkten die Ingenieure, dass sie sich besser fühlten und dass sie eine positivere Einstellung hatten. Und tatsächlich wurde ihnen immer mehr bewusst, was sie erreicht hatten. Und das machte sie stolz. Kürzlich trafen wir ein Mitglied des Automobilteams und er begrüßte uns mit einer Umarmung. Er sagte, dass die Dieselkrise, vielleicht der dunkelste Punkt in seinem Leben, zu einer Quelle des Stolzes und der Weisheit geworden sei. Die Art und Weise, wie sie diese Zeit gemeistert hätten, habe ihn tief beeindruckt.

In unserer Arbeit mit Organisationen **unterscheiden wir daher zwischen Effizienzgewohnheiten und Interaktionsgewohnheiten**. Effizienzgewohnheiten sind Routinen und Tätigkeiten, die wir ausführen, um unsere Arbeit zu erledigen. Dazu gehören zum Beispiel notwendige (aber etwas langweilige) Protokolle, um Ziele, Tagesordnungen und Aufgaben für Teammitglieder zu verwalten. Das sind die Prozesse, die Teams haben, um ihre Arbeit zu erledigen, Aufgaben zu koordinieren und sich gegenseitig auf dem Laufenden zu halten. Dazu können auch die Überwachung der Ressourcenauslastung und die Fortschrittskontrolle gehören. Interaktionsgewohnheiten hingegen sind Handlungen, die bestimmen, wie Menschen und Teams miteinander umgehen. Dazu gehört zum Beispiel, ob wir uns Zeit für ein Gespräch nehmen, ob wir gut zuhören oder ob wir zu gleichen Teilen sprechen (meistens gibt es ein Teammitglied, das in den Klang der eigenen Stimme verliebt ist). Wir haben festgestellt, dass die Gewohnheiten der Interaktion von vielen Teams einfach vergessen oder ignoriert werden. Sie gehen davon aus, dass sich die Interaktionen im Team auf magische Weise von selbst optimal ausrichten werden.

Dabei sind es die Interaktionsgewohnheiten, die das Gefühl der Verbundenheit, des Vertrauens und der psychologischen Sicherheit in Teams ausmachen. Und das entscheidet letztlich darüber, ob ein Team resilient ist oder nicht. Dieser Aspekt gewinnt in der modernen Arbeitswelt zunehmend an Bedeutung. Und wie wir weiter unten sehen werden, sind es auch die Interaktionsgewohnheiten, die wesentlich dazu beitragen, dass Teams resilient sind. Einfach ausgedrückt: Teams werden durch die Summe ihrer Interaktionsgewohnheiten resilient.

Ein Team könnte sich gut auf die Prozesse konzentrieren, dies aber auf eine Art und Weise tun, die wertend, ungeduldig und sehr stressig ist. Dies kann dazu führen, dass sich die Teammitglieder nicht verbunden oder sicher fühlen. Stellen Sie sich einen Vorgesetzten vor, der zu Beginn jeder Sitzung fragt: „Wie fühlen Sie sich heute?“ Nur um dann schnell zu sagen: „Aber bitte schwafeln Sie nicht herum, wir haben viel wichtigere Themen, mit denen wir uns beschäftigen müssen.“

Umgekehrt kann ein Team gute Interaktionsgewohnheiten haben, aber keine guten Effizienzgewohnheiten. Das heißt, es ist ein nettes Team, aber nicht unbedingt ein effektives Team. Stellen Sie sich ein Team vor, das sich eine Stunde lang austauscht. Die Mitglieder drücken ihre Gefühle frei aus, halten sich an den Händen und vermitteln das Bild einer fast verliebten und harmonisch miteinander verwobenen Einheit, vergessen dabei aber, dass sie dafür angestellt wurden zu arbeiten. Entscheidend ist, dass ein Gleichgewicht angestrebt wird. **Teams, die sowohl Effizienzgewohnheiten als auch gesunde Interaktionsgewohnheiten haben, sind hochleistungsfähige Teams**. Sie lernen und wachsen. Und das hilft ihnen, resiliente Teams zu werden.

In unserer Arbeit mit Teams haben wir acht Gewohnheitsbereiche identifiziert, von denen einige eng mit unseren Resilienzfähigkeiten übereinstimmen. Diese sind unten aufgeführt.

Gewohnheitsbereiche der Team-Resilienz		
Team-Gewohnheits-bereich	**Beschreibung**	**Beispiele für spezifische Praktiken**
Verbindung	Sicherstellen, dass ein Gefühl der Verbundenheit zwischen den Teammitgliedern besteht. Ausreichend Zeit und Gelegenheiten, um diese Verbindungen zu vertiefen.	• Zeit für soziale Kontakte in Teamsitzungen (oder vor Sitzungen). • Gesellige oder teambildende Veranstaltungen am Ende der Woche oder monatlich.

Gewohnheitsbereiche der Team-Resilienz		
Team-Gewohnheitsbereich	**Beschreibung**	**Beispiele für spezifische Praktiken**
Synchronisation	Sicherstellung einer ausreichenden Synchronisierung der gemeinsamen Zeit, und durch echten Austausch, Synchronisierung der Emotionen im Team	• Vereinbarung gemeinsamer Arbeitszeiten für die gemeinsame Teamarbeit. • Spezifische Formen von Teamsitzungen, die kollaborativ oder kreativ sind. • Gemeinsame Kalender für kollaborative Arbeit.
Ruhe und Erholung	Echte Ruhe und Erholung im Team zulassen. Weder implizit noch explizit erwarten, dass Mitarbeitende über die gesetzlichen oder auch vereinbarten Arbeitsstunden hinweg arbeiten.	• Sich auf klare Absprachen über Arbeitszeiten und Gewohnheiten, Erholung, Erreichbarkeit, einigen. • Sich einigen, wie man mit Notfällen und Nachrichten außerhalb der Arbeitszeit umgeht. • Offen über persönliche Belastungen oder private Verpflichtungen sprechen.
Aufmerksamkeitsregulation	Sicherstellen, dass im Team ein hoher Grad an Aufmerksamkeit da ist, die Teammitglieder präsent sind, einander zuhören und Probleme mit ausreichender Konzentration angehen können.	• Festlegen, ob Kameras in virtuellen Sitzungen ein- oder ausgeschaltet sein sollen. • Sich darauf einigen, wie man mit Multitasking in Sitzungen umgeht. • Praktiken des Jump on oder Jump-off vereinbaren – der teilweisen Teilnahme an Sitzungen –, dafür mit voller Präsenz. • Team-Fokuszeiten, in denen keine E-Mails beantwortet werden müssen. • Sitzungsfreie Zeiten.
Emotionsregulation	Emotionales Gewahrsein für andere im Team. Es gibt bewusst regelmäßig Raum dafür, Emotionen teilen zu können, was eine gesündere Arbeitsplatzkultur hervorbringt.	• Check-ins zu Beginn von Sitzungen. • Check-outs am Ende von Sitzungen. • Emotionales Mapping im Team.
Positive Aussicht	Sicherstellen, dass es im Team genug Wertschätzung, Freude und Positivität gibt, um eine positive Arbeitskultur zu schaffen.	• Sitzungen mit Positivem beginnen. • Gemeinsame Erfolge am Ende der Woche feiern. • Jede Woche Gelegenheiten für positives Feedback ermöglichen.

Gewohnheitsbereiche der Team-Resilienz		
Team-Gewohnheitsbereich	**Beschreibung**	**Beispiele für spezifische Praktiken**
Integration	Berücksichtigung unterschiedlicher kognitiver und emotionaler Stile und Persönlichkeiten im Team. Integration von hybriden oder dezentralen Teammitgliedern.	• Gleichbehandlung bei Gesprächsbeiträgen. • Rotierende Zeiten für Sitzungen. • Rotierende Rollen in Sitzungen.
Reflexion	Zeit für die Reflexion über das Wie der Zusammenarbeit, die Prozesse und die emotionale Atmosphäre im Team. So kann das Team lernen und sich weiterentwickeln.	• Team-Retrospektiven. • Team-Feedback-Prozesse.

Für jeden Gewohnheitsbereich haben wir spezifische Praktiken identifiziert, die Teams einführen können. Aus regelmäßigen Praktiken (oder Ritualen) werden Gewohnheiten. Wenn die Gewohnheiten dann zur Selbstverständlichkeit geworden sind, können sie zu einer Stärke oder, in unserer Sprache, zu „echter Teamfähigkeit“ werden. Wir haben diese Gewohnheiten in über 100 Teams untersucht und dabei einige wichtige Erkenntnisse gewonnen, die wir im Folgenden erläutern.

Teamgewohnheiten machen den Unterschied

Zunächst haben wir große Unterschiede in der Ausprägung der Teamfähigkeiten festgestellt. Dies hängt häufig mit der Art des Teams, seinem Entwicklungsstand und seiner Erfahrung mit Teamarbeit zusammen. Vor allem aber haben wir festgestellt, dass die Teamfähigkeiten einen großen Einfluss auf das Stressniveau und die Leistung des Teams haben. Einfach ausgedrückt: Mehr konstruktive Teaminteraktionspraktiken und -fähigkeiten sind gleichbedeutend mit weniger Stress und besserer Leistung. Teams mit einer resilienten Teamkultur sind weniger anfällig für Teamerschöpfung. Die Fähigkeiten und Gewohnheiten, die sie regelmäßig anwenden, tragen wesentlich zur Gesundheit des Teams bei.

Teams mit Resilienzfähigkeiten leiden weniger unter Burn-out.

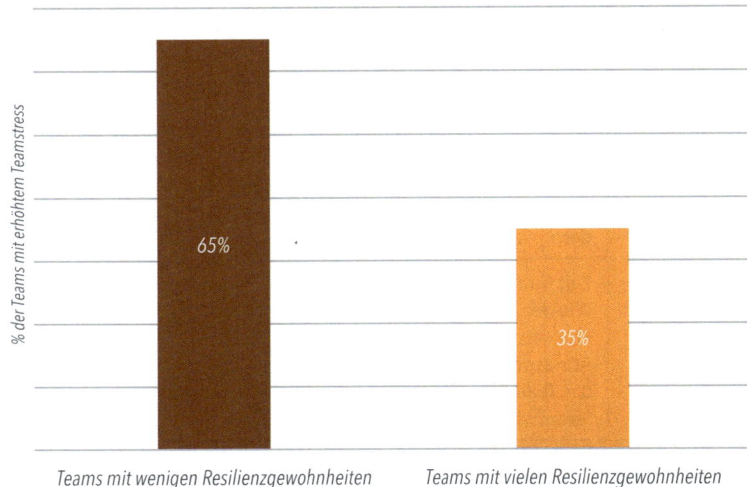

Quelle: Awaris-Daten von N = 104 Teams

Die obige Abbildung macht zwei Dinge deutlich:

1. Die Resilienzfähigkeiten tragen dazu bei, die Teammitglieder vor einem Übermaß an Stress zu schützen.
2. Ist der Pegel des Teamstresses zu stark, brechen die gemeinsamen Fähigkeiten weg.

Dies stimmt mit dem überein, was wir bei der Betrachtung der Resilienzwerte von Einzelpersonen gesehen haben: Bei normaler Stressbelastung war das individuelle Engagement für resilienzförderndes Verhalten am wichtigsten. Bei hoher Stressbelastung konnten die Personen ihr resilienzförderndes Verhalten jedoch nicht aufrechterhalten. Interessanterweise haben diese Kooperationsfähigkeiten oder Interaktionsgewohnheiten auch einen starken Einfluss auf die Leistung.

Resiliente Teams sind doppelt so innovativ.

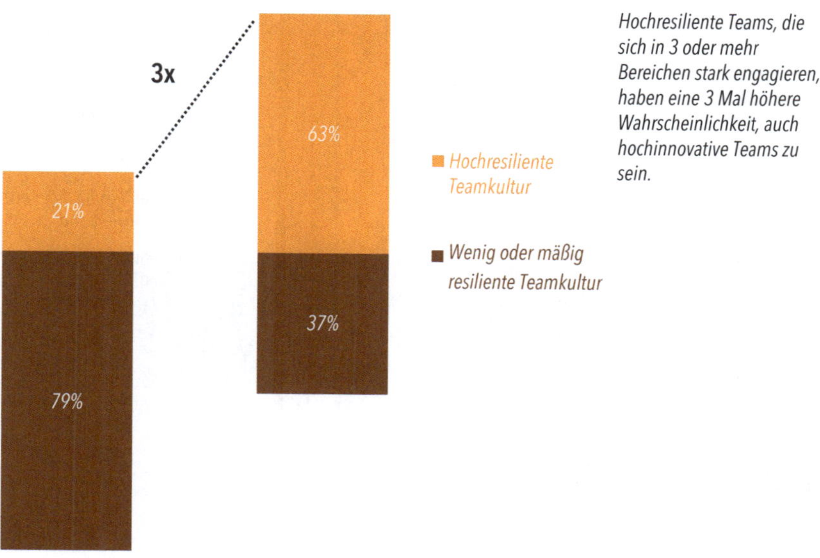

Quelle: Awaris-Daten von N = 104 Teams

Teams mit Kooperations- und Resilienzfähigkeiten waren nach unseren Daten dreimal häufiger hochinnovative Teams – ein bemerkenswertes Ergebnis. Die Investition in Resilienzgewohnheiten und deren Aufrechterhaltung auf Teamebene ist eine Investition in psychologische Sicherheit. Etwa 53 % dieser Teams erreichen hohe Werte bei der psychologischen Sicherheit, verglichen mit 11 % der Teams, die sich nicht auf resilienzfördernde Teamfähigkeiten konzentrieren. Es ist also klar, dass diese Teamfähigkeiten sowohl die Leistung als auch das Wohlbefinden stark beeinflussen.

Resiliente Teams sind meistens psychologisch sicher, motivierter und hoch effektiv.

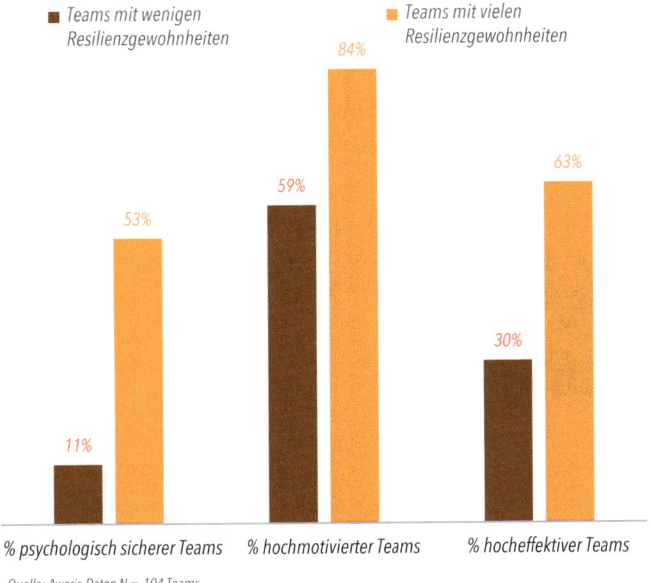

Hochresiliente Teams (definiert als hoch engagiert in 3 oder mehr Gewohnheitsbereichen) sind:

- *4x häufiger auch psychologisch sichere Teams,*
- *deutlich häufiger hoch motiviert und*
- *etwa 2x häufiger hoch effektiv in ihrer Teamarbeit.*

Manche Teamfähigkeiten sind wichtiger als andere

Fast alle von uns getesteten spezifischen Teamfähigkeiten hatten einen Einfluss auf Aspekte der Teamleistung. Allerdings waren manche Teamgewohnheiten wichtiger als andere. Die Fähigkeit, positiv zu sein, spielte eine besonders wichtige Rolle. Etwa 55 % der Teams, die regelmäßig einige der positiven Gewohnheiten praktizierten, erzielten überdurchschnittliche Ergebnisse in Bezug auf Teameffektivität und Innovation – im Vergleich zu nur 3 % der Teams ohne positive Gewohnheiten. Die Fähigkeit zur Positivität umfasste Praktiken wie gegenseitiges positives Feedback, das Teilen von Wertschätzung, eine positive Perspektive, die Verwendung einer positiven Sprache und das Anerkennen und Teilen von Erfolgen. Eine weitere wichtige Praxis ist die Fähigkeit zum aufmerksamen Zuhören. Wenn die Teammitglieder das Gefühl haben, dass ihnen zugehört wird, verbessert sich ihre Leistung. In Teams, in denen Feedback zur Verbesserung der Arbeitsqualität beitrug, waren die Werte für die Teameffektivität höher. Führungskräfte, die die Resilienz von Teams schnell steigern wollen, sollten in eine gute Feedbackkultur, ein positives Arbeitsklima ohne tiefgreifende Konflikte und gute Zuhörfähigkeiten im Team investieren.

Was sind die wichtigsten Teamgewohnheiten, die das Wohlbefinden des Teams fördern? Während leistungssteigernde Gewohnheiten häufig auch das Wohlbefinden des Teams fördern, sticht ein Bereich besonders hervor: die emotionale Intelligenz des Teams. Insgesamt erzielten 62 % der Teams mit hoher emotionaler Intelligenz auch hohe Werte beim Wohlbefinden des Teams, verglichen mit 38 % der Teams mit niedriger emotionaler Intelligenz. Der größte Unterschied bestand in der Fähigkeit des Teams, mit Emotionen im Team umzugehen. Nur 27 % aller untersuchten Teams erreichten hier hohe Werte. **Wenn Teams gut mit Emotionen umgehen konnten, war die Wahrscheinlichkeit eines Team-Burn-out fünfmal geringer.** Folglich erleben 70 % der Teams mit hohem Team-Wohlbefinden auch viele positive Emotionen, wodurch eine Aufwärtsschleife zwischen Team-Wohlbefinden und Team-Leistung entsteht.

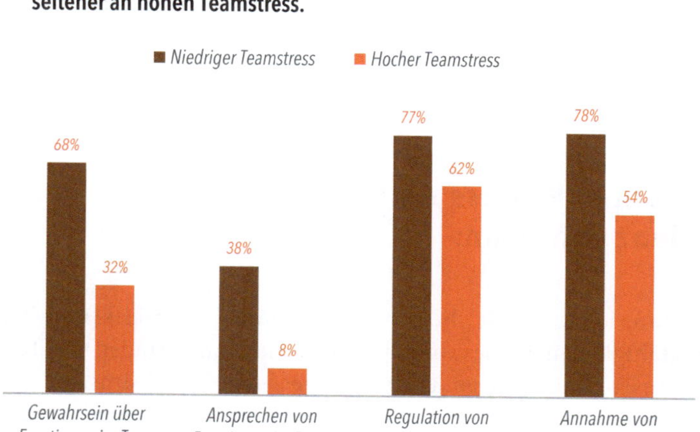

Wir sehen also, wie wichtig die Fähigkeit zur Emotionsregulation im Team für das Wohlbefinden und damit für die allgemeine Resilienz ist. Diese Sichtweise wird auch von vielen anderen Forschern unterstützt, z. B. von der Harvard Business Review, die betont, dass die Fähigkeit von Teams, Emotionen im Team zu erkennen und zu managen, entscheidend für Effizienz, Vertrauen und Identität ist.

> *„Vertrauen, ein Gefühl von Identität und Effizienz entstehen in Umgebungen, in denen gut mit Emotionen umgegangen wird, sodass Gruppen davon profitieren, wenn sie ihre emotionale Intelligenz entwickeln … Bei der emotionalen Intelligenz von Gruppen geht es nicht darum, ein notwendiges Übel zu bekämpfen – Emotionen aufzufangen, wenn sie aufkommen, und sie sofort zu unterdrücken. Ganz im Gegenteil. Es geht darum, Emotionen bewusst an die Oberfläche zu bringen und zu verstehen, wie sie die Arbeit des Teams beeinflussen. Es geht auch darum, sich so zu verhalten, dass Beziehungen innerhalb und außerhalb des Teams aufgebaut werden und die Fähigkeit des Teams gestärkt wird, Herausforderungen zu meistern … Emotionale Intelligenz bedeutet, Emotionen zu erforschen, sie zuzulassen und sich schließlich auf sie zu verlassen, in einer Arbeit, die letztlich zutiefst menschlich ist. Dies erfordert eine Teamatmosphäre, in der Normen emotionale Kapazität aufbauen (die Fähigkeit, in emotional unangenehmen Situationen konstruktiv zu reagieren) und Emotionen konstruktiv beeinflussen“.* [67]

Eine positive Sichtweise hat ebenfalls einen großen Einfluss auf das Wohlbefinden, die Leistung und die Innovation eines Teams. Bei der Arbeit mit Teams, die versuchten, große, fast unternehmenskritische Herausforderungen zu meistern (die Diesel- und Halbleiter-Teams), stellten wir fest, dass eine positive Sichtweise einer der Aspekte war, der am meisten fehlte, aber auch den größten Einfluss hatte. An einem bestimmten Punkt baten wir diese teilnehmenden Teams, innezuhalten und all die Dinge aufzulisten, die sie in den letzten 12 Monaten gemeistert hatten. Während sie diese Liste erstellten, erlebten sie eine tiefgreifende Veränderung. Sie erkannten, dass sie Geschäftsprobleme gelöst hatten, die jahrelang unlösbar schienen. Zwar standen sie immer noch vor großen Herausforderungen, aber die Liste der Herausforderungen war viel kürzer als die Liste der *gelösten* Herausforderungen. Das berührte sie wirklich. Es machte sie nicht nur stolz, sondern erinnerte sie auch daran, dass sie sich jeder neuen Herausforderung stellen können.

Ein fünfstufiger Prozess zur Verbesserung der Resilienz von Teams

Die Verankerung konkreter Resilienz- und Kollaborationspraktiken im Team fördert die Resilienzfähigkeiten. Diese ermöglichen es, das Wohlbefinden von Teams zu verändern, wie unsere Daten zeigen. Das gilt insbesondere für Teams, die stark voneinander abhängig sind. Je mehr Teams zusammenarbeiten und voneinander abhängig sind, desto mehr Zeit verbringen sie miteinander. Und damit werden Gewohnheiten immer wichtiger. In sogenannten Resilient-Team Labs, ermöglichen wir bis zu zehn Teams gleichzeitig zusammen zu kommen, um ihre Resilienzfähigkeiten zu steigern.

Moderne Teams sollten teamspezifische Praktiken und Gewohnheiten in ihre Arbeit integrieren, um resilienter zu sein. Wir haben die Erfahrung gemacht, dass die Verankerung dieser Praktiken und der Aufbau von Fähigkeiten Zeit braucht, aber möglich ist, wenn die folgende Reihenfolge eingehalten wird. **Zuerst ist es wichtig, die menschliche Verbundenheit und Synchronisation sicherzustellen.** Dies wird erreicht, indem sichergestellt wird, dass die Teammitglieder Zeit haben, Kontakte zu knüpfen, sich zu unterhalten und einfach menschlich zu sein (manchmal vergessen wir das, wenn wir 12 Stunden am Tag auf Bildschirme starren). **Zweitens ist es wichtig, dass die Teammitglieder bei Besprechungen aufmerksam sind.** Um dies zu erreichen, ist es von entscheidender Bedeutung, sich mit den Themen Kamera an oder aus, Multitasking und Zuhören auseinanderzusetzen. **Die Verankerung positiver Praktiken ist der dritte Schritt.** Diesem Schritt wird oft mit Zynismus begegnet, vor allem dann, wenn menschliche Verbundenheit und gemeinsame Aufmerksamkeit nicht ausreichend gelebt werden. Positive Praktiken unterstützen eine positive Sichtweise, die die Grundlage für **Schritt vier** bildet: **die Bereitschaft der Teammitglieder, Emotionen anzusprechen und Feedback zu geben**. Dies wiederum führt zu **Schritt fünf: ein psychologisch sicheres und resilientes Team zu entwickeln**.

Unsere Daten zeigen, wie wichtig dieser fünfstufige Ansatz ist. Erstens neigen Menschen dazu, Dinge zu mögen und zu verstehen, die in einer logischen Reihenfolge ablaufen (wir sind intelligente Tiere, aber wir mögen es einfach). Und Teams können die späteren Schritte nicht vollständig ausschöpfen, wenn die ersten Schritte nicht schon eingeübt wurden. Zum Beispiel ist es unwahrscheinlich, dass Teams, die zu Beginn keine Zeit in den Aufbau sozialer Verbundenheit investieren, anfangen, Emotionen mit anderen zu teilen. „Ich habe noch nie mit Liz aus der IT-Abteilung gesprochen, und jetzt soll ich ihr sagen, wie ich mich fühle? … Keine Chance! Ich werde einfach sagen, dass es mir gut geht." Dies könnte einer der üblichen internen Widerstände sein, auf die man stoßen kann. Und wenn die Teams sich nicht darauf einigen können, wie sie in den Teamsitzungen präsent sein sollen, dann wird es fast unmöglich sein, genügend psychologische Sicherheit für unterschiedliche Ansichten und Kreativität zu haben. Mitarbeitende werden nur ungern einen zehnminütigen Pitch für ein Online-Meeting vorbereiten, wenn sie genau wissen, dass die Hälfte des Teams heimlich auf ihre Geräte schaut und E-Mails liest.

Wir haben diesen fünfstufigen Prozess in unseren **Resilient-Teams-Lab-Ansatz** integriert. Hier bringen wir bis zu zehn Teams gleichzeitig zusammen. Wir unterstützen sie, über ihre Gewohnheiten nachzudenken, Erkenntnisse auszutauschen, neue Praktiken in ihre Arbeit zu integrieren und Fähigkeiten aufzubauen, indem wir den oben genannten fünfstufigen Prozess anwenden. Mit diesem groß angelegten Teamentwicklungsansatz stellen wir sicher, dass die Teams die Verantwortung für den Aufbau und die Aufrechterhaltung der Gewohnheiten im gesamten Team teilen und sie nicht allein dem Teamleiter überlassen. **Außerdem stellen wir sicher, dass jedes Teammitglied die Verantwortung übernimmt, jede Gewohnheit für das Team über einen Zeitraum von drei Monaten zu etablieren, aufrechtzuerhalten und zu überwachen.**

Durch die Konzentration auf definierbare Teampraktiken und den Aufbau von Fähigkeiten sowie die Übernahme von Verantwortung für diese, wird die Teamentwicklung aus dem Reich des Vagen in das Reich des Machbaren geholt. Wir haben erlebt, dass dieser Ansatz zu einer starken Gewohnheitsbildung geführt hat (siehe die folgende Abbildung), die die Grundlage für eine verbesserte Teamresilienz bildet. Vor allem aber haben wir festgestellt, dass die Teammitglieder mit diesem Ansatz sowohl die Teamergebnisse als auch ihre persönlichen Ergebnisse verbessern konnten. Obwohl unser Ansatz den Teammitgliedern ermöglicht, mehr Verantwortung zu übernehmen, bleibt die Rolle des Managers oder der Führungskraft von entscheidender Bedeutung. Dies wird im nächsten Kapitel näher erläutert.

Die Auswirkungen des Trainings auf die Veränderung von Gewohnheiten.

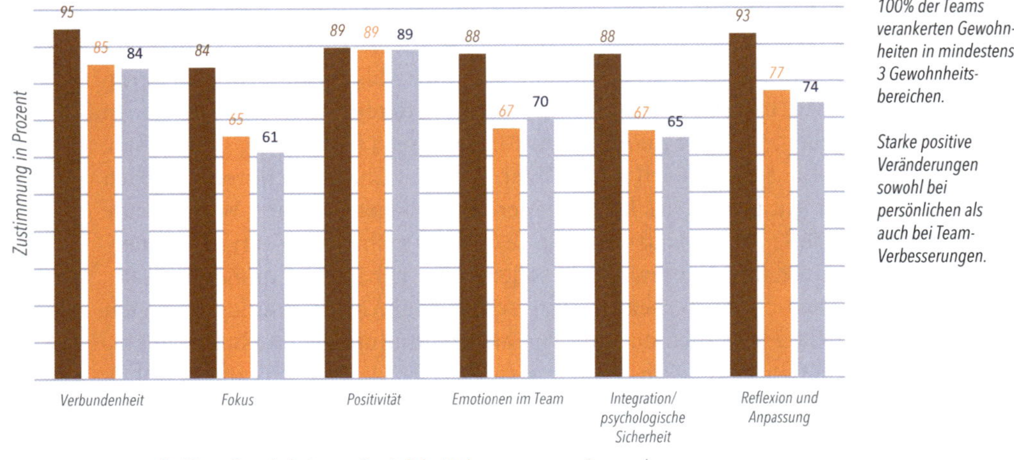

Teams begrüßen es, so haben wir es oft beobachten dürfen, sich auf die die Interaktionsgewohnheiten zu konzentrieren. Wir haben einmal mit einem leitenden Mitarbeitenden eines globalen Softwareentwicklungsbereichs zusammengearbeitet. Er war für die agile Softwareentwicklung in einem großen Technologieunternehmen mit über 200.000 Mitarbeitenden verantwortlich. Er sagte, dass dieser Ansatz ihm Worte für etwas gab, das jeder in seinem Team bereits fühlte, aber niemand wusste, wie er es benennen sollte. Tatsächlich haben wir die Erfahrung gemacht, dass agile Teams in gewisser Weise am empfänglichsten für diesen Ansatz sind, da sie den Wert von Effizienzgewohnheiten bereits kennen. Sie erkennen, dass es die Interaktionsgewohnheiten sind, die sie bei ihrer agilen Transformation behindern. Die Menschen sind noch zu zerstreut, zu negativ, zu unsynchronisiert, zu psychologisch unsicher, um sich wirklich auf agile Denk- und Arbeitsweisen einzulassen.

KERNAUSSAGEN DIESES KAPITELS

- Moderne Wissensarbeit ist zunehmend kooperativ.
- Teamfähigkeiten und -praktiken haben einen größeren Einfluss auf die Teamleistung und das Wohlbefinden als die Klarheit der Ziele.
- Soziale Faktoren wie Vertrauen, psychologische Sicherheit und Teamidentität sind starke Prädiktoren für die Teamleistung.
- Sichtbare und unsichtbare Gewohnheiten in Teams mögen trivial erscheinen, spielen aber eine größere Rolle für die Teamleistung und -Resilienz, als den meisten bewusst ist.
- Effizienzgewohnheiten sind die Art und Weise, wie Teams ihre Arbeit erledigen.
- Interaktionsgewohnheiten sind die Art und Weise, wie Teams und ihre Mitglieder miteinander umgehen.
- Interaktionsgewohnheiten bestimmen das Gefühl von Vertrauen, Verbundenheit und Sicherheit in einem Team. Und damit bestimmen sie zum Teil auch, wie resilient ein Team ist.
- Teams, die mehr Resilienzfähigkeiten im Team anwenden, haben niedrigere Burn-out-Raten, sind weniger gestresst und haben eine bessere Leistung.
- Teams mit Kooperationsgewohnheiten sind mehr als doppelt so häufig innovativ und leiden nur halb so häufig an Burn-out.
- Emotionsregulation ist besonders wichtig, um Teams vor Burn-out zu schützen und ihre Resilienz zu fördern.
- Das ResilientTeams-Programm von Awaris verfolgt einen fünfstufigen Ansatz für die Resilienz von Teams:
  1. Verbundenheit aufbauen.
  2. Sicherstellen, dass die Mitarbeitenden bei Sitzungen präsent sind.
  3. Positive Gewohnheiten im Team etablieren.
  4. Den Teammitgliedern erlauben, ihre Emotionen auszudrücken.
  5. Ein psychologisch sicheres und resilientes Team entsteht.

KAPITEL 10: DIE BEDEUTUNG RESILIENTER FÜHRUNGSKRÄFTE

Liane erinnert sich an ein Treffen mit Personal- und Unternehmensleitern eines deutschen Automobilkonzerns, mit dem sie seit einigen Jahren zusammengearbeitet hat. Irgendwann kam das Gespräch auf den neuen CEO des Unternehmens und sein neues Programm zur Leistungssteigerung. Es sollte „Mit Beschleunigung nach vorne" (d. h. schneller und härter arbeiten) heißen. Der neue Geschäftsführer hielt das Unternehmen für zu langsam und rückständig. Um auf die aktuellen Herausforderungen reagieren zu können, sollte die Leistung beschleunigt werden. Das neue Programm diente der Vermittlung seiner Dringlichkeit und implizit auch seine Ansicht, dass alle vor seiner Ankunft einige Jahre lang nichts getan hatten.

Liane hob die Hand. Sie meinte, dass „Mit Beschleunigung nach vorne" vielleicht nicht der inspirierendste Name für das Programm sei und dass es Widerstand dagegen geben würde. Die Personalleiter im Raum stimmten ihr zu und nickten fast eindringlich. Vielleicht hatten sie zu viel Angst vor dem CEO, um etwas zu sagen, was niemals ein gutes Zeichen ist. Die anderen Führungskräfte im Raum waren ganz anderer Meinung. Sie standen dem CEO nahe, oder zumindest behaupteten sie das. Wahrscheinlich war der CEO für ihr Gehalt und ihre Karriereaussichten verantwortlich. Daher zögerten sie nicht, seine Position zu akzeptieren. Sie stimmten mit seiner Logik und der Notwendigkeit von Veränderung überein. Sie wollten auch, dass der Wandel schneller und effektiver vonstattengeht. Deshalb schien ihnen der Name „Mit Beschleunigung nach vorne" perfekt – zumindest schien es eine perfekte Gelegenheit zu sein, ihrem CEO zuzustimmen.

Liane hielt inne. Sie fühlte sich erschöpft, als sie hörte, wie sie sich ohne jeglichen Zweifel nur auf Leistung fokussierten, ohne Rücksicht auf das Wohlbefinden der übrigen Mitarbeitenden des Unternehmens. „Ich bin mir nicht sicher, ob das eine gute Idee ist", sagte sie. Sie fügte hinzu, dass sie „kein Wort von dem glaube, was Sie alle gesagt haben". Und dass sie „bezweifle, dass irgendjemand in diesem Raum das tut, wenn Sie wirklich ehrlich zu sich selbst sind".

Einen Moment lang herrschte betretenes Schweigen. Alle schauten Liane mit leicht geöffneten Mündern an. Einige der Führungskräfte verteidigten ihre Aussagen. Aber Liane fragte jeden einzelnen noch einmal, ob sie *wirklich* glaubten, dass es etwas bringen würde, wenn sie alle härter arbeiten ließen. Nachdem drei von ihnen einige Argumente vorgebracht hatten, war die Besprechungszeit zu Ende. Oder zumindest beschlossen die leitenden Verantwortlichen, dass die Zeit für Diskussionen vorbei war. Der Eindruck entstand, dass Liane nicht hilfreich oder sogar hinderlich gewesen war.

In Wirklichkeit hatte Liane nichts dergleichen getan. Sie hatte lediglich versucht, diese leistungsorientierten Konzepte mit der Realität der Menschen in Verbindung zu bringen. Die Mitarbeitenden waren bereits müde. Es fehlte an psychologischer Sicherheit, was sich daran zeigte, dass die Personalverantwortlichen Angst hatten, in der Sitzung das Wort zu ergreifen. Die Innovation hatte in den letzten Jahren abgenommen. Es herrschte große Unsicherheit. Dies war auch Teil der Realität, wie Liane sie erlebte. Die Lösungen für diese komplexen Probleme waren nicht so einfach wie „alle müssen einfach das Tempo erhöhen und härter arbeiten!" Doch sie hatte schon oft erlebt, dass die Gewichtigkeit eines CEOs und das Gefühl, dass die Teammitglieder nicht anderer Meinung sein konnten, in vielen Unternehmen zu suboptimalen Ergebnissen führten.

Resilienz ist auf dem Radar, aber die praktische Umsetzung ist es nicht

Liane und Chris haben viele solcher Gespräche mit ehrgeizigen, aber auch erschöpften Führungskräften geführt – Führungskräfte, die sich auf Leistung konzentrierten, aber kein Gespür dafür hatten, was unter Deck vor sich ging. In unserer Datensammlung von 250 Führungskräften befanden sich vor unserem Trainingsprogramm 37 % in der Burn-out-Kategorie (im Vergleich zu 46 % der Nicht-Führungskräfte). Vielen dieser Führungskräfte mangelte es an ihren eigenen bewussten Resilienzfähigkeiten. Dies führte dazu, dass sie schlechte Geschäftsentscheidungen trafen, was wiederum die Hoffnung untergrub, dass ihre Unternehmen insgesamt wir-resilienter werden würden. Entscheidend ist, dass nach unseren Programmen die Burn-out-Rate bei Führungskräften und Mitarbeitenden auf 16 % bzw. 18 % gesunken ist, basierend auf ihren individuellen und gemeinsamen Resilienzfähigkeiten.

Viele der Führungskräfte, mit denen wir sprechen, sich der Bedeutung von Resilienz für ihre Mitarbeitenden und ihre Organisationen bewusst. Nachhaltige Leistung, Wohlbefinden und Resilienz stehen in Umfragen unter Führungskräften oft ganz oben auf der Prioritätenliste. In der Theorie und in Gesprächen mit uns sagen sie, dass sie menschenzentrierte Unternehmen mit organisationsweiter Resilienz aufbauen wollen. Doch Taten wiegen schwerer als Worte. Aus verschiedenen Gründen gelingt es Führungskräften oft nicht, diese Ideen in die Praxis umzusetzen:

1. Führungskräfte sind sich ihres Einflusses auf die Resilienz einer Organisation nicht bewusst.
2. Viele Führungskräfte fühlen sich nicht so gestresst wie ihre Mitarbeitenden.
3. Führungskräfte wissen nicht, wie sie Wir-Resilienz bewusst fördern können.
4. Unter Stress steht Leistung oft an erste Stelle.

1. Führungskräfte sind sich ihres Einflusses auf die Resilienz einer Organisation nicht bewusst

Wir alle wissen, dass Führungskräfte einen großen Einfluss auf die Kultur eines Unternehmens haben. Es wird auch immer deutlicher, welchen Einfluss sie auf das Stress- und Burn-out-Niveau ihrer Teams haben. In vielen Unternehmen häufen sich anekdotische Geschichten darüber, dass bestimmte Manager eine Spur von Stress und Burn-out hinterlassen können. Auch die Forschung bestätigt dies zunehmend: Eine Studie der Mayo Clinic zeigte, dass der Führungsstil signifikant mit der Burn-out-Rate und der Gesamtzufriedenheit in der Einheit zusammenhängt.[68]

Der Führungsstil beeinflusst Burn-out und die Arbeitszufriedenheit der Mitarbeiternden.
Führungsstil ist verbunden mit Arbeitnehmer-Burn-out und Jobzufriedenheit.

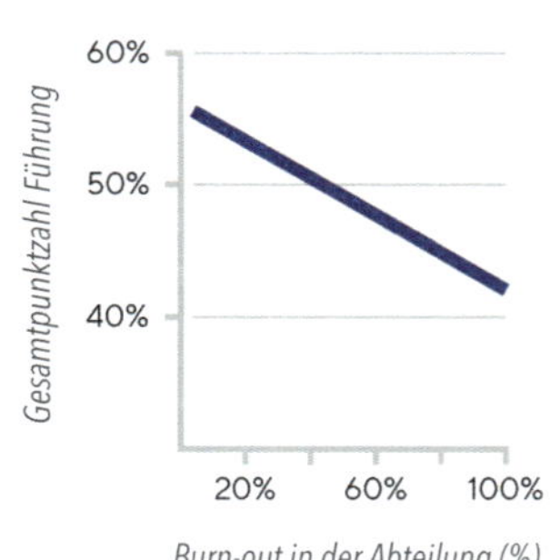

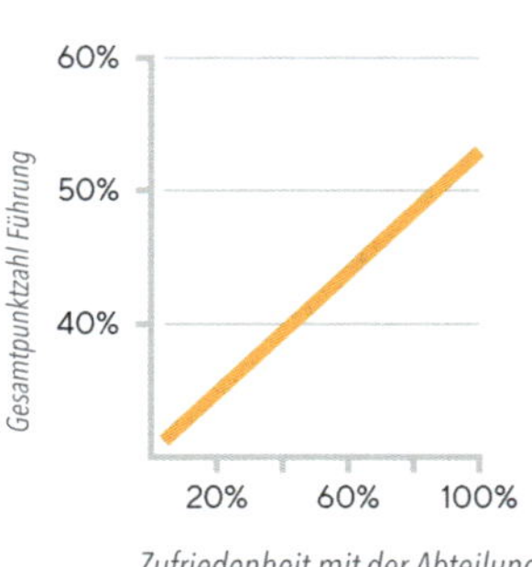

Eine höhere Punktzahl der Führung steht in einem negativen Zusammenhang mit Arbeitnehmer-Burn-out (r = -0,33) und in einem positiven Zusammenhang mit Jobzufriedenheit (r = 0,68).

Das bedeutet, dass 33 % der Varianz der Burn-out-Werte der Mitarbeitenden durch den Führungsstil erklärt werden können – ein hoher Anteil für ein so vielschichtiges Thema wie Burn-out. Noch stärker ist der Zusammenhang mit der Arbeitszufriedenheit: 68 % der Varianz der Zufriedenheit kann durch den Führungsstil erklärt werden. Einfacher ausgedrückt: Ein guter Führungsstil ist mit höheren Zufriedenheitswerten und niedrigeren Burn-out-Werten in den Abteilungen verbunden. Ein sinnvoller Ausgangspunkt für Führung im Sinne von Resilienz ist daher das Verständnis der Auswirkungen des Führungsstils auf die Resilienz in Organisationen. Das wirkt sich wiederum auf das Wohlbefinden und die Mitarbeiterbindung in den Unternehmen aus. Die Resilienz von Führungskräften ist also weit mehr als eine persönliche Angelegenheit – sie ist wichtig für das Geschäft.

2. Viele Führungskräfte fühlen sich nicht so gestresst wie ihre Mitarbeitenden

Ein zweites Hindernis beim Aufbau einer resilienten Unternehmenskultur ist, dass Führungskräfte den Stress in ihrer Organisation nicht so stark wahrnehmen. Unsere internen Daten zeigen, dass Führungskräfte in der Regel ein geringeres Stressempfinden haben als Mitarbeitende und das mittlere Management, auch wenn unsere Gesprächspartner häufig zugeben, dass sie sich gestresst fühlen. Allerdings ist der Anteil der Führungskräfte, die sich gestresst fühlen, mit 37 % um etwa 10 % niedriger als der Anteil der Beschäftigten ohne Management- oder Führungsaufgaben (46 %). Dies ist auf verschiedene Faktoren zurückzuführen. Führungskräfte haben oft mehr Kontrolle über ihre Zeit und mehr Erfahrung im Umgang mit Stress. Einige Führungskräfte verdrängen oder verbergen Stress, wenn sie ihn empfinden. Außerdem gibt es wahrscheinlich eine Verzerrung bei der Auswahl von Führungskräften zugunsten derjenigen, die besser mit Stress umgehen können. Zur Veranschaulichung: 33 % der Führungskräfte in unserem Datensatz können als sehr resilient eingestuft werden, verglichen mit 21 % der Nicht-Führungskräfte.

Führungskräfte haben die COVID-19-Pandemie auch besser überstanden als jüngere Mitarbeitende. Der Microsoft-Bericht „2021 Work Trends" zeigte, dass es **Führungskräften nach der Pandemie doppelt so häufig gut ging wie jüngeren, alleinstehenden Mitarbeitenden.**[69] In unserem eigenen Datensatz mit über 2.500 Personen fanden wir heraus, dass es 35 % der Führungskräfte gut ging, aber nur 25 % der Nicht-Führungskräfte – ein Anstieg von 40 %. Ein Bericht des *Economist* aus dem Jahr 2022 zeigte, dass 61 % der Führungskräfte das Gefühl hatten, dass die Pandemie ihre Work-Life-Balance verbessert hatte, während 21 % der Meinung waren, dass sie sich verschlechtert hatte.[70] Für andere Mitarbeitergruppen sahen die Veränderungen etwas anders aus. Nur 25 % waren der Meinung, ihre Work-Life-Balance habe sich verbessert, während 41 % der Meinung waren, sie habe sich verschlechtert. Das macht Sinn. Viele Führungskräfte saßen vielleicht zuhause in ihrem ruhigen Arbeitszimmer, hatten ältere Kinder, die bereits studieren und einen Garten. Ihre Erfahrung unterschied sich deutlich von denen jüngerer Mitarbeitenden, die vielleicht am Küchentisch saßen, ein Kleinkind zu versorgen hatten und versuchten, ihre Arbeit zu erledigen, während sie ein Auge darauf hatten, was im Ofen war. Gleichzeitig fragten sie sich vielleicht, ob es klug war, sich zu Beginn der Pandemie einen Hund anzuschaffen.

Die Resilienz einer Führungskraft wird zusätzlich durch ihren Purpose unterstützt, der bei jüngeren Mitarbeitenden oft geringer ausgeprägt ist. Eine McKinsey-Studie hat gezeigt, dass 85 % der leitenden Angestellten voll und ganz zustimmen, dass sie in ihrer täglichen Arbeit mit ihrem Purpose verbunden sind, verglichen mit nur 15 % der anderen Mitarbeitergruppen.[71] Führungskräfte werden durch ihren Purpose genährt und gestärkt, was zu ihrer Resilienz beitragen kann. Alles in allem nehmen Manager den Stress anders wahr als ihre Teammitglieder und so ist es vielleicht nicht verwunderlich, dass sie dem Thema Resilienz nicht die Bedeutung beimessen, die es verdient.

3. Führungskräfte wissen nicht, wie sie Wir-Resilienz fördern können

Wir haben immer wieder Führungskräfte erlebt, die sich nicht bewusst waren, was sie zur Förderung ihrer Resilienz taten. Wir haben viele Führungskräfte erlebt, die eine starke Affinität zu Sport oder gesunder Ernährung haben. Andere legen großen Wert auf Ruhe und Erholung oder haben gelernt, positiv zu bleiben. Und einige der erfahrensten Führungskräfte haben eine ausgeprägte Fähigkeit, ihre Aufmerksamkeit zu regulieren. Sie lassen sich nicht so leicht ablenken und halten ihre Aufmerksamkeit den ganzen Tag über ruhig und konstant. Dies ist ein typisches Merkmal, das wir bei HRV-Messungen an Führungskräften beobachtet haben: Sie weisen über den Tag hinweg ein gleichmäßiges, aber niedriges Stressniveau auf, ohne nennenswerte Spitzenbelastungen. Genauso oft, wie wir diese Fähigkeiten beobachteten, stellten wir fest, dass sich die meisten Führungskräfte dieser Fähigkeiten und ihrer Resilienz nicht bewusst waren. Sie waren sich nicht bewusst, dass das Fehlen dieser Gewohnheiten bei anderen zu ihrem Mangel an Resilienz beitragen könnte.

Viele Führungskräfte haben sich bereits regelmäßiges Resilienzverhalten angeeignet. Dieses ist jedoch so automatisch geworden, dass sie sich dessen nicht wirklich bewusst sind. Unsere Daten deuten darauf hin, dass diese Fähigkeiten und Verhaltensweisen erklären, warum Führungskräfte tendenziell resilienter sind als durchschnittliche Mitarbeitende und nicht einfach nur belastbarer (siehe die folgende Abbildung). Da einige Führungskräfte sich nicht bewusst sind, dass sie konkrete Fähigkeiten einsetzen, erkennen sie auch nicht, dass diese im Laufe der Zeit entwickelt werden können. Der Aufbau von Resilienzfähigkeiten erfordert – ähnlich wie Projektmanagement- oder Führungsfähigkeiten – Zeit, Aufmerksamkeit, Training und Messung. Einige Trainingsprogramme suggerieren, dass Resilienz in ein paar Stunden erlernt werden kann, und sehen wie eine einfache „Abhak-Übung" für die Personalabteilung aus. Die Wahrheit ist jedoch, dass es keine schnellen Lösungen gibt. Resilienz ist ein langfristiger Prozess der Kompetenzentwicklung. Es wäre falsch, hier einfache Versprechen zu machen oder gar Wunder zu erwarten. Um das Investment von Zeit, kommt niemand herum, will man wirklich etwas bewirken.

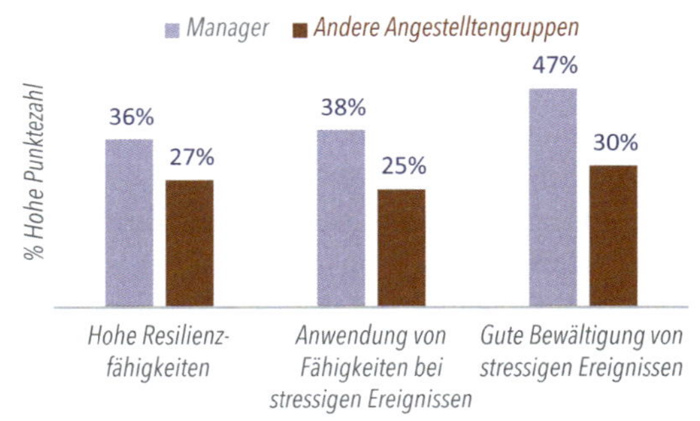

4. Unter Stress steht Leistung oft an erste Stelle

Wir haben festgestellt, dass der Fokus auf Resilienz in arbeitsintensiven Zeiten, wie zum Beispiel am Monatsende oder bei der Arbeit an Kundenprojekten mit Deadlines, verloren gehen kann. Fast die gesamte Aufmerksamkeit richtet sich dann auf die Arbeitsleistung. Führungskräfte nehmen damit implizit an, dass Leistung und Fürsorge sich voneinander unterscheiden. Tatsächlich sind sie jedoch untrennbar miteinander verbunden. **Indem sie sich in schwierigen Zeiten auf die Leistungsfähigkeit konzentrieren, untergraben Führungskräfte auf lange Sicht die Resilienz und die nachhaltige Leistung ihres Teams.**

Die Arbeitswelt hat sich in den letzten 20 Jahren stark verändert. Das Aufkommen digitaler Kommunikationsmittel, die oft darauf ausgerichtet sind, unsere Aufmerksamkeit zu fesseln, führt zu mehr Geschäftigkeit und wirkt sich negativ auf die Konzentrationsfähigkeit aus. Eine chronisch zerstreute Aufmerksamkeit kann wiederum zu chronischem Stresserleben beitragen, das mit einer Reihe von Gesundheitsrisiken wie Bluthochdruck, Herzerkrankungen und Depressionen in Verbindung gebracht wird. All dies wirkt sich natürlich negativ auf Produktivität, Innovationskraft und Zusammenarbeit aus (und, was wahrscheinlich noch wichtiger ist, sie können Sie umbringen). Früher reichte es vielleicht aus, in den Urlaub zu fahren. Heute reicht das oft nicht mehr aus. **Wir müssen unsere Resilienz-Praktiken in die Struktur unserer Arbeit integrieren, *besonders wenn es schwierig wird*, und sie nicht über Bord gehen lassen.**

Viele Führungskräfte sind sich ihrer Handlungskompetenz jedoch nicht bewusst. Als wir zum Beispiel mit Ingenieuren und Führungskräften arbeiteten, die einen Skandal in einem Automobilunternehmen aufklären sollten, hatten sie nicht das Gefühl, dass ihre Resilienz etwas bewirken würde. Die Summen, um die es ging, waren unvorstellbar hoch. Der Druck auf die Mitarbeitenden war überwältigend. Die Führungskräfte sorgten sich um die Erschöpfung ihrer Mitarbeitenden, konnten aber nicht mehr tun, als mit den Schultern zu zucken. „Was können wir tun? Das Problem muss einfach gelöst werden." Interessanterweise war es ein Arzt, dem es schließlich gelang, den Betroffenen eine kontinuierliche Resilienzförderung zu ermöglichen.

Wir arbeiteten mit Achtsamkeits- und Dialogübungen sowie mit HRV-Messungen. Wir halfen den Mitarbeitenden, den Stress und Druck, dem sie ausgesetzt waren, anzuerkennen, Erfahrungen auszutauschen und Strategien zur Emotionsregulation und Konzentration zu besprechen. Sie erhielten Zeit und kontinuierliche Unterstützung, um ihre Fähigkeiten zu entwickeln und mit ihrem Stress umzugehen. Letztendlich half ihnen die Fürsorge, die sie erhielten, Leistung zu erbringen. In der Tat hatten sie das Gefühl, dass sie aus dieser herausfordernden Zeit gestärkt hervorgingen, mit mehr Resilienz und Bewusstsein. Trotz ihres anfänglichen Widerstands erkannten die Führungskräfte des Unternehmens, dass die Priorität der Fürsorge paradoxerweise der beste Weg war, die Leistung zu verbessern. Jahre später gaben sie zu, dass sie sich wünschten, diese Wahrheit schon viel früher erkannt zu haben.

Resilienzintelligenz bei Führungskräften kultivieren

Die Forschung zeigt, wie wichtig es für Führungskräfte ist, sich ihres eigenen Stress-Mindsets bewusst zu sein und ihren eigenen mentalen Zustand angesichts des Arbeitsdrucks zu kennen. Dies kann sich darauf auswirken, wie sie Stress in ihrem Team wahrnehmen und ihre Abteilung unterstützen. Eine Studie von Kaluza und Kollegen geht davon aus, dass „Stress-Mindset einer Führungskraft den Grad der gesundheitsfördernden Unterstützung durch die Führungskraft beeinflusst."[72] Mit anderen Worten: Führungskräfte, die sich ihrer eigenen Stressbelastung bewusst sind, werden ihre Teams eher im Sinne der Wir-Resilienz führen. Unsere Erfahrung zeigt, dass es effektiv ist, Führungskräfte auf eine Resilienz-Reise mitzunehmen, die eine durchgehende, mehrwöchige Messung ihrer Herzratenvariabilität (HRV) beinhaltet. Das hilft ihnen, darüber zu reflektieren, wie viel Prozent der Zeit sie gestresst sind und wie sich das auf ihren Schlaf und ihre Erholung auswirkt. Es zeigt ihnen auch, welche Aktivitäten ihnen helfen, ihr Stressniveau zu regulieren. Auf diese Weise hilft es Führungskräften zu verstehen, wie wichtig es ist, Resilienzfähigkeiten in ihrem Arbeitsleben aufzubauen, und das diese Zeit und Anstrengung erfordert.

Nachdem wir in den letzten drei Jahren mehr als 500 Führungskräfte auf ihrem Weg zur Resilienz begleitet haben, konnten wir erkennen, dass Führungskräfte in der Regel sowohl ein anderes Stress- als auch ein anderes Resilienzprofil aufweisen als ihre Mitarbeitenden. Was die Belastung durch Stressoren betrifft, so haben sie in der Regel eine höhere Arbeitsbelastung. Sie sehen oft mehr von dem, was zu tun ist, die Arbeit, die auf sie zukommt (vielleicht mit Schrecken) und sind sich des Gleichgewichts zwischen Arbeitsbelastung und Ressourcen im Team bewusst. Daher sehen wir bei Führungskräften oft eine stärkere Wahrnehmung der Arbeitsbelastung als Stressfaktor und eine geringere Prävalenz privater Faktoren. Führungskräfte sind in der Regel auch älter, haben weniger Stressoren im Privatleben, weniger zwischenmenschliche Konflikte und können besser mit Veränderungen umgehen.

Betrachtet man die Profile der Resilienzfähigkeiten von Führungskräften, so zeigt sich, dass sie im Vergleich zu Nicht-Führungskräften auch etwas höhere Resilienzfähigkeiten aufweisen und anwenden. Sie haben eine etwas höhere Selbstregulationskompetenz, insbesondere in Bezug auf Selbstmitgefühl. Rund 42 % der Führungskräfte erreichen hohe Werte im Selbstmitgefühl. In der Kompetenz „Gesunde Gewohnheiten“ (Ernährung, Schlaf und Bewegung) sind Führungskräfte insgesamt am häufigsten sportlich aktiv (37 %). Allerdings ist die Schlafqualität bei Führungskräften im Durchschnitt schlechter als bei Nicht-Führungskräften, und sie erreichen niedrigere Werte bei der Atmung als Nicht-Führungskräfte. All dies führt zu einem etwas anderen Batterieprofil als in den vorangegangenen Kapiteln beschrieben.

Führungskräfte erreichen signifikant höhere Werte in Bezug auf Purpose, Positivität und Emotionsregulation. Dies hilft ihnen, hohe Arbeitsbelastungen und Stress besser zu kompensieren, unterstützt durch ihre Fähigkeiten zur Selbstregulation und zum Körpermanagement. Aber diese Verbindung zum Purpose kann im Vergleich zu den Mitarbeitenden an vorderster Front so stark sein, dass sie nicht verstehen, dass andere nicht die gleiche Verbindung zum Purpose haben. Ein Vorgesetzter kann sich darüber ärgern, dass ein jüngerer Mitarbeiter nicht bereit ist, bis Mitternacht an einem Projekt zu arbeiten. Er erkennt nicht, dass der jüngere Mitarbeiter einfach nicht so engagiert ist wie er selbst.

Etwa 59 % der Führungskräfte fühlen sich anderen Menschen und ihrem Purpose sehr verbunden. Und 38 % haben eine hohe Kompetenz in der Emotionsregulation. Das bedeutet nicht unbedingt, dass sie gut mit ihren Emotionen umgehen können. Es kann durchaus sein, dass sie sie gut unterdrücken können. Immerhin ist dies oft die Definition von Emotionsregulation für Führungskräfte. Die Forschung unterstreicht die enorme Bedeutung einer effektiven Emotionsregulation als eine der wichtigsten Führungsqualitäten, insbesondere im Hinblick auf die Fähigkeit, positive Emotionen in ihren Teams zu wecken.[73] Da unser Datensatz zeigt, dass Führungskräfte in dieser Fähigkeit nicht besonders gut ausgebildet zu sein scheinen, sollte dies ein potenzieller Schwerpunkt für sie sein, die Veränderungen in der Resilienz ihrer Teams und Unternehmen anzustreben.

Führung im Sinne der Wir-Resilienz

Nur wenn die Bereitschaft und die sich entwickelnde Fähigkeit zur resilienzorientierten Führung vorhanden sind, kann resilientes Verhalten in einer Organisation Fuß fassen. Wir sehen fünf Bereiche, auf die sich Manager und Führungskräfte konzentrieren müssen, um Wir-Resilienz auf der gesamten Organisationsebene zu fördern:

1. Resilienz leben
2. Sich Zeit für Führung nehmen
3. Gut oder klar führen
4. Mitarbeitende unterstützen
5. Unternehmensweite Gewohnheiten verankern

1. Resilienz leben

Führungskräfte sollten Resilienz selbst in ihren Handlungen und Mindset wirklich verkörpern. Ein Leben mit einem positiven Mindset, gesunden sozialen Kontakten, Bewegung und gesunder Ernährung kann das Leben im Durchschnitt um zehn Jahre verlängern.[74] **Gelebte Resilienz kommt vor allem den Führungskräften selbst zugute.** Aber auch die Teams und Organisationen der Führungskräfte profitieren davon. Erkenntnisse aus unternehmensweiten Interventionen zur Steigerung des Wohlbefindens zeigen, dass das Verhalten von Führungskräften die Qualität dieser Initiativen beeinflusst. Es lohnt sich also, sich auf eine lebenslange Reise zu begeben und Resilienzgewohnheiten zu erlernen – und dann diese Erfahrungen mit den Teams zu teilen.

Angesichts der Herausforderungen, mit denen Führungskräfte konfrontiert sind, gibt es Bereiche, in denen sie Unterstützung benötigen. Wer sich zu wenig bewegt oder Probleme mit Schlaf und Aufmerksamkeitsmanagement hat, braucht hier Begleitung. Diese Bereiche sind von grundlegender Bedeutung für die Bewältigung der Arbeitsbelastung (und um weniger anfällig für schlechte Laune bei der Arbeit zu sein). Während Führungskräfte oft gut mit einer hohen Arbeitsbelastung umgehen können, haben sie Schwierigkeiten mit der Kompetenz der sozialen Integration. Eine Verbesserung dieser Kompetenz würde ihren Teams helfen, sich gut an Veränderungen anzupassen. Die Fähigkeit, mit Emotionen umzugehen (anstatt sie zu unterdrücken), positiv zu bleiben, Fürsorge auszudrücken und ihre sozialen Beziehungen innerhalb ihres Teams und in ihrem Privatleben zu verbessern, hätte einen großen Einfluss auf ihre Organisationen.

Konkret empfehlen wir Führungskräften, täglich Achtsamkeit zu üben (und sei es nur für zehn Minuten) und sich wöchentlich Zeit für Freunde und für ihre Teams zu nehmen. Ihre Emotionen in Teamsituationen besser wahrzunehmen, zu benennen und auszudrücken ist ein Schritt, den viele zunächst scheuen, weil es ungewohnt ist. Dennoch: Es kann dem ganzen Team helfen. Entgegen dem Bild des heldenhaften Vorgesetzten ist es für Führungskräfte hilfreich, ihre Verletzlichkeit zu zeigen, um sich mit ihren Mitarbeitenden zu verbinden. Dies ermöglicht auch den anderen Teammitgliedern, mit ihren eigenen Emotionen und inneren Landschaften in Kontakt zu kommen. Das erhöht die Chance, dass auch sie resilient werden – ein positiver Kreislauf.

2. Sich Zeit für Führung nehmen

Jüngste Umfragen liefern überraschende Daten. **Viele Führungskräfte verbringen weniger als 5 % ihrer Zeit damit, ihre Mitarbeitenden wirklich zu führen.**[75] Das bedeutet, Einzelgespräche zu führen, Fortschritte zu überprüfen und Feedback zu geben. Das ist vielleicht nicht überraschend. Management ist nicht ein sehr aufregender Job. Es ist nicht der aufregendste Teil eines Unternehmens. Doch Umfragen von Gallup und anderen haben gezeigt, dass die Zufriedenheit und Produktivität des Teams steigen, wenn Führungskräfte mehr Zeit für ihr Team aufwenden und der Führung Priorität einräumen.[76] Führungskräfte sollten Führung priorisieren. Sie müssen ihren Mitarbeitenden, die mit einer endlosen Zahl von Anforderungen konfrontiert sind, helfen, zu bestimmten Aufgaben ‹Nein› zu sagen. Die Forschung zeigt, dass Führungskräfte die Resilienz ihrer Mitarbeitenden positiv beeinflussen, wenn sie:

- **Gut organisieren:** Dies hat einen großen Einfluss auf die Arbeitsbelastung der Teammitglieder, die Zeit, die sie außerhalb der normalen Arbeitszeiten aufwenden müssen, und die Klarheit ihrer Aufgaben. Es ist wichtig, E-Mail-Freizeiten, Fokuszeiten und Grenzen für die Arbeit außerhalb der normalen Arbeitszeiten festzulegen, um das Risiko von Burn-out zu verringern.
- **Häufig kommunizieren:** Häufige Kommunikation mit dem Team trägt dazu bei, dass alle miteinander in Kontakt bleiben und die Aufgaben koordiniert werden. Ein regelmäßiger Austausch von Emotionen in Besprechungen, eine Politik der ‚offenen Tür' für Feedback und die Gewährleistung, dass alle Teammitglieder die Möglichkeit haben, sich an Besprechungen zu beteiligen, sind in diesem Zusammenhang hilfreich.
- **Auf die Arbeitsbelastung achten:** Führungskräfte müssen den Druck der Arbeitsbelastung ernst nehmen. Manchmal „Nein" zu sagen und Aufgaben zu delegieren, kann das Wohlbefinden und die Resilienz der Mitarbeitenden fördern. Wie bereits erwähnt, kann ein gestresster, überlasteter Vorgesetzter zu einer negativen Übertragung der Arbeitskultur von oben nach unten führen.
- **Erreichbar sein:** Erreichbar zu sein hilft nicht nur bei der Lösung von Problemen und Ressourcenkonflikten, sondern gibt den Teammitgliedern auch das Gefühl, ständig unterstützt zu werden. Es ist wichtig, sich Zeit für persönliche Gespräche zu nehmen, ehrliches Feedback zu fördern und sich um das Wohlbefinden der Mitarbeitenden zu kümmern.
- **Mitarbeitenden die notwendigen Ressourcen zur Verfügung stellen:** Finanzielle Mittel, Schulungen, Kontakte, Fähigkeiten und zusätzliche personelle Ressourcen können den Teammitgliedern helfen, ihre Arbeitsbelastung zu bewältigen und ihre Stressbelastung zu minimieren.

- **Konflikte bewältigen:** Konflikte können aufgrund ihrer emotionalen Intensität besonders belastend sein. Sie können Ressourcen blockieren und zu Reibungsverlusten in der Zusammenarbeit führen.

3. Gut oder klar führen

Führungskräfte können durch ihren Führungsstil Wohlbefinden und Resilienz positiv beeinflussen. Insbesondere dann, wenn sie einige der folgenden spezifischen Führungsverhaltensweisen zeigen:

- **Eine überzeugende Zukunftsvision und einen übergeordneten Sinn bieten:** Dies hilft den Mitarbeitenden, einen Sinn im Leben zu finden, was, wie wir gesehen haben, eine wichtige Quelle für Resilienz ist.
- **Als positives Vorbild agieren:** Die Förderung einer positiven Unternehmenskultur und das Auftreten als authentische Person helfen den Mitarbeitenden, sich mit Positivität zu verbinden. Es kann ihnen auch helfen, ihre Gefühle wahrzunehmen und zu teilen, anstatt sie zu unterdrücken. Eine Führungskraft, die gute Ruhe-, Erholungs- und Schlafgewohnheiten vorlebt, wirkt sich auch positiv auf die Teams aus.
- **Gut coachen und zuhören.**
- **Mitarbeitende ermutigen, Probleme selbst zu lösen:** Diese Form des Empowerments hilft den Mitarbeitenden in vielerlei Hinsicht, vor allem ihren Stress zu regulieren, positiver zu werden, sich mit ihrem Lebenssinn zu verbinden und ihre eigenen Grenzen zu wahren. So müssen sie nicht immer auf der Hut sein oder sich auf die Anweisungen ihrer Vorgesetzten verlassen.

> Mit anderen Worten: Sie müssen kein strenger oder furchteinflößender Vorgesetzter sein. Authentische, offene und mitfühlende Führung führt zu besseren Ergebnissen als autokratische und despotische Führung. Diese ermächtigenden Führungsstile helfen den Mitarbeitenden, sich emotional sicher zu fühlen, mehr Handlungskompetenz zu erlangen und ihre eigene Resilienz zu fördern.

4. Mitarbeitende unterstützen

Führungskräfte fungieren auch als Wegweiser. Sie helfen, Mitarbeitenden in bestimmte Richtungen zu lenken und ihnen Zugang zu den Ressourcen der Organisation zu verschaffen. Es ist wichtig, dass diese Rolle ernst genommen wird. Das bedeutet nicht, dass Führungskräfte die Therapeuten ihrer Mitarbeitenden sein sollen. Aber es bedeutet, dass sie aktiv nachfragen, was die Mitarbeitenden brauchen und welche Ressourcen ihnen zur Verfügung stehen.

Insbesondere können Führungskräfte sich selbst und ihre Teams über psychische Gesundheit aufklären und Anzeichen von Stress und psychischen Problemen frühzeitig erkennen. Durch die Bereitstellung von Schulungen oder Ressourcen können sie ein

Umfeld schaffen, in dem Wohlbefinden und Resilienz verstanden und wertgeschätzt werden. Führungskräfte können auch dazu beitragen, dass ihre Teams Zugang zu Ressourcen für die psychische Gesundheit haben. Dazu können Beratungsdienste, Mitarbeiterunterstützungsprogramme oder Wellness-Initiativen gehören (auch obwohl wir glauben, dass Resilienz-Initiativen effektiver sind). Wichtig ist die Bereitstellung von Informationen und Anleitungen zur effektiven Nutzung dieser Ressourcen.

5. Unternehmensweite Gewohnheiten verankern

Schließlich können Führungskräfte Resilienz fördern, indem sie resilienzfördernde Gewohnheiten in ihren Teams und Unternehmenseinheiten verankern. Als Entscheidungsträger können Führungskräfte und Manager Veränderungen in der gesamten Organisation vorantreiben. Aus diesem Grund gibt es vielleicht nur wenige andere in der Organisation, die entscheidendere Schritte in Richtung eines wirklich wir-resilienten Unternehmens unternehmen können. Und genau mit diesem Thema – der Anerkennung der wichtigen Rolle, die eine Organisation bei der Resilienz spielen kann – wollen wir uns jetzt beschäftigen.

KERNAUSSAGEN DIESES KAPITELS:

- Obwohl sich Führungskräfte zunehmend der Bedeutung der Resilienz und des Wohlbefindens ihrer Mitarbeitenden bewusst sind, versäumen sie es, Maßnahmen zu ergreifen, um diese in der Praxis anzugehen.
- Dies geschieht, weil:
    1. Führungskräfte sich ihres Einflusses auf die Resilienz einer Organisation nicht bewusst sind.
    2. Viele Führungskräfte sich nicht so gestresst fühlen wie ihre Mitarbeitenden.
    3. Führungskräfte nicht wissen, wie sie Wir-Resilienz bewusst fördern können.
    4. Unter Stress Leistung oft an erster Stelle steht.
        - Ein wichtiger erster Schritt für Führungskräfte ist, selbst resilient zu werden, denn das Mindset einer Führungskraft wirkt sich auf die Gesamtresilienz ihres Teams aus. Gestresste Führungskräfte führen zu gestressten Teams. Gestresste Teams führen zu gestressten Unternehmen.
        - Unser Resilienz-Profiling zeigt, dass Führungskräfte über gute Selbstregulations- und Geist-Körper-Fähigkeiten verfügen.
        - Aber sie haben Defizite, wenn es um soziale, emotionale und verbindende Fähigkeiten geht. Insbesondere erkennen sie nicht, dass sie eine stärkere Verbindung zum Lebenssinn am Arbeitsplatz haben als jüngere Mitarbeitende.
        - Ein Vorgesetzter ist besser in der Lage, Resilienz im gesamten Unternehmen zu fördern, wenn er sich auf fünf Dinge konzentriert:
            1. Resilienz leben.
            2. Zeit für Führung nehmen.
            3. Gut und klar führen.
            4. Mitarbeitende unterstützen.
            5. Unternehmensweite Gewohnheiten verankern.

KAPITEL 11: WARUM RESILIENZ EINE UNTERNEHMENS-VERANTWORTUNG IST

Organisationen (und Gesellschaften) scheitern oft an der menschlichen Resilienz. Der Stress nimmt zu, die negative Stimmung steigt und das gefühlte Engagement der Mitarbeitenden sinkt in vielen Unternehmen. Leider haben viele Unternehmen bis zu einem gewissen Grad resigniert, wenn es darum geht, diese Probleme zu lösen. Nach dem Aufschwung durch die Pandemie, der die Unternehmen ungewollt dazu zwang, sich stärker auf das Wohlbefinden der Mitarbeitenden zu konzentrieren, sind die Investitionen in das Wohlbefinden in vielen Unternehmen wieder zurückgegangen. Ein globaler Gesundheitsbeauftragter eines Unternehmens mit 80.000 Mitarbeitenden in Asien sagte kürzlich zu Chris: „Wir sind einfach wieder da, wo wir vor fast zehn Jahren angefangen haben … Es ist eine Schande. Jetzt geht es wieder nur um Leistung, Leistung, Leistung. Unser Wellbeingteam wurde reduziert. Viele Führungskräfte oder Manager verstehen es einfach nicht. Oder vielleicht ist es ihnen auch einfach egal. Zumindest fühlt es sich manchmal so an."

Wohlbefinden und Resilienz ernster nehmen

Dieser Gesundheitsbeauftragte drückte etwas aus, was wir oft in Wohlbefindensteams beobachten können: ein Gefühl der Ohnmacht oder Erschöpfung. Allen Wohlbefindens- und Gesundheitsverantwortlichen, die wir getroffen haben, liegt das Thema sehr am Herzen. Aber leider sind sie meistens entweder unterfinanziert oder nicht ausreichend ausgestattet, um die enorme Herausforderung wirklich anzugehen. Sie haben nur ein paar „Pflaster"-Angebote. Manche dieser „Pflaster"-Angebote reichen vielleicht für ein paar Mitarbeitende, die Glück haben, beachtet zu werden. Aber es gibt selten genug Aufmerksamkeit oder Ressourcen, um die grundlegenden Probleme wie Stress und Burn-out und den Mangel an Resilienz im gesamten Unternehmen anzugehen. Um der Tatsache entgegenzuwirken, dass Wohlbefinden und Resilienz in Unternehmen immer noch nicht ernst genug genommen werden, sollten Führungskräfte drei Veränderungen in ihrer Denkweise vornehmen:

1. Resilienz liegt in der Verantwortung der Organisation, nicht nur in der des Gesundheits- oder Wellbeingteams.
2. Resilienz erfordert den Aufbau von Resilienzfähigkeiten, nicht die Behandlung von Symptomen.
3. Resilienz ist geteilte Verantwortung. Sie liegt weder in der Verantwortung eines Einzelnen noch in der Verantwortung einer Organisation allein.

Schauen wir uns diese veränderten Denkweisen genauer an.

1. Resilienz liegt in der Verantwortung der Organisation, nicht nur in der Verantwortung des Gesundheits- oder Wellbeingteams

Der Anteil der Beschäftigten, die sich wohl fühlen, d. h. ein hohes Maß an sozialem, psychischem und emotionalem Wohlbefinden aufweisen, nimmt mit steigendem

Stressempfinden rapide ab. Dies wird deutlich, wenn wir unsere Daten betrachten. Sie zeigen den Prozentsatz der Beschäftigten, denen es gut geht (die ein hohes psychologisches, emotionales und soziales Wohlbefinden aufweisen) im Vergleich zu den Werten für den empfundenen Stress. Die üblichen Daten zum Stressempfinden zeigen, dass Personen, die einen Wert von über sieben erreichen, mit einer erhöhten Inzidenz psychischer Probleme in Verbindung gebracht werden. Interessanterweise liegt die Schwelle, ab der das Wohlbefinden abnimmt, viel niedriger, nämlich bei einem Wert von fünf.[77] Zur Veranschaulichung: Um einen Wert von fünf zu erreichen, muss eine Person im letzten Monat Schwierigkeiten erlebt haben, die sie „manchmal“ nicht bewältigen konnte.[78]

Stress beeinträchtigt die menschliche Entfaltung der Arbeitnehmenden

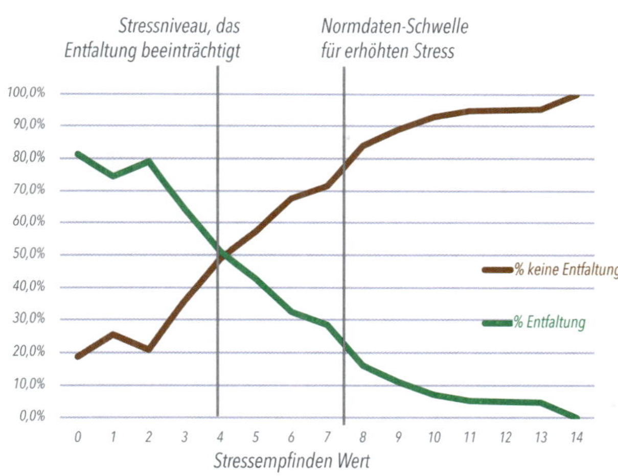

Etwa 30% der Menschen entfalten sich = erreichen ein hohes Maß an emotionalem, sozialem und psychologischem Wohlbefinden.

41% haben in dieser Stichprobe erhöhte Stresswerte.

Die menschliche Entfaltung ist selbst bei mäßigen Werten für chronischen Stress beeinträchtigt.

Wenn der Stresswert den Normdaten-Schwellenwert für erhöhten Stress erreicht, erreichen nur noch 17% der Menschen die Kategorie „menschliche Entfaltung“.

Quelle: N = 2.800 Befragte der Awaris-Standardumfrage zu den Auswirkungen.

Das ist keine gute Nachricht, wenn man bedenkt, dass die meisten Unternehmen, mit denen wir zusammenarbeiten, ein durchschnittliches Stressempfinden von sechseinhalb haben (gemessen durch den *PSS Perceived Stress Scale*). Das Stressempfinden liegt hier auf einem Niveau, das das menschliche Wohlergehen massiv beeinträchtigt. Die Hauptkategorie auf der Skala der menschlichen Entfaltung wird als ‚mäßig psychisch gesund‘ bezeichnet. Daneben gibt es eine kleinere (aber wachsende) Gruppe von Menschen, die ‚geschwächt‘ sind. In unserem Datensatz von 2.800 Arbeitnehmern waren 8 % geschwächt, 62 % mäßig psychisch gesund und 31 % „Flourishing“, also erlebten Wohlergehen.

Das ist der Grund, warum die Wohlbefindens- oder Personalabteilungen auf verlorenem Posten stehen. Sie befinden sich in einer Ausgangssituation, in der das Stressempfinden die meisten Mitarbeitenden bereits in die Kategorie ‚mäßig psychisch gesund‘ gedrängt hat, in der die Wahrscheinlichkeit einer psychischen Belastung erhöht ist. Während fast jeder Zehnte bereits stark belastet ist. Der Versuch von Unternehmen, „präventive“ Maßnahmen zu ergreifen, wenn so viele Beschäftigte bereits gefährdet sind, ist wie das Schließen der Stalltür, nachdem das Pferd bereits durchgegangen ist. Zu viele Beschäftigte haben diese Schwelle bereits überschritten.

Werfen wir noch einen Blick auf die Werte für das Stressempfinden. Unsere Resiliendaten zeigen eine weitere wichtige Erkenntnis – nämlich, dass die selbstberichtete Arbeitsleistung deutlich geringer ist, wenn das Stressempfinden hoch ist. Die zugrunde liegende Ursache könnte natürlich in den Stressoren am Arbeitsplatz liegen. Unrealistische Anforderungen, ungeeignete Prozesse, mangelnde Unterstützung durch das Management, enge Termine und vieles mehr. Unsere Daten zeigen, dass sich die Leistung dramatisch verschlechtert, wenn Beschäftigte einer hohen Stressbelastung ausgesetzt sind und ein hohes Stressniveau aufweisen. Die folgende Abbildung zeigt jedoch, dass nicht die Anzahl der Stressoren entscheidend ist, sondern der empfundene Stress. Die Leistung von Personen, die sich stark gestresst fühlen, ist stärker beeinträchtigt als die von Personen, die eine hohe Anzahl von Stressoren aufweisen.

Die Leistung sinkt, wenn das Stressempfinden steigt.
Wie hängt die Leistung mit Stress und Stressoren zusammen?

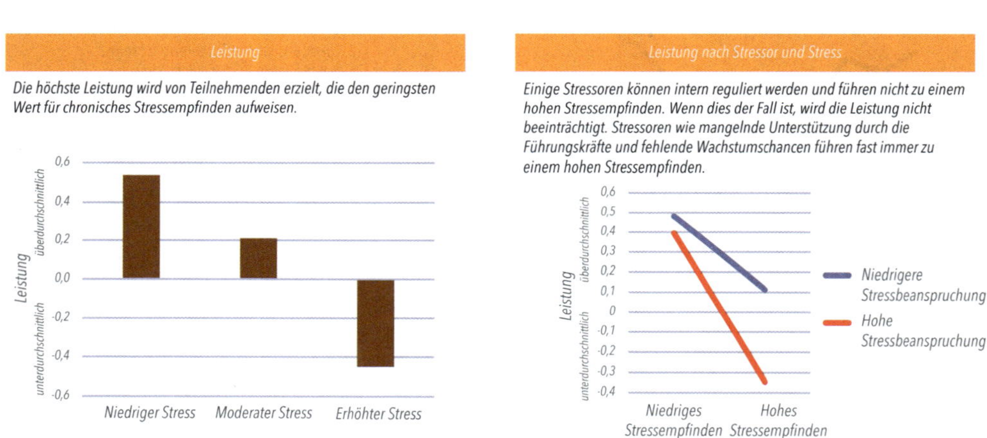

Quelle: N = 460 Teilnehmende des Resilienz-3.0-Screenings. Die durchschnittliche selbstbeurteilte Leistung liegt in unserer Stichprobe bei 7 von 10.

Die rote Linie unten zeigt einen Rückgang der selbstberichteten Leistungsfähigkeit um 10 % (siehe die folgende Abbildung). Diese Linie liegt deutlich vor der Linie der psychischen Belastung und in der Nähe der Linie, auf der 60 % der Beschäftigten noch gut zurechtkommen. Es ist also keine Frage des Wohlbefindens, wenn man dafür sorgt, dass die Beschäftigten nicht zu sehr unter Stress leiden. Es ist in erster Linie eine Frage der Produktivität und der Leistung. Es liegt im Interesse jedes Unternehmens, seine Mitarbeitenden im Bereich des idealen Stressempfindens zu halten, d. h. unter einem Wert von vier und maximal bis zu einem Wert von sechs. Interessanterweise ändern viele Führungskräfte ihre Meinung über die Bedeutung des Wohlbefindens ihrer Mitarbeitenden, wenn wir ihnen diese Abbildungen zeigen.

Stressempfinden beeinträchtigt Leistung.

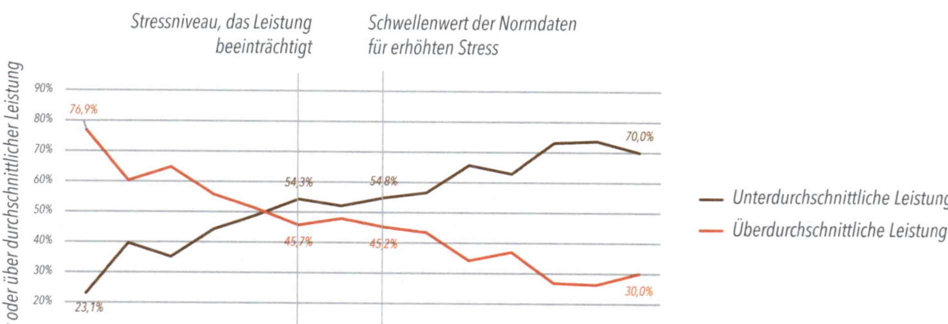

2. Resilienz erfordert den Aufbau von Resilienzfähigkeiten, nicht die Behandlung von Symptomen

Ein großer Teil der Arbeit der Wellbeing- oder Gesundheitsteams besteht darin, Menschen zu helfen, die sich in Schwierigkeiten befinden. Ein beträchtlicher Teil des Budgets für das Gesundheit wird für die Rehabilitation ausgegeben – oder für Kurse und Interventionen im Zusammenhang mit neuen Herausforderungen, denen sich die Mitarbeitenden gegenübersehen. Sie bieten auch eine Reihe nützlicher präventiver Lösungen. Entscheidend ist jedoch die Sprache. Diese Abteilungen konzentrieren sich auf Hilfe, Behandlung und Vorsorge und nicht auf *das Management* dieser Probleme.

Diese Unterscheidung ist sehr wichtig. Manager fühlen sich in der Regel nicht dafür verantwortlich, zu unterstützen, zu behandeln oder vorzusorgen, weil sie glauben, dass die Gesundheits- oder Personalabteilung dafür zuständig ist. Stattdessen fühlen sich Manager und Führungskräfte für das verantwortlich, was sie als geschäftsrelevante Ergebnisse in Verbindung mit organisationalen Fähigkeiten ansehen, wie z. B. die Leistung. Daher kämpfen Wellbeingteams oft vergeblich darum, dass sich das Management für Symptome oder Zustände verantwortlich fühlt. Es ist ein Teufelskreis. Die Fokussierung des Managements nur auf Leistung führt dazu, dass die Mitarbeitenden gestresst sind. Diese gestressten Mitarbeitenden wiederum beschweren sich bei der Personalabteilung, dass sie keine Leistung erbringen können, weil sie zu gestresst sind. Aus Angst vor Leistungseinbußen ergreift das Management Maßnahmen, um ihre Mitarbeitenden noch härter arbeiten zu lassen! Und die Abwärtsspirale geht weiter.

Wir müssen den Managern den Zusammenhang zwischen Leistung und Wohlbefinden deutlicher machen. Wenn Resilienz nicht als traditioneller Ansatz für Wohlbefinden, sondern als aktive Fähigkeit präsentiert wird, kann dies für das Management sehr ermutigend sein. Um dies zu erreichen, müssen Manager die Verantwortung für den Aufbau individueller und unternehmensweiter Fähigkeiten übernehmen. Sie sollten gesunde Praktiken einführen, die menschenzentrierte Resilienzfähigkeiten aufbauen. Und sie müssen die Umsetzung dieser Praktiken messen. Wenn diese Schritte unternommen werden, ist die Wahrscheinlichkeit groß, dass sich daraus Wir-Resilienz, resiliente Arbeitskulturen und eine verbesserte Leistung ergeben.

3. Resilienz ist eine geteilte Verantwortung. Sie liegt weder in der Verantwortung eines Einzelnen noch in der Verantwortung einer Organisation allein

Mit unserem Ansatz zum Aufbau von Resilienzfähigkeiten haben wir auch hier eine andere Sichtweise, wie die folgenden Punkte zeigen.

- **Es gibt zwölf grundlegende Resilienzfähigkeiten und drei Resilienzkompetenzen, die jeder Mensch haben oder entwickeln kann.** Diese sind auf alle Herausforderungen im Leben anwendbar, auch außerhalb des Arbeitsplatzes. Jeder von uns, auch jeder der einer Minderheit angehört, wer zuhause Angehörige pflegen muss, wer psychologische Sicherheit vermisst oder wer unter Mikroaggressionen von Kollegen leidet, kann vom Erlernen von Resilienzfähigkeiten profitieren – vor allem, wenn er oder sie zudem eine hohe Arbeitsbelastung hat. Das wird diese Probleme zwar nicht aus der Welt schaffen, aber es kann den Menschen helfen, sich besser zu entspannen, besser zu schlafen oder ihre sozialen Beziehungen zu pflegen und so ihre Resilienz in schwierigen Situationen zu stärken.
- **Gleichzeitig zeigen die Daten deutlich, dass wir nicht erwarten können, dass Menschen diese Fähigkeiten allein aufbauen.** Es ist problematisch, Mitarbeitende einer hohen Stressbelastung auszusetzen und sie nach begrenzter Unterstützung oder Behandlung wieder in die gleiche Stresssituation zu bringen. Es liegt eindeutig in der Verantwortung der Unternehmen, auf der unternehmensweiten „Wir"-Ebene Resilienzfähigkeiten aufzubauen, die helfen, mit Stress, emotionalem Burn-out oder mangelnder Verbundenheit umzugehen. **Dies ist sowohl eine individuelle als auch eine unternehmensweite Verantwortung.** Wenn das Management für ein positives Aufmerksamkeitsmanagement im Unternehmen sorgt, der Einzelne aber immer noch 100-mal am Tag seine E-Mails und Benachrichtigungen checkt, wird es keine spürbare Verbesserung geben. Die Balance zwischen diesen beiden Faktoren macht Wir-Resilienz zu einer Herausforderung für viele Unternehmen.
- **Der Aufbau von Wir-Resilienz-Fähigkeiten sowohl auf individueller als auch auf unternehmensweiter Ebene muss wie jeder andere Kompetenzaufbau gemanagt werden.** Er sollte für die gesamte Belegschaft organisiert werden. Dies sollte nicht nur die Aufgabe der Weiterbildungs- oder Personalabteilung sein. Die Entwicklung von Resilienzkompetenzen muss wie jede andere unternehmerische Kompetenz von den verantwortlichen Managern gesteuert werden. Aus unserer Arbeit mit Unternehmen stellen wir fest, dass 60 % der Mitarbeitenden bereits eine Resilienzkompetenz aufgebaut haben, sich also auch für ihre eigene Resilienz verantwortlich fühlen und wesentliche Maßnahmen zum Aufbau ihrer Resilienz ergreifen.

Wir schätzen, dass sich nur 10–30 % der Manager für den Aufbau von Resilienz in ihren Organisationen verantwortlich fühlen und wahrscheinlich weniger als 5 % wissen, was sie dafür tun sollen. Es ist also klar, dass sowohl der Einzelne als auch die Unternehmen etwas tun müssen. Aber es sind die Strukturen der Unternehmensführung, die sich am meisten ändern sollten.

Unternehmen für Resilienz verantwortlich machen

Wenn sich die Unternehmensführung für die Resilienz der Menschen verantwortlich fühlt, kann ein grundlegend anderer Ansatz gewählt werden. Dieser Ansatz kann auf Organisationseinheiten basieren. Wir sprechen mit Führungskräften über die Resilienz und das Wohlbefinden ihrer Mitarbeitenden. Wir teilen die Daten aus den Resilienz-Screenings, die wir durchführen. Und dann vereinbaren wir gemeinsame Prioritäten für den Aufbau von Resilienzfähigkeiten auf individueller und unternehmensweiter Ebene.

Der Ansatz braucht Vertrauen und beruht auf gegenseitigem Einverständnis. Auf diese Weise können wir die Daten und den Ansatz in Mitarbeiterversammlungen mit allen Beschäftigten der Organisationseinheit teilen. Sie können sich darüber austauschen und sogar darüber abstimmen, welche Resilienzfähigkeiten die Mitarbeitenden individuell kultivieren möchten und welche ihrer Meinung nach von ihrer Organisation gefördert werden sollten. Resilienz wird dann zu einem gemeinsamen, sichtbaren Projekt mit individueller und organisationsweiter Verantwortung. Es gibt keine Schuldzuweisungen mehr. Einzelpersonen und Entscheidungsträgern wird ein klarer Weg zur Wir-Resilienz aufgezeigt.

Dieser Ansatz ist messbar. Fähigkeiten, Stressempfinden und Resilienz können gemessen werden. Wir können Ziele für Check-Ins, Fokuszeiten, E-Mail-Beschränkungen und viele andere Maßnahmen, die wir im nächsten Kapitel besprechen werden, festlegen und messen. Das bedeutet, dass das Management die Verantwortung für seinen Teil der Kompetenzentwicklung übernehmen kann, ebenso wie der Einzelne. Wie genau dies geschehen kann, wird im nächsten Kapitel erläutert.

KERNSAUSSAGEN DIESES KAPITELS

- Nach einem Aufschwung während der Pandemie sind die Bemühungen und Investitionen in das Wohlbefinden der Mitarbeitenden wieder zurückgegangen.
- Die Unternehmen übernehmen nach wie vor zu wenig Verantwortung für die unternehmensweite Wir-Resilienz und erkennen nicht, wie sich zu viel Stressempfinden auf die Leistungsfähigkeit und das menschliche Wohlergehen der Mitarbeitenden auswirkt.
- Um diese Einstellung zu ändern und ihren Unternehmen zu helfen, wir-resilient zu werden, müssen Unternehmen drei wichtige Wahrheiten anerkennen:
  - Resilienz ist eine unternehmerische Verantwortung, nicht nur die Verantwortung eines Wohlbefindensbeauftragten.
  - Resilienz erfordert den Aufbau von Resilienzfähigkeiten, nicht die Behandlung von Symptomen.
  - Resilienz ist eine geteilte Verantwortung. Sie liegt weder in der Verantwortung eines Einzelnen noch in der Verantwortung eines Unternehmens allein.
- Unternehmen müssen sich auf gemeinsame Prioritäten für das Erlernen von Resilienzfähigkeiten auf individueller und unternehmensweiter Ebene einigen und einen klaren Weg in Richtung Wir-Resilienz festlegen.
- Der Erfolg dieses Ansatzes kann gemessen werden, indem die Kompetenzentwicklung, das Stressempfinden und die Resilienzsteigerung überwacht werden.

KAPITEL 12: WIR-RESILIENZ IN ORGANISATIONEN VERANKERN

Wenn wir mit Organisationen am Aufbau von Resilienzfähigkeiten arbeiten, kombinieren wir unsere Best-Practice-Erfahrungen aus der Welt des Wellbeing- und Gesundheitsmanagements mit unserem einzigartigen Ansatz zur Entwicklung individueller und organisationaler Fähigkeiten (siehe der Anhang am Ende des Buchs für weitere Details). Im Folgenden skizzieren wir unseren typischen schrittweisen Ansatz zur Verankerung von Wir-Resilienz in Organisationen und Unternehmen.

Schritt 1: Mit einer angemessenen Gruppengröße arbeiten

Wir haben die Erfahrung gemacht, dass es am besten ist, mit überschaubaren Organisationseinheiten zu arbeiten. Die Gruppengröße variiert zwischen 150 und 1.000 Personen. Dies entspricht der anthropologischen Beobachtung von Robin Dunbar, dass 150 Personen die Grenze für bedeutende Beziehungen darstellen.[79] Eine Reihe von Organisationen hat dies zu einem sinnvollen Organisationsprinzip gemacht. Wir arbeiten auch mit kleineren Gruppen, aber Gruppen mit weit über 1.000 Personen scheinen nicht so gut zu funktionieren. **Damit eine Resilienzintervention wirksam ist, ist es unserer Meinung nach wichtig, dass mindestens 30 % der Belegschaft aktiv an dem Prozess teilnehmen**, damit das Gefühl einer gemeinsamen Reise und Resonanz entsteht.

Je größer die Organisationseinheiten sind, desto geringer ist in der Regel die Beteiligungsquote. Vor diesem Hintergrund achten wir darauf, mit Unternehmen zusammenzuarbeiten, die bereit sind, in angemessenen Gruppengrößen zu arbeiten. Zu kleine Gruppen haben nicht genügend Einfluss auf das gesamte Unternehmen, und zu große Gruppen können die Qualität der gemeinsamen Erfahrung beeinträchtigen. Wenn ein Unternehmen mit 5.000 Mitarbeitenden an uns herantritt, halten wir es für sinnvoll, das Ganze in kleinere Gruppen aufzuteilen. Die kleineren Gruppen konzentrieren sich dann auf die Unternehmensbereiche, in denen das Management wirklich an Bord ist.

Wir sind mitverantwortlich für den Rahmenvertrag für Resilienz der 51 Institutionen der Europäischen Union (EU), einer Organisation mit 50.000 Mitarbeitenden. Wir haben mit vielen dieser Institutionen oder deren Direktionen zusammengearbeitet. Dabei haben wir diese Institutionen in Gruppen von 150 bis 1.400 Mitarbeitenden eingeteilt, was uns ein Gefühl für die richtige Größe gegeben hat. Ein weiterer Aspekt in Bezug auf die Gruppengröße, mit der wir arbeiten, ist die Einbeziehung des jeweiligen Managementteams, wie wir weiter unten erläutern werden. Sobald eine Organisation mehr als 1.000 Mitarbeitende hat, wird die persönliche Verbindung zwischen den Mitarbeitenden und der Geschäftsleitung dünner. Dies gilt auch umgekehrt. Wenn die meisten Menschen in einer Organisation mindestens einem Mitglied des Managementteams persönlich bekannt sind, gibt es eine andere Ebene der Verbundenheit und der menschlichen Resonanz.

Schritt 2: Das Management an Bord holen

Damit eine Resilienzmaßnahme funktioniert, muss das Management von ihrer Notwendigkeit überzeugt werden. Wie bereits erwähnt, ist dies nicht immer einfach. Zunächst sollte das Management in der Tiefe verstehen, dass das Wohlbefinden der Mitarbeitenden entscheidend für die Leistungsfähigkeit ist und dass das Wohlbefinden sinkt, wenn der empfundene Stress steigt. Folglich schadet man als Führungskraft seinen Mitarbeitenden und deren Leistungsfähigkeit, wenn man sich nur auf die Leistung konzentriert. Um Führungskräfte für unser Konzept zu gewinnen, informieren wir sie über unseren Ansatz. Wir erklären ihnen, dass es sich um einen Ansatz handelt, bei dem Daten über die gesamte Belegschaft gesammelt werden, Prioritäten diskutiert werden, diese Prioritäten an alle im Unternehmen kommuniziert werden und dann eine Resilienzreise für alle Beteiligten organisiert wird.

Wir haben die Erfahrung gemacht, dass dieser Ansatz relativ leicht die Zustimmung des Managements findet, und zwar aus mehreren Gründen. Erstens zeigen wir den Managern und Führungskräften, dass unser Ansatz mit Best-Practice-Erkenntnissen übereinstimmt, indem wir ihn anhand der Tabelle im Anhang erläutern. Zweitens bietet unser Ansatz Interventionen für alle im Unternehmen, die daran teilnehmen möchten, und ist daher inklusiv. Drittens konzentriert sich unsere Resilienzreise auf datengestützte Muster und Prioritäten, die in der Belegschaft identifiziert wurden, und appelliert damit an das Wirksamkeitsbewusstsein von Führungskräften und das allgemeine Vertrauen in datengestützte Entscheidungsfindung. Viertens zielt der von uns skizzierte Ansatz eher auf den Aufbau von Fähigkeiten als auf die Identifizierung von Problemen ab, was unserer Erfahrung nach von den Führungskräften gut aufgenommen wird. Fünftens machen wir deutlich, wo die Verantwortung des Einzelnen und wo die Verantwortung des Unternehmens liegt. Das stellt diejenigen im Management zufrieden, die der Meinung sind, dass der Einzelne mehr tun sollte, um seine Resilienz zu stärken, ebenso wie einige Führungskräfte oder Personalverantwortliche, die oft der Meinung sind, dass die Organisation mehr Verantwortung übernehmen muss. Schließlich garantieren wir, dass die Anonymität aller Beteiligten jederzeit gewahrt bleibt, sodass es keine Bedenken hinsichtlich der Vertraulichkeit gibt.

Sobald das Management an Bord ist, planen wir eine Mitarbeiterversammlung mit der gesamten Belegschaft, in der wir unseren Resilienzansatz skizzieren. **Dabei machen wir deutlich, dass alle eingeladen sind, an der Resilienzreise ihres Unternehmens teilzunehmen**, beginnend mit den von uns angebotenen Resilienz Screening. Unsere Erfahrung zeigt, dass je nach Größe des Unternehmens und dem Grad der Unterstützung durch das Management in der Regel 30–70 % der Belegschaft an den Resilienz Screenings „teilnehmen und sich im Anschluss an die Mitarbeiterversammlung der Resilienzreise beteiligen.

Schritt 3: Einstieg durch individuelles Resilienzscreening

Ein wichtiger Teil unseres Ansatzes ist das Screening der individuellen Resilienzfähigkeiten, auf das wir in Kapitel vier eingegangen sind. Hier füllen die Mitarbeitenden einen individuellen Resilienzfragebogen aus und erhalten anschließend ihr Resilienzprofil. Normalerweise sind stress- und resilienzbezogene Daten in Organisationen nicht sehr umfangreich und wir sind immer wieder überrascht, wie wenig wirklich verwertbare Daten vorhanden sind. Viele Organisationen erkennen das Ausmaß ihrer Probleme oder deren Ursachen erst zu spät: wenn ein Mitarbeitender nach einer Panikattacke aus dem Büro geschoben wird oder wenn ein Mitarbeitender plötzlich kündigt, weil er von der Arbeitsbelastung einfach „die Nase voll" hat. Dieser Mangel an Daten ist rätselhaft. Natürlich gibt es nur eine begrenzte Anzahl von Fragen, die im Rahmen der jährlichen Mitarbeiterbefragung gestellt werden können, insbesondere in Bezug auf Resilienz oder Wohlbefinden. Deshalb ist es wichtig, Wohlbefinden und Resilienz von Zeit zu Zeit gezielt zu überprüfen.

Einige Führungskräfte argumentieren, dass die Mitarbeitenden nicht gern Fragebögen ausfüllen, um ihren Stress zu messen. Auch hier könnte es sein, dass einige den Kopf in den Sand stecken, anstatt sich einzugestehen, dass sie Probleme haben. Unsere Erfahrung ist jedoch, das Menschen gern Resilienzscreenings ausfüllen, die ihnen ein individuelles Feedback zu ihren Herausforderungen und Fähigkeiten geben. Der entscheidende Punkt ist also, das der Befragungsprozess selbst einen direkten Nutzen für die Person hat, die die Daten liefert – in Form ihres individuellen Berichts.

Als wir dies für ein globales Technologieunternehmen mit Mitarbeitenden auf der ganzen Welt durchführten, waren wir überrascht, wie viele spontane und unverbindliche Botschaften der Wertschätzung wir für die Befragung selbst erhielten. Viele sagten, dass ihnen diese Art von Fragen noch nie gestellt worden war oder dass sie noch nie über diese Themen nachgedacht hatten. Sie schätzten den Prozess der Selbsteinschätzung. Sie fühlten sich gehört. Das Resilienzscreening und der individuelle Bericht tragen dazu bei, den Teilnehmenden wichtige Botschaften zu vermitteln. Und wenn Sie aufmerksam gelesen haben, werden Sie feststellen, dass dies einige der Schlüsselbotschaften sind, die wir in diesem Buch zu vermitteln versucht haben:

- Resilienz hat nichts mit Durchhaltevermögen zu tun. Es geht nicht darum, von Natur aus resilient (oder nicht resilient) zu sein. **Bei Resilienz geht es um die Fähigkeit, unseren Zustand zu verändern**: von Stress zu Wachstum, von Regeneration zu Loslassen.
- Jeder von uns hat eine einzigartige Sammlung von Resilienzfähigkeiten, die wir bewusst oder unbewusst anwenden. **Unsere Resilienzprofile sind daher einzigartig**. Wir müssen uns nicht mit anderen vergleichen, insbesondere nicht mit dem nervigen Kollegen, der nie gestresst zu sein scheint. Wir müssen nur unsere eigenen Stärken und Schwächen und unser einzigartiges Resilienzprofil verstehen.
- Wir helfen den Teilnehmenden zu verstehen, wie das Profil ihrer Resilienzfähigkeiten mit ihrem Stressprofil übereinstimmt oder nicht übereinstimmt. **Wir erklären**

ihnen das Profil ihrer Resilienzbatterie, damit sie besser verstehen, was ihre Batterie entleert und was sie wieder auflädt.
- Die Teilnehmer profitieren davon, wenn sie verstehen, wann sie etwas für ihre Resilienz tun können. **Oder wann ein „Kipppunkt" von Stressoren überschritten wird** und Resilienzfähigkeiten allein nicht mehr ausreichen. Durch die Betonung der Aspekte der Resilienz, die entweder vom Einzelnen oder von der Organisation als Ganzes abhängen, ist die Wahrscheinlichkeit geringer, dass Mitarbeitende und Management mit dem Finger auf den jeweils anderen zeigen. Diese Klarheit wird sehr geschätzt.
- Dieses Vorwissen hilft den Teilnehmenden zu erkennen, was für sie hilfreich sein könnte. Es ermutigt sie, an den Aspekten der Resilienzreise teilzunehmen, die ihrem Resilienzprofil am besten entsprechen, und an ihren „blinden Flecken" der Resilienz zu arbeiten.

Es ist ein wichtiger Schritt, den Mitarbeitenden ein Verständnis ihrer eigenen Resilienz zu vermitteln und ihnen zu zeigen, was sie dafür tun können. Es schafft die Grundlage für individuelle Bedarfsanalysen und gibt dem Einzelnen Motivation und Verantwortung für die Reise, die vor ihm liegt.

Schritt 4: Analyse der Daten der gesamten Belegschaft

Wir verwenden die aggregierten Daten aus dem Resilienzscreening, um Populationstrends für die gesamte Belegschaft zu generieren. Dies ist eine neue Methode. Wir schätzen, dass etwa 80 % der Gesundheits-, Wohlbefindens- oder Personalabteilungen, mit denen wir zu tun hatten, nicht über solche Daten verfügten. Und sie waren nicht in der Lage, einfache Fragen wie die folgenden zu beantworten.

„Können Sie die Population definieren, für die Sie zuständig sind? Wie sieht ihre Demografie aus? Wie sieht ihre Stressbelastung aus? Welche Probleme haben sie?"

Wenn wir diese Fragen stellen, bekommen wir meist ein hilfloses Schulterzucken. Chris und Liane haben wochenlang mit Wellbeingteams zusammengearbeitet, um solche Daten in eine brauchbare Form zu bringen. Und selbst wenn sie die Daten haben, gelingt es den Teams oft nicht, sie differenziert zu analysieren. Und sie haben oft keine Antworten auf unsere Fragen, wie zum Beispiel.

„Was sind Ihre Ziele für die Reichweite und Wirkung unserer Maßnahmen? Wie viele Menschen haben wir mit unseren bisherigen Maßnahmen erreicht? Welche Ergebnisse wollten Sie verändern? Welcher Prozentsatz der Mitarbeitenden hat im Rahmen des Programms positive Ergebnisse erzielt? Welche Interventionen waren im Hinblick auf die Ergebnisse am effektivsten? Welche Interventionen hatten das beste Kosten-Nutzen-Verhältnis?"

Auch hier ist es beunruhigend, wie lange es in der Regel dauert, bis die meisten eine Antwort auf diese Fragen geben können. Unserer Meinung nach liegt dies nicht an der Inkompetenz der verantwortlichen Teams (und sie werden dieser Analyse sicherlich zustimmen, wenn wir sie darauf ansprechen). Es liegt in der Regel an einem Mangel an Ressourcen, Datenerhebung und Managementfähigkeiten. Glücklicherweise können wir ihnen in diesen Bereichen helfen. Sobald wir die Daten auf der Grundlage der individuellen Resilienzbefragungen gesammelt haben, können wir die gesamte Population betrachten und wichtige Informationen verstehen:

- **Wir erfahren, wie hoch das Stressniveau der Mitarbeitenden ist und wie viele gefährdet sind, psychisch zu erkranken.** Wir sehen, wie viele Mitarbeitende sich im Bereich des menschlichen Wohlbefindens oder des Burn-outs befinden oder zumindest gut funktionieren. Anhand dieser Daten können wir Ziele für die gemeinsame Resilienzreise des Unternehmens festlegen.
- **Wir gewinnen ein Verständnis für die Stressbelastung in der Belegschaft und in bestimmten Abteilungen oder Einheiten.** Dies hilft uns zu verstehen, wie viele Menschen sich im Bereich der Selbstregulationsfähigkeit befinden und wie viele nicht, und wo Interventionen auf Unternehmensebene und nicht auf individueller Ebene notwendig sind.
- **Wir erfahren, welche Resilienzfähigkeiten bei den Mitarbeitenden stark und welche schwach ausgeprägt sind.** Wir sehen, wie hoch der Anteil der Mitarbeitenden mit Resilienzkompetenzen ist und wie hoch der Anteil der Mitarbeitenden ohne Resilienzkompetenzen. Und vor allem erfahren wir, welche Fähigkeiten am stärksten mit Resilienz korrelieren. Interessant ist für uns, dass dies je nach Unternehmen nicht immer gleich ist.

Insgesamt ermöglicht uns dieser Ansatz, bestimmte Gruppen zu identifizieren, die einer höheren Stressbelastung ausgesetzt sind als andere oder die vor besonderen Herausforderungen in Bezug auf ihre Resilienz stehen könnten. Unsere Daten zeigen beispielsweise, dass die Anzahl der Stressoren bei Frauen mit dem Alter zunimmt. Bei den Männern hingegen erreichen sie ihren Höhepunkt in der Altersgruppe der 25- bis 34-Jährigen und nehmen dann kontinuierlich ab, bis sie in der Altersgruppe der über 55-Jährigen wieder ansteigen. Frauen erleben tendenziell mehr persönliche Stressfaktoren, die sich aus dem Jonglieren mit mehreren Verantwortlichkeiten ergeben, als Männer (42 % gegenüber 35 %), während die Männer in unserem Datensatz deutlich mehr unter mangelnder Vorhersehbarkeit (44 % gegenüber 25 %) und den Arbeitsanforderungen im Allgemeinen leiden. Dies gilt auch für bestimmte Minderheitengruppen. Dieses Wissen ermöglicht es uns, diese Herausforderungen zu quantifizieren und geeignete Resilienzmaßnahmen zu entwickeln.

Chronischer Stress nimmt bei Frauen und Männern im Laufe des Lebens ab.

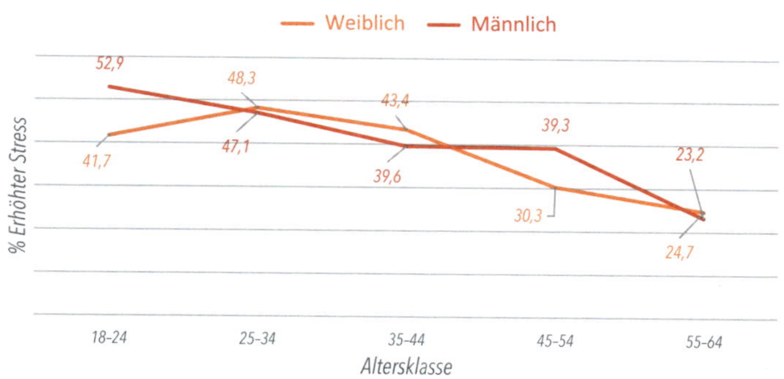

Die höchsten Stresswerte für Männer sind in den Altersklassen 18 bis 34 Jahre und für Frauen in der Mitte des Lebens zwischen 25 und 44 Jahren. Für Frauen ist der drastischste Abfall in der Altersklasse von 45 bis 54 Jahren.

Schritt 5: Gemeinsame Prioritäten mit dem Management festlegen

Sinn und Zweck von Unternehmen sind sehr unterschiedlich. Das Wissen um diese Unterschiede kann für die Wir-Resilienz von Unternehmen entscheidend sein. In der Arbeit mit EU-Institutionen haben wir zum Beispiel gesehen, dass die Verbindung zum Sinn wichtiger sein kann als in vielen gewinnorientierten Einrichtungen. Dies lässt uns vermuten, dass die Menschen, die für EU-Institutionen arbeiten, sinnorientiert sind und dass dies eine Priorität auf ihrer Resilienzreise sein sollte. Wir haben auch in vielen Personalabteilungen festgestellt, dass soziale Verbundenheit ein starker Prädiktor für die Resilienz der Mitarbeitenden ist. Es ist nicht überraschend, dass Mitarbeitende der Personalabteilung sich um andere sorgen (sie sind nicht nur dazu da, um das Leben anderer schwer zu machen, wie manche Leute gern behaupten). Mitarbeitende in der Personalabteilung wollen in erster Linie ihr Gefühl der Verbundenheit pflegen, was ein wichtiger Faktor für Resilienz sein kann.

Wir haben auch festgestellt, dass bei Mitarbeitenden mit hoher Arbeitsbelastung die Fähigkeit, Aufmerksamkeit und Konzentration zu steuern, einer der wichtigsten Resilienzfaktoren ist. Für sie wäre dies also eine angemessene Priorität. Ebenso sind in Umgebungen mit hoher emotionaler Belastung die Fähigkeiten der Emotionsregulation prädiktiv für die Ergebnisse der Resilienz und wären eine angemessene Priorität. Entweder weil die Mitarbeitenden mit Kunden oder Patienten zu tun haben, die offensichtlich leiden, oder weil die emotionale Atmosphäre in der Organisation toxisch ist. Solche Informationen und Daten besprechen wir mit dem Management. Mit diesem Wissen können wir gemeinsam Prioritäten für die Zukunft setzen. Dazu gehört, welche Resilienzfähigkeiten auf der Ebene der gesamten Belegschaft und welche auf der Ebene der gesamten Organisation gefördert werden sollen. **In der Regel einigen wir uns auf maximal drei bis vier Kompetenzbereiche, auf die wir uns konzentrieren.** Dies müssen Bereiche sein, mit denen sich die Führungskräfte identifizieren können, sodass sie persönlich daran arbeiten und versuchen können, ihre Führungsqualitäten in diesen Bereichen weiterzuentwickeln.

Priorisierung der Entwicklung von Fähigkeiten.
Welche Fähigkeiten benötigen mehr Aufmerksamkeit?

Grad der Korrelation mit der Resilienz

Um Bereiche für Chancen zu identifizieren, stellen wir zwei Fragen:

1. *Wie schneidet diese Stichprobe im Vergleich zur Referenzgruppe ab? (Z-Wert)*
2. *Was sind die wichtigsten Prädiktoren für Resilienz in dieser Stichprobe? (Korrelation mit Resilienz)*

Stärken können in Quadrant 2 identifiziert werden:

- *HOHE Korrelation mit Resilienz*
- *HOHER Z-Wert (höher als 0,2)*

Es gibt keine Datenpunkte mit diesen Kriterien in dieser Stichprobe.

Quadrant 4 zeigt Bereiche mit Chancen:

- *Soziale Verbundenheit*
- *Schlaf & Erholung*
- *Körperliche Betätigung*
- *Sinn & Bedeutung sowie Selbstmitgefühl & Fürsorge verdienen ebenfalls Aufmerksamkeit.*

Schritt 6: Konsequenter Aufbau individueller Resilienzfähigkeiten

Die meisten Organisationen, mit denen wir arbeiten, haben zu Beginn kein solides Modell von Wohlbefinden, geschweige denn ein klares Set von Resilienzfähigkeiten, die sie aufbauen wollen. Folglich verfügen sie weder über ein kohärentes Set von Maßnahmen, die sie anbieten, noch beziehen sich diese Maßnahmen auf Fähigkeiten oder kausale Mechanismen, die die Ergebnisse verbessern. All diese Faktoren verringern die Wirksamkeit ihrer Maßnahmen. Deshalb machen wir in unseren Resilienzprogrammen den konsequenten Aufbau von Resilienzfähigkeiten zu einer zentralen Säule. In der Regel stärken wir die Fähigkeiten durch eine Reihe wichtiger Maßnahmen:

- **Ein vertiefender Workshop im Präsenz- oder Online-Format, in dem wir uns auf eine bestimmte Fähigkeit konzentrieren.** Zum Beispiel die Konzentration auf die Fähigkeit „positive Sichtweise" oder die Regulierung des Nervensystems. Im Online-Format können mehr als 100 Personen gleichzeitig teilnehmen. In diesem Workshop werden einige der wissenschaftlichen Grundlagen und Argumente für diese Fähigkeit vorgestellt, gefolgt von spezifischen Übungen, mit denen diese Fähigkeit aufgebaut werden kann.

- **Im Anschluss an den Workshop bieten wir einen zehntägigen Sprint von 25 Minuten pro Tag an.** Dabei konzentrieren wir uns auf bestimmte Übungen und jeder kann dann an dem Rest des Tages diese Fähigkeit im Arbeitsalltag üben und integrieren. Am nächsten Sprinttag fragen wir, wie es gelaufen ist und machen eine weitere Übung. Wenn wir zum Beispiel an der Aufmerksamkeitsregulation arbeiten, könnten wir uns in der ersten Woche auf individuelle Strategien zur Verbesserung der Aufmerksamkeitsregulation und Konzentration konzentrieren. In der zweiten Woche könnten wir uns dann auf Übungen auf Gruppenebene konzentrieren und mit den Führungskräften daran arbeiten, diese Gewohnheiten zu verankern. Diese Sprints sind sehr wichtig. Sie helfen dabei, eine Resilienzfähigkeit auf eine einzelne Übung bzw. Gewohnheiten herunterzubrechen, die in den nächsten ein bis zwei Tagen ausprobiert werden soll. Dabei gibt es sowohl ein gemeinsames Experimentieren als auch ein unmittelbares Feedback. Dieses greifbare Feedback stärkt den Aufbau von Fähigkeiten.
- **Wir verwenden die Awaris App und Peer-Group-Übungen, um diese Übungen zu verstärken.** Die App ermöglicht es den Teilnehmern, ihre Fähigkeiten weiter auszubauen, auch wenn wir die Arbeit mit den Unternehmen beendet haben. Alle eingeübten Gewohnheiten sind auf der App abrufbar und können so weiterhin langfristig Lernbegleiter bleiben.

Schritt 7: Paralleler Aufbau unternehmensweiter Resilienzfähigkeiten

Parallel dazu identifizieren wir eine Reihe von organisationsweiten Praktiken, die den Abteilungen oder Teams helfen, diese Fähigkeit in ihrer Organisation zu verankern. Wenn wir zum Beispiel an der Aufmerksamkeitsregulation arbeiten, können wir auf individueller Ebene Praktiken wie die folgenden vermitteln:

- Umgang mit technologischen Geräten und Minimierung von Unterbrechungen.
- Umgang mit E-Mails und Begrenzung des E-Mail-Abrufs.
- Umgang mit dem Kalender und Verbesserung von Fokuszeit und Deep Work.

Auf Unternehmensebene können wir an den folgenden Dingen arbeiten:

- Gemeinsame Fokuszeiten und besprechungsfreie Zeiten.
- Gemeinsame Vereinbarungen zum Umgang mit E-Mails.
- Wie ein Team Fokuszeiten sicherstellen kann.
- Wie Multitasking-Anforderungen an den Einzelnen reduziert werden können.

Wir nutzen dann einen Zeitraum von drei bis sechs Wochen, um diese Veränderungen umzusetzen. Dabei arbeiten die Teilnehmenden daran, diese Fähigkeiten in ihrer persönlichen Arbeit und in ihren Teams zu verankern. Anschließend messen wir sowohl die Ergebnisse als auch die Einhaltung der Praktiken (Details zu den Praktiken, die mit den einzelnen individuellen und organisationalen Fähigkeiten verbunden sind, finden Sie im Anhang). Dieser Ansatz hat einen großen Vorteil. Jeder in einer bestimmten Organisationseinheit weiß, dass er in diesen sechs Wochen an dieser Fähigkeit arbeitet. Es ist also ein Gesprächsthema. Es gibt organisationale Praktiken, die dies unterstützen. Und es ist eine gemeinsame Anstrengung, die sich idealerweise im Verhalten des Managements widerspiegelt.

Nach einem Zeitraum von vier bis sechs Wochen, in dem wir an Gewohnheiten arbeiten, beginnen wir mit der Arbeit an der nächsten prioritären Fähigkeit. Sobald die fokussierten Resilienzfähigkeiten identifiziert und trainiert wurden, können sich die Mitarbeitenden in Zukunft immer auf diese erlernten Kernkompetenzen beziehen, auch wenn es sich um einmalige Interventionen handelt. Stellt eine Organisation beispielsweise fest, dass eine bestimmte Gruppe von Mitarbeitenden Probleme mit ihrem finanziellen Wohlbefinden hat, kann sie einen speziellen Workshop für diese Gruppe organisieren. Dieser könnte einige der notwendigen finanziellen Kenntnisse beinhalten, aber auch grundlegende Fähigkeiten der Emotionsregulation (um mit möglichen Ängsten umzugehen) und der sozialen Verbundenheit (um sicherzustellen, dass man über ein gutes Netzwerk von unterstützenden Freunden und Familienmitgliedern verfügt). Ein solcher einmaliger Workshop fügt sich somit in das bestehende Profil der Resilienzfähigkeiten ein und verstärkt es.

Schritt 8: Ergebnisse messen

Mit diesem Ansatz ist es möglich, die Ergebnisse kurzer Zeit zu verbessern, und zwar für einen signifikanten Teil der Belegschaft. Auf diese Weise können Fähigkeiten auf unternehmensweiter Ebene der Wir-Resilienz verankert werden. Dazu müssen die Ergebnisse jedoch gemessen werden. Wir messen die gleichen Werte für Stressempfinden und Wohlbefinden wie zuvor. In der Regel stellen wir deutliche Verbesserungen fest, wenn wir sie zum Zeitpunkt t_2 messen, also am Ende des Interventionszeitraums. Wir verwenden einen kürzeren Fragebogen, um den Aufwand für die Teilnehmenden zu minimieren. Und wir berichten über die Einhaltung bestimmter Praktiken sowie das Engagement der Mitarbeitenden bei der Anwendung von Resilienzfähigkeiten.

Auf dem Weg zu resilienten Unternehmenskulturen

Mit diesen acht Schritten haben wir einige signifikante Ergebnisse erzielt: insgesamt eine durchschnittliche Verringerung des Stressempfindens um 30–35 %. Der Anteil derjenigen, die in der Kategorie „hoher Stress“ feststeckten, sank in der Regel von über 45 % auf etwa 15 %. Dies entspricht einer Verringerung der Zahl der Personen, die von psychischen Problemen oder Burn-out bedroht sind, um mehr als 60 %. Die Resilienz (gemessen auf der Conner-Davidson-Resilienzskala) verbesserte sich um mehr als 25 %. Der Anteil der Mitarbeitenden, die sich wohl fühlen, stieg im Durchschnitt um 30 %.

Wir hoffen, dass allein die Möglichkeit, dass Ihre Mitarbeitenden sich entfalten und ihr psychisches Wohlbefinden verbessern können, ausreicht, um Unternehmen davon zu überzeugen, sich an Programmen wie diesem zu beteiligen. Wir sind uns jedoch des Leistungsdrucks bewusst, unter dem viele stehen. Deshalb ist es wichtig, Leistung und Fürsorge miteinander zu verbinden. Aus diesem Grund messen wir auch die selbstberichtete Produktivität und Selbstwirksamkeit und stellten in diesen Kategorien positive Veränderungen von 3–8 % fest. Dies liegt im oberen Bereich vergleichbarer Interventionen zur Verbesserung des Wohlbefindens. Es ist auch der Aspekt der Resilienz, der sich am stärksten auf den Gewinn der Unternehmen auswirkt. So führen unsere Interventionen häufig zu einer deutlichen Steigerung von Kreativität, Produktivität und Geschäftsergebnissen.

Darüber hinaus gibt es eine neue gemeinsame Sprache für Resilienz und Wohlbefinden, auf die sich alle – Management, Personalabteilung und Mitarbeitende – einigen können. Es gibt ein gemeinsames Gefühl des Lernens und des gemeinsamen Aufbruchs. Und die klare Erfahrung, dass resiliente Mitarbeitende die Basis für wir-resiliente Unternehmen sind. Letzteres geht nicht ohne Ersteres. Punkt.

Einer unserer Kunden ist ein bekanntes Formel-1-Team. Es legt großen Wert auf Wohlbefinden und psychologische Sicherheit. Das Team ist fest davon überzeugt, dass diese beiden Faktoren für eine nachhaltige Leistung entscheidend sind. Wir haben mit einigen ihrer Teams an gezielten Interventionen zum Aufbau von Resilienzfähigkeiten gearbeitet. Es ist interessant zu sehen, dass sie in einem Umfeld, das so unerbittlich auf Leistung ausgerichtet ist – eine der wettbewerbsintensivsten Fertigungsindustrien der Welt – keinen Konflikt zwischen Resilienz und Leistung sahen. Sie akzeptierten, dass die beiden Konzepte eng miteinander verbunden sind. Und da sie in einer der wettbewerbsintensivsten Industrien der Welt erfolgreich sind, zeigen sie, wie ein Fokus auf Resilienz neben einem Fokus auf Leistung bestehen kann und sollte.

Es ist deutlich geworden, dass der Aufbau eines menschenzentrierten Unternehmens einen positiven Einfluss auf das Leben der Menschen und die Leistung des Unternehmens hat. Es freut uns zu sehen, wie unsere Resilienzprogramme auf das (Arbeits-) Leben der Menschen positiven Einfluss hat. Es gibt Schätzungen, die besagen, dass wir durchschnittlich ein Drittel unseres Lebens am Arbeitsplatz verbringen.[80] Wenn Sie also bei der Arbeit glücklich sind, wenn Sie sich bei der Arbeit entfalten können, trägt dies erheblich zu Ihrer allgemeinen Lebenszufriedenheit bei. Wenn Sie bei der Arbeit unglücklich sind – und das sind immer noch viel zu viele Menschen – dann wünsche ich Ihnen viel Glück dabei, das am Ende des Tages zu verdrängen. Wenn Sie sich die Zeit wegwünschen, die Sie bei der Arbeit verbringen, dann wünschen Sie sich das einzige Leben weg, das Sie haben. Und das ist gelinde gesagt nicht ideal.

Noch besser ist es, die Herausforderungen unserer Arbeit als Chance zum Lernen und Wachsen zu sehen. Es ist eine Chance für jeden von uns, resilienter, mitfühlender und weiser zu werden, indem wir uns gemeinsam auf den Weg machen, menschenzentrierte Praktiken in die Struktur unserer Arbeit zu integrieren. Wenn wir die Arbeitswelt menschlicher gestalten, werden wir auch resilienter.

Es sind die persönlichen Geschichten und das menschliche Feedback, die uns bei unserer Arbeit am meisten Freude bereiten. Ein besonders bewegender Moment war, als eine Führungskraft bei einer Mitarbeiterversammlung vor ihrem gesamten globalen Team sagte: „Sie haben mir geholfen, mein Leben als Führungskraft zu verbessern. Sie haben mir geholfen, mein Leben als Elternteil zu verbessern. Und Sie haben geholfen, das Leben der meisten von uns, die an dieser Reise teilgenommen haben, zu verbessern. Wir alle werden uns an diese gemeinsame Zeit erinnern."

Das sind Leben, die sich zum Besseren gewendet haben, und diese Rückmeldungen sind (glücklicherweise) nach unseren Resilienzreisen recht häufig. Es ist nicht übertrieben zu sagen, dass unsere Resilienzmaßnahmen tatsächlich Leben „gerettet" haben. Eine Reihe von Menschen haben aufgrund der Daten unserer HRV-Messungen ihren Arzt aufgesucht und lebensrettende Behandlungen erhalten. Dies wurde an die Unternehmensleitung zurückgemeldet, die ihren Mitarbeitenden diese Messungen zur Verfügung stellte. Es wurde wirklich Leben gerettet. Und allein wegen dieser Geschichten fühlen wir uns privilegiert, die Arbeit zu tun, die wir tun.

Mitarbeitende und Unternehmen auf dem Weg von der Resilienz zur Wir-Resilienz zu begleiten, ist vor allem eine Reise der Selbstentdeckung. Wir ermöglichen dem Einzelnen, die Arbeit als Mittel zur persönlichen Entwicklung und Selbstentwicklung zu nutzen. Alle Menschen verdienen es, sich zu entfalten. Und das sollte nicht mit dem Betreten des Büros enden.

KERNAUSSAGEN DIESES KAPITELS

- Ein zielgerichteter, kompetenzbasierter Ansatz ist erforderlich, um die Wir-Resilienz in Unternehmen zu stärken.
- Die erfolgreichsten Maßnahmen bestehen aus mehreren Komponenten, die über einen längeren Zeitraum und mit individuellen Messungen durchgeführt werden.
- In der Regel folgen wir einem achtstufigen Programm, um Wir-Resilienz in Organisationen zu verankern.
  1. Eine geeignete Gruppengröße wählen.
  2. Das Management an Bord holen.
  3. Einstieg über ein individuelles Resilienzscreening.
  4. Analyse der Resilienzdaten der gesamten Belegschaft.
  5. Gemeinsame Prioritäten mit dem Management festlegen.
  6. Konsequenten individuellen Resilienzaufbau sicherstellen.
  7. Parallel unternehmensweite Resilienz aufbauen.
  8. Messung der Ergebnisse.
- Diese Schritte führen häufig zu einer Reduktion von Burn-out und Stress bei den Mitarbeitenden und ermöglichen die menschliche Entfaltung am Arbeitsplatz.
- Dies wiederum kann zu mehr Kreativität, Produktivität und besseren Arbeitsergebnissen führen.

Die menschliche Entfaltung sollte nicht durch die Arbeit behindert werden. Wir hoffen, dass immer mehr Unternehmen wir-resilient werden und die Arbeit als Katalysator für persönliche Entwicklung und Veränderung dienen kann.

EPILOG:
EIN BRIEF AN DEN CEO

Sehr geehrte Damen und Herren,

viele Menschen in Ihrem Unternehmen sind der Meinung, dass Sie für das derzeit hohe Stressniveau verantwortlich sind und nicht genug tun, um Burn-out vorzubeugen.

Es liegt nicht allein in Ihrer Verantwortung, Stress am Arbeitsplatz zu reduzieren und Burn-out vorzubeugen. Es gibt 12 Resilienzfähigkeiten und drei Resilienzkompetenzen, und Ihre Mitarbeitenden können wählen, ob sie sich damit beschäftigen wollen (oder nicht). Diese Fähigkeiten oder Resilienz sind nicht unbedingt angeboren. Sie müssen wie jede andere Fähigkeit trainiert werden. Als CEO praktizieren Sie wahrscheinlich mindestens vier dieser Fähigkeiten und meistern mindestens eine oder zwei dieser Kompetenzen, auch wenn Sie sich dessen vielleicht nicht bewusst sind.

Als CEO können Sie mit gutem Beispiel vorangehen. Sie können deutlich machen, dass jeder diese Resilienzfähigkeiten kultivieren kann, da es sich nicht um Persönlichkeitsmerkmale handelt. Resilienz ist auch nicht einfach Durchhaltevermögen. Wenn Ihre Mitarbeiter diese Fähigkeiten trainieren, werden sie mit Sicherheit resilienter. Wenn Menschen Resilienzfähigkeiten trainieren, hat dies einen größeren Einfluss auf ihr Stressempfinden und ihr Wohlbefinden als die tatsächliche Anzahl der Stressoren, denen sie ausgesetzt sind – aber nur bis zu einem gewissen Punkt.

Es ist jedoch sehr wahrscheinlich, dass die meisten Ihrer Mitarbeitenden diesen Punkt bereits erreicht haben. Ihre Stressbelastung ist zu hoch, als dass sie sich zuverlässig mit den Dingen beschäftigen könnten, die sie resilienter machen. Viele sind also nicht in der Lage, Stress selbstwirksam zu regulieren. Dies macht deutlich, dass Resilienz nicht nur eine persönliche, sondern auch eine unternehmensweite Verantwortung ist.

Was können Sie und Ihr Unternehmen tun? Sie sollten sich darüber im Klaren sein, welche Resilienzfähigkeiten und -kompetenzen Sie bei Ihren Mitarbeitern entwickeln wollen. Dann sollten Sie sie dabei unterstützen, diese Resilienzfähigkeiten zu entwickeln, so wie Sie es auch mit allen anderen für das Unternehmen relevanten Fähigkeiten tun würden. Sie sollten sicherstellen, dass diese Fähigkeiten in den nächsten fünf Jahren kontinuierlich weiterentwickelt werden. Die Verantwortung für diese mehrjährige Resilienzreise sollte eher bei der Personal- oder der Weiterbildungsabteilung als bei einem Wohlbefindensteam liegen. Diese beiden Abteilungen sind für den systematischen Aufbau von Kompetenzen verantwortlich. Die Wohlbefindensabteilungen sind für Prävention, Behandlung und Rehabilitation zuständig.

Entscheidend ist der Aufbau von Resilienzfähigkeiten in der gesamten Organisation. Diese Fähigkeiten sollten den Menschen in den Mittelpunkt stellen und sich darauf konzentrieren, eine positive Sichtweise oder soziale Verbundenheit zu fördern, indem Gewohnheiten und Praktiken eingeführt werden, die dazu beitragen, diese Qualitäten in Ihrer Organisation zu verankern. Dies liegt in der Verantwortung der Führungskräfte. Resilienz muss klar verstanden und gemessen werden, und es müssen Ziele festgelegt werden. Diese Ziele sollten genauso wichtig sein wie die KPIs. Während die einzelnen Mitarbeitenden für ihre eigenen Resilienzfähigkeiten (aber nicht für ihre Resilienz) verantwortlich sind, ist es die Aufgabe des Unternehmens, sie bei der Entwicklung dieser Fähigkeiten zu unterstützen und sie im Arbeitsumfeld zu verankern.

Bisher haben unsere Daten gezeigt, dass Einzelpersonen mehr für die Entwicklung ihrer Resilienzfähigkeiten getan haben als die meisten Unternehmen für die Entwicklung ihrer organisationsweiten Resilienzfähigkeiten. Sie werden also wahrscheinlich den ersten Schritt machen müssen.

Es wird Herausforderungen geben. Ihr Unternehmen ist vielleicht gut im Marketing oder im Lieferkettenmanagement. Aber im Allgemeinen mangelt es den Unternehmen an den menschenorientierten Fähigkeiten, die für die Förderung der Wir-Resilienz erforderlich sind. Die gute Nachricht ist, dass Resilienzfähigkeiten an sich nicht komplex sind. Ihr Team wird sie nach einigen Versuchen gemeistert haben, vorausgesetzt, Ihr Unternehmen misst die Ergebnisse ernsthaft. Interessanterweise wird die Integration von Resilienzfähigkeiten Ihnen helfen, Stress und Burn-out zu reduzieren. Wenn Sie Ihr Unternehmen auf die Reise der Resilienz mitnehmen, wird dies zu mehr Engagement und Mitarbeiterbindung, Innovation und nachhaltiger Leistung führen. Und das wird sich positiv auf das Endergebnis auswirken.

Mit freundlichen Grüßen

Chris und Liane

ANHÄNGE

Anhang A: Resilienzkompetenzen

Kompetenzen	Beschreibung	Ergebnisse	Verbindungen zu Resilienz
Achtsame Selbstregulation	Die Kompetenz, unsere inneren und äußeren Zustände durch die Fähigkeiten der bewussten Atmung, der Entspannung, der interozeptiven Wahrnehmung, der Aufmerksamkeits- und Emotionsregulierung und der positiven Sichtweise zu regulieren.	Neurophysiologische Ergebnisse – erkennen und verändern unseres inneren Zustands von hoher Erregung und negativer Valenz zu neutral bis positiv. Psychologische Ergebnisse – uns selbst erkennen und uns selbst akzeptieren. Gewahrsein unserer eigenen Denk- und Gefühlsmuster. Erkennen unserer Schwächen und Stärken. Kohärenz und Selbstvertrauen. Selbstregulionsfähigkeit. Nein sagen können, sich selbst umsorgen. Eine gute mentale und emotionale Hygiene aufrechterhalten.	Die Fähigkeiten zur Selbstregulation beruhen auf Selbstbeobachtung, Selbsteinschätzung und Selbstintervention. Diese Kompetenz steht in engem Zusammenhang mit einem klaren und kohärenten Selbstkonzept und dem Gefühl der Selbstwirksamkeit oder Autonomie und Kompetenz, zwei zentralen psychologischen Bedürfnissen.
Gesunde Gewohnheiten	Die Kompetenz, selbst unter schwierigen Umständen positive körperbezogene Verhaltensweisen wie Bewegung, Schlaf und gesunde Ernährung zu praktizieren.	Physiologische Ergebnisse – gesunde Herz-, Verdauungs- und Immunfunktion, hohes Energieniveau und Vitalität. Die physiologische Intervention führt zu einer Veränderung der emotionalen Valenz und der Aktivierung des Nervensystems. Psychologische Ergebnisse – Bewegung, guter Schlaf und gute Ernährung vermitteln ein Gefühl des Wohlbefindens, das zu Selbstwertgefühl und Selbstvertrauen beiträgt. Verhaltensergebnisse – wissen, wie wir unsere physiologischen Bedürfnisse befriedigen können, und daran festhalten, auch in schwierigen Zeiten.	Gute Körpergewohnheiten vermitteln uns ein körperliches Wohlbefinden, was wiederum das Selbstvertrauen positiv beeinflusst. Das Ausüben dieses Verhaltens und das Erleben der Ergebnisse (z. B. sportliche Erfolge) tragen zur Selbstwirksamkeit und insbesondere zum Gefühl der Kompetenz bei (weniger jedoch zur Autonomie und zur Verbundenheit).

Kompetenzen	Beschreibung	Ergebnisse	Verbindungen zu Resilienz
Soziale Integration	Die Kompetenz, eine gute Verbindung zu den positiven Dingen im Leben, zu unserem Lebenssinn und zu anderen Menschen aufrechtzuerhalten – und sich nicht ausschließlich auf uns selbst oder unsere Probleme zu konzentrieren.	Neurophysiologische Ergebnisse – Verschiebung unseres inneren Zustands hin zu einer positiven Valenz, geringere Aktivierung und Stärkung des Netzwerks für soziales Engagement. Psychologische Ergebnisse – leben mit einem Gefühl von Bedeutung und Verbundenheit, Teil eines Ganzen zu sein. Das Gefühl, gesehen zu werden und integriert zu sein, ein Gefühl der Wirksamkeit in der Welt zu haben. Verhaltensergebnisse – Aufrechterhaltung eines guten sozialen Gefüges und Netzwerks, anderen helfen, regelmäßig neue Dinge ausprobieren und neue Fähigkeiten erlernen.	Positive Beziehungen zu anderen führen zu einem positiven Selbstwertgefühl und Selbstvertrauen. Das Gefühl der Verbundenheit erfüllt tiefere Bedürfnisse nach Bezogenheit.

Anhang B: Studienübersicht

Es gibt zahlreiche Studien zu den Faktoren, die zu wirksamen Interventionen rund um Wohlbefinden und Resilienz am Arbeitsplatz beitragen. Wir haben die Studien gesichtet und die Ergebnisse in sechs Kategorien eingeteilt. Für jede Kategorie wird eine Punktzahl zwischen 5 und 15 vergeben, wenn es Belege dafür gibt, dass dieser Faktor einen Einfluss auf die Resilienz hat.

(Weitere Informationen finden Sie auf unserer Website). Für unsere Diskussion hier konzentrieren wir uns auf zwei der oben genannten Kategorien, nämlich den Ansatz und die Interventionen selbst. In der Kategorie „Ansatz" gibt es sieben Punkte, für die es Belege dafür gibt, dass diese zu besseren Ergebnissen in Bezug auf das Wohlbefinden am Arbeitsplatz führt.

Unser Ansatz zur Verankerung von Wir-Resilienz in Organisationen

Wir berücksichtigen die folgenden evidenzbasierten Aspekte in unserem Ansatz, um Wohlbefinden und Resilienz am Arbeitsplatz zu verbessern.

Aspekt	Beschreibung
Holistisch	Ein breiter, ganzheitlicher Ansatz, der Leistung und soziales Wohlergehen einbezieht, statt eines engen kostenbasierten Ansatzes.
Mehrstufiger Ansatz	Verfolgt einen mehrstufigen Ansatz für das psychische Wohlbefinden am Arbeitsplatz, indem organisationsweite Maßnahmen die Grundlage für ein gutes psychisches Wohlbefinden bilden. Auf die erste (unterste) Stufe sollten individuelle Ansätze (die zweite Stufe) und gezielte Ansätze (die dritte Stufe) folgen.
Gezielt	Zielgerichtet auf bestimmte Teile der Population und bestimmte Bedürfnisse, um spezifische Auswirkungen zu gewährleisten.
Individualisiert	Basierend auf einer individuellen Messung und den persönlichen Bedürfnissen.
Kompetenzbasiert und präventionsbasiert	Aufbau von Fähigkeiten für Wohlbefinden und Prävention, nicht für Rehabilitation.
Experimente	Interventionen sollen getestet und die Ergebnisse gemessen werden.
Organisationsweit	Ansätze auf individueller Ebene müssen mit organisationsweiten Strategien zur Reduzierung von Arbeitsstress abgestimmt werden.

All diese Faktoren weisen darauf hin, dass ein gezielter, kompetenzbasierter Ansatz erforderlich ist, um Wir-Resilienz in einem Unternehmen aufzubauen. Ein Ansatz, der sowohl den Einzelnen als auch das Unternehmen einbezieht.

Wichtige Komponenten unserer Wir-Resilienz-Interventionen

Die folgende Tabelle fasst zusammen, wie wir Resilienz-Interventionen auf Unternehmensebene typischerweise umsetzen, basierend auf bewährten Verfahren und unseren Wirksamkeitsstudien.

Aspekt	Beschreibung
Mehrere Komponenten	Eine Reihe zusammenhängender Maßnahmen ist in der Regel wirksamer. Alle untersuchten erfolgreichen Fälle beinhalteten eine Reihe von Workshops oder Aktivitäten. Einzelne Interventionen oder Sitzungen haben in der Regel nur eine begrenzte Wirkung.

Aspekt	Beschreibung
Soziale Komponenten	Wohlbefindenstrainings haben eine viel größere Chance, wirksam zu sein, wenn sie soziale Komponenten wie Dialog, Gruppenarbeit und Diskussionen beinhalten.
Kompetenzbasiert	Persönliches, Resilienz-basiertes Kompetenztraining ist in vielen Bereichen anwendbar, auch im privaten Bereich. Das bedeutet, dass es nachhaltiger ist.
Spaß und Neuartigkeit	Neuartige Maßnahmen, die Spaß machen, finden bei den Mitarbeitenden mehr Anklang.
Praktikabilität	Interventionen müssen leicht zugänglich und nicht zu beschwerlich sein.
Mobiler Zugriff	Wohlbefindensmaßnahmen sollten über einen mobilen Zugriff für die laufende Nutzung verfügen, entweder online oder über Smartphones.
Qualität	Hochwertige Programme wirken sich auf die Ergebnisse aus.
Mechanismen-aktivierung	Es ist wichtig, dass die Intervention die beabsichtigten Resilienzmechanismen aktiviert. Es muss ein klares Verständnis des kausalen Mechanismus vorhanden sein, auf den die Intervention einwirken soll. Wenn nicht klar ist, auf welchen Mechanismus die Intervention wirken soll, ist die Wahrscheinlichkeit geringer, dass sie wirksam ist.
Sequenzierung	Eine geplante Abfolge von Aktivitäten, einschließlich Bedarfs- und Risikoanalysen, führt zu erfolgreicheren Interventionen. Darauf sollten Workshops, Peer-Group-Learning und anderes folgen.
Kontinuität des Lernens	Ein entscheidender Erfolgsfaktor für Resilienz-Interventionen ist die Kontinuität in der Umsetzung, Anpassung oder Aufrechterhaltung der Intervention.
Innovation in der Umsetzung	Innovationen in der Umsetzung von Wohlbefindensinterventionen sind notwendig.
Portfolio von Interventionen	Unternehmen benötigen einen Mix verschiedener Interventionen, um die Herausforderungen zu bewältigen, mit denen ihre Mitarbeitenden konfrontiert sind.
Gute Organisation	Gute Organisation durch Arbeitsmediziner oder Personalfachleute.
Gruppeneffekte	Gesundheitsinitiativen in der Gruppe zeigen gute Ergebnisse.
Soziales Lernen als Teil von E-Learning	E-Learning-Interventionen sollten eine Komponente des Gruppenlernens enthalten, da sie sonst in der Regel nicht effektiv für die Resilienz sind.
Evidenzbasierte Programme	Programme müssen evidenzbasiert sein.
Mehrere Optionen und Modalitäten für die Programmdurchführung	Organisationen sollten mehrere Optionen und Modalitäten für die Programmdurchführung nutzen, um Reichweite und Tiefe zu erzielen.

Die erfolgreichsten Interventionen sind daher wahrscheinlich kompetenzfördernde Interventionen mit mehreren Komponenten über einen längeren Zeitraum, die individuelle Messungen beinhalten und mit einem klaren kausalen Verständnis der Wirkungsmechanismen und mit Gruppenkomponenten durchgeführt werden.

Anmerkungen

EINLEITUNG: RESILIENZ – EINE ANTWORT AUF DIE HEUTIGEN HERAUSFORDERUNGEN

1 ‚Seizing the Momentum to Build Resilience for a Future of Sustainable Inclusive Growth', *World Economic Forum*, Januar 2023, https://www3.weforum.org/docs/WEF_Resilience_Consortium_2023.pdf, abgerufen am 22. Mai 2023, S. 3.

2 Douglas Rushkoff, ‚Evolution Made Us Cooperative, Not Competitive', *Medium*, 6. November 2016, https://medium.com/team-human/evolution-made-us-cooperative-not-competitive-60704d8fe49d, abgerufen am 11. Juli 2023.

3 Tom Stafford, ‚Why are we so curious?', *BBC Future*, 19. Juni 2022, https://www.bbc.com/future/article/20120618-why-are-we-so-curious, abgerufen am 11. Juli 2023.

4 David Eagleman, *Livewired: The Inside Story of the Ever-Changing Brain* (London: Canongate Books, 2021).

5 John H. Gilmore, Rebecca Knickmeyer Santelli und Wei Gao, ‚Imaging structural and functional brain development in early childhood', *National Review Neuroscience*, vol. 16: no. 19 (Februar 2018), S. 123–137, https://www.ncbi.nlm.nih.gov/pmc/articles/PMC5987539/, abgerufen am 11. Juli 2023.

6 ‚How Can Childhood Trauma Affect Learning', *Psychology Central*, 19. April 2022, https://psychcentral.com/ptsd/complex-ptsd-trauma-learning-and-behavior-in-the-classroom#trauma-and-the-brain, abgerufen am 11. Juli 2023.

7 ‚Fight-or-flight response', *Wikipedia*, https://en.wikipedia.org/wiki/Fight-or-flight_response, abgerufen am 11. Juli 2023.

8 Pedro Morgado und Joao J. Cerqueira, ‚The Impact of Stress on Cognition and Motivation', *Frontiers in Behavioural Neuroscience*, vol. 12: no. 326 (Dezember 2018), https://www.frontiersin.org/articles/10.3389/fnbeh.2018.00326/full, abgerufen am 11. Juli 2023.

9 ‚State of the Global Workplace 2022 Report', *Gallup*, 2022, https://www.gallup.com/workplace/349484/state-of-the-global-workplace.aspx?campaignid=18945816141&adgroupid=143633586437&adid=635680356863&gclid=Cj0KCQjw7PCjBhDwARIsANo7CgkqFvq_bVzST4IyKCJsk-p5HNTeVAR_dnPy1U8CrEeUaesjpQAXywKwaAgkrEALw_wcB, abgerufen am 5. Mai 2023.

10 John F. Helliwell, Richard Layard, Jeffrey D. Sachs, Jan-Emmanuel De Neve, Lara B. Aknin und Shun Wang, *World Happiness Report 2022*, https://happiness-report.s3.amazonaws.com/2022/WHR+22.pdf, abgerufen am 5. Juni 2023.

11 T. Smeets, P. van Ruitenbeek, B. Hartogsveld und Conny W.E.M Quaedflieg, ‚Stress-induced habitual behaviour is moderated by cortisol', *Brain and Cognition*, vol. 133 (Juli 2019), S. 60–71, https://www.sciencedirect.com/science/article/pii/S0278262618300460, abgerufen am 11. Juli 2023.

12 Lorenz Goette, Samuel Bendahan, John Thoresen, Fiona Hollis und Carmen Sandi, ‚Stress pulls us apart: Anxiety leads to differences in competitive confidence under stress', *Psychoneuroendocrinology*, vol. 54 (April 2015), S. 115–123, https://www.sciencedirect.com/science/article/pii/S0306453015000335, abgerufen am 11. Juli 2023.

13 ‚Corporate Wellness Market: Global Industry Trends, Share, Size, Growth, Opportunity and Forecast 2023–2028', *International Market Analysis Research and Consulting Group (IMARC)*, https://www.imarcgroup.com/corporate-wellness-market, abgerufen am 23. Mai 2022.

14 M. Rigo, N. Dragano, M. Wahrendorf, J. Siegrist und T. Lunau, ‚Work stress on rise? Comparative analysis of trends in work stressors using the European working conditions survey', *International Archives of Occupational and Environmental Health*, vol. 94 (2021), S. 459–474, https://www.ncbi.nlm.nih.gov/pmc/articles/PMC8032584/, abgerufen am 11. Juli 2023.

15 Mady Peterson, ‚Understanding corporate wellness program costs as investments', *Limeade*, https://www.limeade.com/resources/blog/corporate-wellness-program-costs/, abgerufen am 11. Juli 2023.

KAPITEL 1: VERBREITETE MYTHEN ÜBER RESILIENZ

16 ‚Resilience', *Dictionary.com*, https://www.dictionary.com/browse/resilience, abgerufen am 22. Mai 2023.
17 Stefan Gößling-Reisemann, Hans Dieter Hellige und Pablo Their, ‚The Resilience Concept: From its historical roots to theoretical framework for critical infrastructure design', *ARTEC Forschungszentrum Nachhaltigkei*, vol. 217 (Juni 2018), https://media.suub.uni-bremen.de/bitstream/elib/4775/1/217_paper.pdf, abgerufen am 26. Juni 2023.
18 Ebd.
19 Bruce S. McEwen, ‚Neurobiological and Systemic Effects of Chronic Stress', *Chronic Stress*, vol. 1: no. 1 (2017), S. 1–11, https://www.ncbi.nlm.nih.gov/pmc/articles/PMC5573220/, abgerufen am 11. Juli 2023.
20 Bessel van der Kolk, *Das Trauma in dir: Wie der Körper den Schrecken festhält und wie wir heilen können* (Berlin: Ullstein, 2023) und Gabor Mate, *Unruhe im Kopf: Über die Entstehung und Heilung der Aufmerksamkeitsdefizitstörungen ADHS* (Kandern: Unimedica, 2021).
21 Robert M. Sapolsky, *Behave: The Biology of Humans at Our Best and Worst* (London: Penguin, 2017).
22 J. Michael McGinnis, Pamela Williams-Russo und James R. Knickman, ‚The Case for More Active Policy Attention To Health Promotion', *Health Affairs*, vol. 21: no. 2 (März/April 2002) S. 78–93, https://doi.org/10.1377/hlthaff.21.2.78, abgerufen am 22. Mai 2023.
23 Kosuke Niitsu, Michael J. Rice, Julia F. Houfek, Scott F. Stoltenberg, Kevin A. Kupzyk und Cecilia R. Barron, ‚A Systemic Review of Genetic Influences on Psychological Resilience', *Biological Research for Nursing*, vol. 21: no. 1 (Januar 2019), S. 61–71, https://pubmed.ncbi.nlm.nih.gov/30223673/, abgerufen am 22. Mai 2023.

KAPITEL 2: UNSERE INNERE LANDSCHAFT NAVIGIEREN

24 ‚Mesolimbic Pathway', *Wikipedia*, https://en.wikipedia.org/wiki/Mesolimbic_pathway, abgerufen am 11. Juli 2023.
25 ‚Fight-or-flight response', *Wikipedia*, https://en.wikipedia.org/wiki/Fight-or-flight_response, abgerufen am 11. Juli 2023.
26 ‚Parasympathetic nervous system', *Wikipedia*, https://en.wikipedia.org/wiki/Parasympathetic_nervous_system, abgerufen am 11. Juli 2023.
27 ‚Eustress', *Wikipedia*, https://en.wikipedia.org/wiki/Eustressc.
28 ‚Valence (psychology)', *Wikipedia*, https://en.wikipedia.org/wiki/Valence_(psychology), abgerufen am 11. Juli 2023.
29 Lisa Feldman Barrett, *Wie Gefühle entstehen: Eine neue Sicht auf unsere Emotionen* (Hamburg: Rowohlt Polaris).
30 ‚Emotion classification', *Wikipedia*, https://en.wikipedia.org/wiki/Emotion_classification, abgerufen am 11. Juli 2023.
31 Otto C. Scharmer, *Theory U: Learning from the Future as It Emerges* (Oakland: Berrett-Kohler, 2009).

KAPITEL 3: DIE 12 WICHTIGSTEN RESILIENZFÄHIGKEITEN

32 Flurin Cathomas, James W. Murrough, Eric J. Nesser, Ming-Hu Han und Scott J. Russo, ‚Neurobiology of Resilience: Interface Between Mind and Body, Biological Psychiatry,' *Biological Psychiatry*, vol. 15: no. 86 (September 2019), S. 410–420, https://www.ncbi.nlm.nih.gov/pmc/articles/PMC6717018/10.1016/j.biopsych.2019.04.01; Richard G. Hunter, Jason D. Gray und Bruce S. McEwen, ‚The Neuroscience of Resilience', *Social Work and Neuroscience*, vol. 9: no. 2 (Sommer 2018), S. 175–359, https://www.journals.uchicago.edu/doi/epdf/10.1086/697956 , beide abgerufen am 7. September 2023.
33 Johann Hari, ‚Your attention didn't collapse. It was stolen', *The Guardian*, 2. Januar 2022, https://www.theguardian.com/science/2022/jan/02/attention-span-focus-screens-apps-smartphones-social-media, abgerufen am 7. September 2023.
34 Carlos Osório, Thomas Probert, Edgar Jones, Alan H. Young und Ian Robbins, ‚Adapting to Stress: Understanding the Neurobiology of Resilience', *Behavioural Medicine*, vol. 43: no. 4 (April 2021), S. 307–322, https://pubmed.ncbi.nlm.nih.gov/27100966/, abgerufen am 7. September 2023.

35 Jenny Jing Wen Liu, Natalie Ein, Julia Gervasio, Mira Battaion und Kenneth Fung, ‚The Pursuit of Resilience: A Meta-Analysis and Systematic Review of Resilience-Promoting Interventions', *Journal of Happiness Studies*, vol. 23 (2022), S. 1771–1791, https://link.springer.com/article/10.1007/s10902-021-00452-8#auth-Julia-Gervasio-Aff2, abgerufen am 7. September 2023.

36 Lindsay Haskett, Dominique Doster, Dimitrios Athanasiadis, Nicholas Anton, Elizabeth Huffman, Paul Wallach, Emily Walvoord, Dimitrios Stefanidis, Sally Mitchell und Nicole Lee, ‚Resilience matters: Student perceptions of the impact of COVID-19 on medical education', *American Journal of Surgery*, vol. 224 (Juli 2022), S. 358–362, https://pubmed.ncbi.nlm.nih.gov/35123769/, abgerufen am 7. September 2023.

KAPITEL 4: RESILIENZKOMPETENZEN UND -PROFILE

37 Wir haben 900 Befragten 30 Fragen zu ihren Resilienzfähigkeiten, 12 Fragen zu wichtigen organisationalen Ergebnissen und acht Fragen zu Stressoren gestellt. Die Antwortmöglichkeiten waren auf einer fünfstufigen Likert-Skala von ‚stimme überhaupt nicht zu' bis ‚stimme voll zu'.

38 Adam Grant, *Geben und Nehmen: Warum Egoisten nicht immer gewinnen und hilfsbereite Menschen weiterkommen* (München: Droemer, 2016).

39 Regina Guthold, Gretchen A. Stevens, Leanne M. Riley und Fiona C. Bull, ‚Worldwide trends in insufficient physical activity from 2001 to 2016: a pooled analysis of 358 population-based surveys with 1.9 million participants', *The Lancet*, vol. 6: no. 10 (October 2018), S. 1077–1086, https://www.thelancet.com/action/showPdf?pii=S2214-109X%2818%2930357-7, abgerufen am 8. September 2023.

KAPITEL 5: DIE BEDEUTUNG VON ACHTSAMKEIT FÜR RESILIENZ

40 Howard Hughes Medical Institute, ‚Cosmological thinking meets neuroscience in new theory about brain connections', *Science Daily*, 30. Juni 2022, https://www.sciencedaily.com/releases/2022/06/220630134842.html, abgerufen am 11. September 2023.

41 Smirnova, Lena & Caffo, Brian & Gracias, David & Huang, Qi & Morales Pantoja, Itzy Erin & Tang, Bohao & Zack, Don & Berlinicke, Cynthia & Boyd, J. & Harris, Timothy & Johnson, Erik & Kagan, Brett & Kahn, Jeffrey & Muotri, Alysson & Paulhamus, Barton & Schwamborn, Jens & Plotkin, Jesse & Szalay, Alexander & Vogelstein, Joshua & Hartung, Thomas. (2023). Organoid intelligence (OI): the new frontier in biocomputing and intelligence-in-a-dish. *Frontiers in Science.* 1.1017235. 10.3389/fsci.2023.1017235.

42 Yalda T. Uhls, Minas Michikyan, Jordan Morris, Debra Garcia, Gary W. Small, Eleni Zgourou und Patricia M. Greenfield, ‚Five days at outdoor education camp without screens improves preteen skills with nonverbal emotion cues', *Computers in Human Behaviour*, vol. 39 (Oktober 2014), S. 387–392, https://www.sciencedirect.com/science/article/pii/S0747563214003227, abgerufen am 11. September 2023.

43 Jane Wakefield, ‚People devote third of waking time to mobile apps', *BBC News*, 12. Januar 2022, https://www.bbc.co.uk/news/technology-59952557, abgerufen am 11. September 2023.

44 Für einen ausführlichen Überblick über die Vorteile der Achtsamkeit siehe Daniel Goleman und Richard Davidson, *Altered Traits: Science Reveals How Meditation Changes Your Mind, Brain, and Body* (London: Avery Publishing, 2017).

45 ‚Mental Wellbeing at Work', National Institute of Health and Care Excellence, 2. März 2022, https://www.nice.org.uk/guidance/ng212/resources/mental-wellbeing-at-work-pdf-66143771841733, abgerufen am 11. September 2023.

46 Van Agteren, J., Iasiello, M., Lo, L. et al., A systematic review and meta-analysis of psychological interventions to improve mental wellbeing. *Nature Human Behaviour* 5, S. 631–652 (2021). https://doi.org/10.1038/s41562-021-01093-w.

47 Yi-Yuan Teng et al., ‚Central and autonomic nervous system interaction is altered by short-term meditation', *The Proceedings of the National Academy of Sciences*, vol. 106: no. 22 (Juni 2009), S. 8865–8870, https://www.pnas.org/doi/10.1073/pnas.0904031106, abgerufen am 11. September 2023.

48 Laura Llona Urrila, ‚From personal wellbeing to relationships: A systematic review on the impact of mindfulness interventions and practices on leaders, *Human Resource Management Review*, vol. 32: no. 3 (2022), S. 1053–482, https://www.sciencedirect.com/science/article/pii/S1053482221000164; Silke Rupprecht, Pia Falke, Niko Kohls, Chris Tamdjidi, Marc Wittmann

und Wendy Kersemaekers, ‚Mindful Leader Development: How Leaders Experience the Effects of Mindfulness Training on Leader Capabilities', *Frontiers in Psychology*, vol. 10: no. 1081 (Mai 2019), https://www.frontiersin.org/articles/10.3389/fpsyg.2019.01081/full, beide abgerufen am 11. September 2023.

KAPITEL 6: UNSERE RESILIENZFÄHIGKEITEN ENTWICKELN

49 Siehe Ivana Cacciatori, Chiara Grossi, Ciro D'Auria, Asia Bruneri und Camilla Casella, ‚Resilience skills as a protective factor against burnout for health professionals: a cross-sectional study on new hires from the hospital of Lodi', *Journal of Italian Medicine*, vol. 43: no. 2 (Juni 2021), S. 131–136. https://pubmed.ncbi.nlm.nih.gov/34370923/#:~:text=Results%20show%20a%20significative%20correlation,the%20same%20dimensions%20mentioned%20above; Catherine Cohen, Silvia Pignata, Eva Bezak, Mark Tie und Jessie Childs, ‚Workplace interventions to improve well-being and reduce burnout for nurses, physicians and allied healthcare professionals: a systematic review', *BMJ Open*, vol. 13: no. 6 (Juni 2023), https://pubmed.ncbi.nlm.nih.gov/37385740/, abgerufen am 17. Dezember 2023.

50 ‚Mental health and employers: refreshing the case for investment', Deloitte, https://www2.deloitte.com/uk/en/pages/consulting/articles/mental-health-and-employers-refreshing-the-case-for-investment.html, abgerufen am 15. Dezember 2023.

51 Daniel Goleman und Richard Davidson, *Altered Traits: Science Reveals How Meditation Changes Your Mind, Brain, and Body* (London, Avery Publishing 2017).

52 (NIH News in Health, 2015).

53 (Jabr, 2011).

54 Mazwell Maltz, *Psychokybernetik: Nutzen Sie die Macht Ihres Unbewussten* (München: FinanzBuch Verlag, 2022).

KAPITEL 7: VOM ICH ZUM WIR – DIE BEDEUTUNG DER UNTERNEHMENSKULTUR

55 Sigal G. Barsade, ‚The Ripple Effect: Emotional Contagion and its Influence on Group Behaviour', *Administrative Science Quarterly*, vol. 47: no. 4 (Dezember 2022), https://journals.sagepub.com/doi/abs/10.2307/3094912, abgerufen am 14. Dezember 2023.

56 John F. Helliwell, Richard Layard, Jeffrey D. Sachs, Jan-Emmanuel De Neve, Lara B. Aknin und Shun Wang, *World Happiness Report 2022*, https://happiness-report.s3.amazonaws.com/2022/WHR+22.pdf, abgerufen am 5. Juni 2023.

57 Robert Waldinger und Mar Schulz, ‚An 85-year Harvard study found the No. 1 thing that makes us happy in life: It helps us ‚live longer', *NBC*, 10. Februar, 2023, https://www.cnbc.com/2023/02/10/85-year-harvard-study-found-the-secret-to-a-long-happy-and-successful-life.html#:~:text=Contrary%20to%20what%20you%20might,Period., abgerufen am 14. Dezember 2023.

58 Rose Gailey, Ian Johnston und Andrew LeSueur, ‚Aligning Culture with the Bottom Line: How Companies Can Accelerate Progress', Hedric and Struggles, https://www.heidrick.com/-/media/heidrickcom/publications-and-reports/aligning-culture-with-the-bottom-line.pdf, 2023, abgerufen am 14. Dezember 2023.

59 Donald Sull, Charles Sull und Ben Zweig, ‚Toxic Culture Is Driving the Great Resignation', *MIT Sloan Management Review*, 11. Januar 2022, https://sloanreview.mit.edu/article/toxic-culture-is-driving-the-great-resignation/, abgerufen am 14. Dezember 2023.

KAPITEL 8: WIE MAN RESILIENZFÄHIGKEITEN AUF UNTERNEHMENSEBENE AUFBAUT

60 Benjamin Laker, Vijay Pereira, Pawan Budhwar und Ashish Malik, ‚The Surprising Impact of Meeting-Free Days', *MIT Sloan Management Review*, 18. Januar 2022, https://sloanreview.mit.edu/article/the-surprising-impact-of-meeting-free-days/, abgerufen am 17. Dezember 2022.

61 Tiffany Burns und Erica Coe, ‚Beyond Burnout: What helps – and what doesn't, *McKinsey Health Institute*, 7. Oktober 2022, https://www.mckinsey.com/mhi/our-insights/beyond-burnout-what-helps-and-what-doesnt, abgerufen am 15. Dezember 2023.

KAPITEL 9: RESILIENZFÄHIGKEITEN IM TEAM

62 Gensler Research Institute, *U.S Workplace Survey 2019*, https://www.gensler.com/doc/u-s-workplace-survey-2019.pdf, abgerufen am 26. September 2023.

63 David Day und Lisa Dragoni, ‚Leadership development: An outcome-oriented review based on time and levels of analyses', *Annual Review of Organizational Psychology and Organizational Behavior*, vol. 2 (2015), S. 133–156, https://doi.org/10.1146/annurev-orgpsych-032414-111328, abgerufen am 17. Dezember 2023.

64 Eppler, M. J. und Kernbach, S. (2021), *Meet Up! Better Meetings Through Nudging*, Cambridge University Press, Cambridge

65 Charles Duhigg, ‚What Google Learned From Its Quest to Build the Perfect Team', *The New York Times Magazine*, 25. Februar 2016, https://www.nytimes.com/2016/02/28/magazine/what-google-learned-from-its-quest-to-build-the-perfect-team.html, abgerufen am 27. September 2023.

66 Anita Williams Woolley, Christopher F. Chabris, Alex Pentland, Nada Hashmi und Thomas W. Malone, ‚Evidence for a collective intelligence factor in the performance of human groups', *Science*, vol 29: no. 330 (September 2010), S. 686–688, https://pubmed.ncbi.nlm.nih.gov/20929725/, abgerufen am 27. September 2023.

67 Vanessa Urch Druskat und Steven B. Wolff, ‚Building the Emotional Intelligence of Groups', *Harvard Business Review*, März 2001, https://hbr.org/2001/03/building-the-emotional-intelligence-of-groups, abgerufen am 28. September 2023.

KAPITEL 10: DIE BEDEUTUNG RESILIENTER FÜHRUNGSKRÄFTE

68 Tait D. Shanafelt, Grace Gorringe, Ronald Menaker, Kristin A. Storz, David Reeves, Steven J. Buskirk, Jeff A. Sloan, and Stephen J. Swensen, ‚Impact of organizational leadership on physician burnout and satisfaction', *Mayo Clinic Proceedings*, vol. 90: no. 4 (April 2015), S. 432–420, https://pubmed.ncbi.nlm.nih.gov/25796117/, abgerufen am 28. September, 2023.

69 Jared Spataro, ‚A pulse on employees' wellbeing, six months into the pandemic', *Microsoft Work Trends Index*, September 22, 2020, abgerufen am 28. September 2023.

70 ‚The great rebalancing: priorities and work-life balance in a hybrid working environment', *The Economist Impact*, 2022, https://impact.economist.com/projects/nextpectations/executive-summary/, abgerufen am 29. September 2023.

71 Naina Dhingra, Andrew Samo, Bill Schaninger und Matt Schrimper, ‚Help your employees find purpose – or watch them leave', *McKinsey*, 5. April 2021, https://www.mckinsey.com/capabilities/people-and-organizational-performance/our-insights/help-your-employees-find-purpose-or-watch-them-leave, abgerufen am 29. September 2023.

72 Antonia J. Kaluza, Nina M. Junker, Sebastian C. Schuh, Pauline Raesch, Nathalie K. von Rooy, Rolf van Dick, ‚A leader in need is a leader indeed? The influence of leaders' stress mindset on their perception of employee well-being and their intended leadership behaviour', *Applied Psychology*, vol. 71: no. 4 (Oktober 2021), S. 1347–1384, https://iaap-journals.onlinelibrary.wiley.com/doi/full/10.1111/apps.12359, abgerufen am 29. September 2023.

73 Dana L. Joseph, Lindsay Y. Dhanani, Winny Shen, Bridget C. McHugh, Mallory A. McCord, ‚Is a happy leader a good leader? A meta-analytic investigation of leader trait affect and leadership,' *The Leadership Quarterly*, Vol. 26: no. 4 (2015), S. 557–576, https://doi.org/10.1016/j.leaqua.2015.04.001, abgerufen am 14. Dezember 2023.

74 PA Media, ‚Healthy habits extend disease-free life ‚by up to a decade'', *The Guardian*, 8. Januar 2020, https://www.theguardian.com/society/2020/jan/08/healthy-habits-extend-disease-free-life-by-up-to-a-decade, abgerufen am 29. September 2023.

75 Inceoglu Ilke, Geoff Thomas, Chris Chu, David Plans und Alexandra Gerbasi, ‚Leadership behaviour and employee well-being: An integrated review and a future research agenda', *The Leadership Quarterly*, vol. 29 (Februar 2019), S. 179–202, 10.1016/j.leaqua.2017.12.006.

76 Jeffrey D. Sachs et al., ‚Global Happiness and Wellbeing: Policy Report: 2019', *Global Council for Happiness and Wellbeing*, https://s3.amazonaws.com/ghwbpr-2019/UAE/GHWPR19.pdf, abgerufen am 14. Dezember 2023.

KAPITEL 11: WARUM RESILIENZ EINE UNTERNEHMENS-VERANTWORTUNG IST

77 Sheryl Warttig, Mark Forshaw, Jane South und Alan White, ‚New, normative, English-sample data for the Short Form Perceived Stress Scale (PSS-4)', *Journal of Health Psychology,* vol. 18: no. 12 (2013), S. 1617–1628, doi:10.1177/1359105313508346, abgerufen am 14. Dezember 2023.

78 Sheldon Cohen, Tom Kamarck und Robin Mermelstein, ‚A global measure of perceived stress', *Journal of Health and Social Behaviour,* vol. 24: no. 4 (1983), S. 385–396, https://doi.org/10.2307/2136404, abgerufen am 15. Dezember 2023.

KAPITEL 12: WIR-RESILIENZ IN ORGANISATIONEN VERANKERN

79 Robin Dunbar, *Friends: Understanding the Power of our Most Important Relationships* (London: Little Brown, 2021).

80 ‚On third of your life is spent at work', *Gettysburg College*, https://www.gettysburg.edu/news/stories?id=79db7b34-630c-4f49-ad32-4ab9ea48e72b, abgerufen am 6. Oktober 2023.

Über Awaris

Seit seiner Gründung in Deutschland im Jahr 2009 hat Awaris eine klare Mission: die mentalen, emotionalen und kollaborativen Fähigkeiten von Menschen in Unternehmen zu stärken. Awaris unterstützt Teams und Führungskräfte dabei, die inneren Entwicklungsfähigkeiten zu erlernen, die notwendig sind, um die heutigen Herausforderungen am Arbeitsplatz in Bereichen wie Resilienz, nachhaltige Leistung, Zusammenarbeit und Führung zu bewältigen. Wir hoffen, auf diese Weise die Herzen und Köpfe der Menschen zum Besseren zu verändern.

Seit 2012 hat Awaris mit 250 Unternehmen zusammengearbeitet und 50.000 Mitarbeitende geschult. Dazu gehören Bosch, Audi, HSBC, Hilti, die Deutsche Bahn, SNCF, Loreal, Novartis sowie Parlamentsabgeordnete der EU und Großbritanniens. Dieses Buch basiert auf Resilienzdaten, die wir von mehr als 2.000 Menschen, 150 Teams und 30 Organisationen gesammelt haben. Es baut auf unserem kontinuierlichen Engagement auf, die neueste wissenschaftliche Forschung zum Thema Resilienz auszuwerten, sowie auf einigen Schlussfolgerungen aus unserer eigenen internen Forschung (https://awaris.co.uk/insights/). Letztendlich ist dieses Buch das Ergebnis von mehr als einem Jahrzehnt Arbeit, in dem wir die besten Methoden zum Aufbau von Resilienz auf individueller, Team- und Organisationsebene verfeinert haben. Wir freuen uns, Sie daran teilhaben zu lassen.

Über die Autoren

Chris Tamdjidi ist einer der beiden Geschäftsführer von Awaris. Er hat mehr als 30 Jahre Erfahrung mit Achtsamkeit. Unter anderem leitete er sieben Jahre lang ein Netzwerk von 70 Achtsamkeitszentren und verbrachte fast ein Jahr seines Lebens im Retreat. Er hat eine tiefe, verkörperte Erfahrung mit Achtsamkeit und hat Resilienzprojekte für mehr als 50 Organisationen geleitet. Darüber hinaus bringt er umfassende unternehmerische und analytische Fähigkeiten mit, die er in sieben Jahren bei der Boston Consulting Group erworben hat, sowie einen MBA und einen Abschluss in Physik von der University of Texas Austin und dem Imperial College London.

Liane Stephan ist die zweite Geschäftsführerin von Awaris. Sie verfügt über mehr als 40 Jahre Erfahrung in Achtsamkeit und systemischem Denken. Sie ist eine der erfahrensten Praktikerinnen auf dem Gebiet des Mindful Leadership. Sie ist systemischer Coach (IF Weinheim Institut für systemische Ausbildung und Entwicklung), Sportwissenschaftlerin (Deutsche Sporthochschule Köln), zertifizierte Psychotherapeutin (Fritz Perls Institut Hückeswagen) und Autorin zahlreicher Bücher über Coaching und Familientherapie. Durch ihren Hintergrund hat sie ein tiefes Verständnis dafür, wie Menschen und Systeme funktionieren. Mit Awaris hat sie Projekte zur Resilienz- und Führungskräfteentwicklung in über 50 Unternehmen geleitet.

Dr. Silke Rupprecht war Forschungsleiterin bei Awaris. Sie hat einen Doktortitel in Psychologie von der Leuphana Universität Lüneburg, einen Master in Erziehungswissenschaft, Psychologie und Beratung von der Universität zu Köln und einen Bachelor in Gesellschafts- und Wirtschaftskommunikation von der Universität der Künste Berlin. Silke hat zahlreiche Forschungsartikel zum Thema Achtsamkeit und Leadership veröffentlicht und ein Postdoc an der Radboud Universität zum Thema Achtsamkeit am Arbeitsplatz abgeschlossen. Sie hat als Produktentwicklerin für die Johnny Wilkinson Foundation und das Mindfulness in Schools Project gearbeitet. Sie lehrt Achtsamkeitsforschung am Mindfulness Centre der Universität Oxford.

Michael Mackay Richards ist Lektor bei Awaris. Er hat einen Master in Internationale Beziehungen und einen Bachelor in Politik, beide von der Universität Bristol. Michael schreibt wirtschaftliche und politische Studien für die Forschungsabteilungen von *The Economist* und der Fitch Group. Bevor er sich selbstständig machte, arbeitete er sieben Jahre in der City of London. Er ist außerdem ausgebildeter Achtsamkeitslehrer und praktiziert Achtsamkeit seit fast zehn Jahren. Seine Ausbildung schloss Michael an der British School of Meditation mit Auszeichnung ab.

Stichwortverzeichnis